사회과학을 위한

고급 통계학

R을 이용한 분석

김청택 저

Statistics for Social Sciences:
with Applications in R

학지사

머리말

통계학은 경험연구를 통해 수집된 자료를 분석하는 데 필수적이다. 이러한 이유 때문에 사회과학, 행동과학, 경영학 등에서 통계분석은 광범위하게 사용되고 있고, 많은 학문분야에서 학부와 대학원의 전공필수과목으로 지정되어 있다. 또한 논문의 질을 평가할 때 정확한 통계분석을 사용하였는지가 중요한 기준이 된다. 소위 '문과생'을 위한 많은 통계학 교재와 통계학 이론에 기반을 둔 교재들이 발간되어 있으나, 전자는 통계학의 원리에 대한 이해보다는 요리책 형식의 기계적 절차에 더 비중을 두고 있고, 후자는 수학적 지식이 없는 문과생이 이해하기 쉽지 않다. 이 책을 쓰게 된 주요 동기는 수학적 지식이 충분하지 않은 학생들에게 통계학적 원리를 이해하게 하고 이를 실제 경험자료에 적용시키는 방법을 제시하는 데 있다. 그러나 한국의 고등학교 수학 수준이 서양의 수준보다는 높다는 점을 고려하여 우리나라 학생들의 고등학교 수학 수준에서 통계학 이론을 설명하였다.

또한 이 책에서는 최근 연구분석방법론의 변화를 가능한 한 반영하기 위해 노력하였다. 특히 다음의 세 가지 변화에 주목하였다. 첫째, 가설검증의 무분별한 사용에 대한 회의가 꾸준하게 제기됨에 따라 이에 대한 보완책으로 강조되고 있는 효과크기, 신뢰구간, 검증력에 대한 분석들을 포함하였다. 둘째, 빈도주의 통계학에 대한 대안으로 베이지안(Baysian) 통계학이 제안되어 사용됨에 따라 이에 대한 소개를 포함하였다. 셋째, 통계분석에서 통계패키지의 사용은 필수적이나, 기존의 상업용 패키지는 가격이 비싸고 접근하기가 쉽지 않아서 비상용 패키지인 R의 이용이 급증하고 있다. 따라서 여기에서는 R을 이용한 분석 방법을 포함시켰다. R에 대한 기초는 부록에 제시되어 있으며, 여기에 기술통계치를 구하는 방법도 포함되어 있다. 또한 예제로 다루는 자료 파일에 대한 설명도 부록에 포함되어 있는데, 자료 파일은 http://qpsy.snu.ac.kr/stats에서 내려받을 수 있다.

틀에 박힌 기계적인 몇 가지의 가설검증 절차를 이해하는 것을 넘어서서 통계적 원리를 이해하고 자신에게 적합한 통계분석 방법을 찾을 수 있는 능력을 기르는 데 이 책이 조금이라도 도움이 되었으면 하는 것이 저자의 희망사항이다. 요리책을 따라 틀에 박힌 요리를 하지 말고 재료에 맞게 자신의 요리를 만드는 훌륭한 요리사가 되기를 바란다.

2019년 봄

저자 김청택

차례

부록 _ 363

제1장 자료의 기술

통계분석의 목적은 관찰된 자료를 기술하고 더 나아가서 관찰된 자료를 바탕으로 자료를 산출하는 체계에 대하여 추론하거나 판단하는 것이다. 추론이나 판단을 위한 통계적 분석법들은 다음 장에서 소개하기로 하고, 여기서는 자료를 기술하는 방법에 대하여 살펴보자.

자료에 대한 분석의 첫 단계는 주어진 자료를 효율적으로 기술하는 데에서부터 시작한다. 예를 들어, 우리 가족(5명)의 IQ를 기술하여 보자.

아버지: 120　　어머니: 110　　형: 115　　나: 120　　동생: 114

이때 가장 좋은 방법은 다섯 개의 IQ 점수를 나열하는 것이다. 다시 말해서, 특별한 통계적 기법이 필요 없다. 그러나 A 대학교 학생 전체의 IQ를 기술하려고 한다면, 점수를 나열하는 방식은 효율적인 방법이 아니다. 몇 시간이 걸려도 다 나열하지 못할 뿐 아니라 설사 다 나열한다고 하더라도 그 정보를 제공받는 사람이 학생들의 IQ에 대하여 파악하기 힘들기 때문이다. 이 경우에는 너무 많은 숫자가 있으므로 이들을 요약하는 기법이 필요하다. 목적에 따라 여러 가지 방법을 사용할 수 있지만 많이 사용되는 몇 가지 요약 방법을 살펴보자.

1 빈도분포

자료를 요약하는 한 가지 방법은 유사한 자료들을 묶어서 제시하는 것이다. 즉, 70 이하는 25명, 70에서 75 사이는 29명 등의 형식으로 기술하는 것이다. 〈표 1-1〉에서 이와 같이 요약한 자료를 제시하고 있다.

〈표 1-1〉 IQ 빈도분포표

구분	빈도	%	누적 %
~70	25	2.5	2.5
70~75	29	2.9	5.4
75~80	29	2.9	8.3
80~85	63	6.3	14.6
85~90	79	7.9	22.5
90~95	112	11.2	33.7
95~100	145	14.5	48.2
100~105	140	14.0	62.2
105~110	124	12.4	74.6
110~115	90	9.0	83.6
115~120	69	6.9	90.5
120~125	48	4.8	95.3
125~130	24	2.4	97.7
130~	23	2.3	100.0
합계	1,000	100.0	

〈표 1-1〉과 같은 표를 빈도분포표라 한다. 〈표 1-1〉에서 %열은 각각의 빈도에 해당하는 %를 나타낸다. 예컨대, 빈도가 145라면 전체 사람 수가 1,000명이므로 (145/1,000)×100을 하여 14.5%가 된다. 누적 %는 각 점수 이하인 사람이 몇 %가 있는지를 나타내는 숫자이다. 즉, 95~100에 해당하는 누적 %가 48.2라는 말은 100 이하인 사람이 48.2%임을 나타낸다. 동일한 정보를 도식적으로 나타내면 [그림 1-1]과 같은 그래프가 되고, 이를 빈도분포 그래프(혹은 histogram)라 부른다.

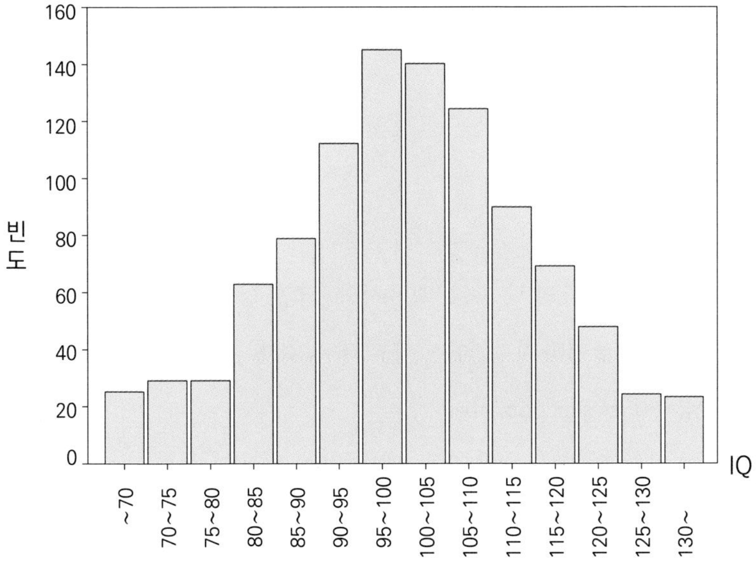

[그림 1-1] IQ 빈도분포 그래프

빈도분포표나 빈도분포 그래프를 검토해 보면 1,000명의 IQ 점수에 관한 많은 정보를 얻을 수 있다. 첫째, 가장 많은 사람이 100 근처에 몰려 있고, 100에서 멀어질수록 해당하는 사람 수가 점차 감소한다는 사실이다. 둘째, 100 이하의 사람이 대략 반이 되고 100 이상의 사람이 대략 절반 정도 되는 것도 알 수 있다. 또한 70 이하이거나 130 이상인 사람이 각각 20명 정도인 것도 알 수 있다.

2 대표값과 손실함수

앞 절에서 점수를 요약하는 방법으로 빈도분포를 살펴보았다. 경우에 따라서는 빈도분포표보다도 더 요약된 정보를 요구할 때도 있다. 예컨대, 1,000개의 자료를 대표할 수 있는 하나의 수치를 원할 수 있다. 이때 사용할 수 있는 것이 대표값(representative value)이다. 이 대표값은 연구자의 목적에 따라 여러 가지 형태를 띨 수 있는데 여기에서는 크게 네 가지 대표값들을 살펴보겠다. 연구자의 목적은 손실함수에 의해 수리적으로 표현될 수 있으며, 그 함수를 기준으로 하여 대표값을 산출하는 방식이 정해진다.

1) 손실함수

1,000개의 자료를 하나의 숫자로 대표하게 되면 당연히 정보의 손실이 생기게 된다. 즉, 대표값이 설명하지 못하는 자료가 생기게 된다. 이를 수학적으로 정의한 것이 손실함수(loss function)이다.

예컨대, 우리 가족 일곱 사람의 TV 시청시간이 다음과 같다고 하자.

1 4 4 5 6 6 6

이를 먼저 빈도분포 그래프로 그리면 [그림 1-2]와 같다.

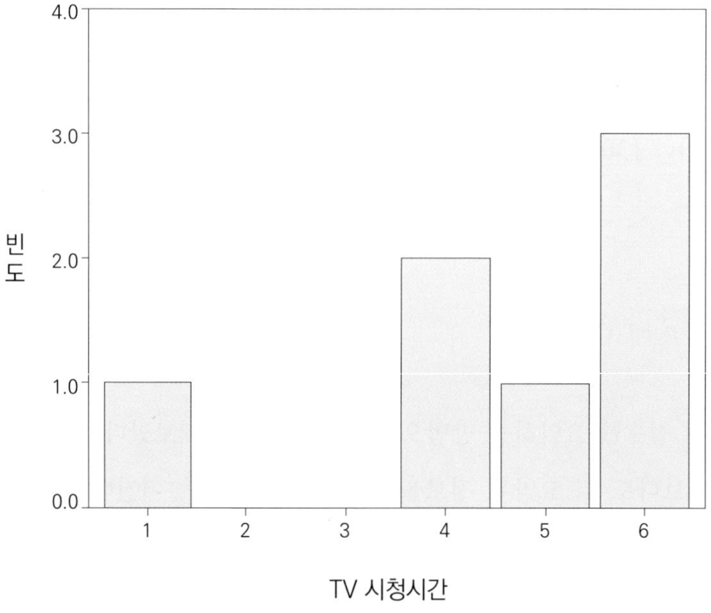

[그림 1-2] 가족의 TV 시청시간 빈도분포 그래프

이 7개의 수치를 대표하는 우리 가족의 TV 시청시간을 1로 삼는다면, 5명의 가족 구성원의 TV 시청시간을 반영하지 못하게 된다. 만약 6을 대표값으로 삼는다면, 4명의 시청시간을 대표하지 못하게 된다. 따라서 직관적으로 6이 1보다는 더 좋은 대표값으로 볼 수 있을 것이다. 하나의 대표값으로 전체를 나타낼 때, 대표하지 못하는 시청시간을 어떻게 다룰 것이냐에 따라 서로 다른 손실함수가 생겨나게 된다.

(1) 손실함수 1(최빈치, mode)

첫 번째 손실함수는 단순히 대표값과 일치하지 않는 자료의 개수를 손실의 크기로 보는 함수이다. 예컨대, 대표값을 1로 삼으며, 5개의 자료가 대표값과 일치하지 않으므로 손실은 6이 된다. 동일한 방식으로 대표값을 4로 삼으면 손실이 2가 되고, 대표값을 3으로 삼으면 손실은 7이 된다. 〈표 1-2〉에 특정한 값을 대표값(g)으로 삼았을 때 이에 대한 손실이 계산되어 있다.

〈표 1-2〉 대표치를 1, 2, 3, 4, 5, 6으로 삼았을 때의 손실(손실함수 1)

	g=1	g=2	g=3	g=4	g=5	g=6
$X_1=1$	0	1	1	1	1	1
$X_2=4$	1	1	1	0	1	1
$X_3=4$	1	1	1	0	1	1
$X_4=5$	1	1	1	1	0	1
$X_5=6$	1	1	1	1	1	0
$X_6=6$	1	1	1	1	1	0
$X_7=6$	1	1	1	1	1	0
손실	6	7	7	5	6	4

이를 수식으로 표현하면, 다음과 같다.

$$l(g) = \sum_{i=1}^{n} y_i$$
$$where\ \ y_i = 0\ if\ g = x_i$$
$$y_i = 1\ if\ g \neq x_i$$

여기서 l은 손실함수를 나타내고, g는 대표값의 후보값을 나타내며 x_i는 자료를 나타낸다. 예컨대, 대표값 g를 1로 삼았을 때, x_1은 1이므로 g가 x_1과 같아져서 y_1은 0이 되고, x_2는 값이 3이므로 g가 x_2와 달라서 y_2는 1이 된다. 즉, y_i는 각 자료 x_i가 대표값 후보값과 일치하면 0, 그렇지 않으면 1이 된다. 이 값들을 다 합치면 최종적인 손실함수 l 값이 된다. 이를 그래프로 나타내면 [그림 1-3]과 같다.

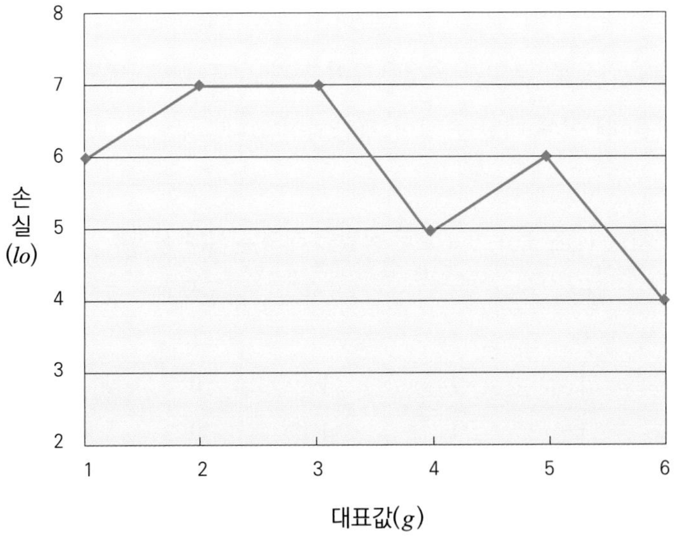

[그림 1-3] 손실함수 1

그래프와 표들에서 알 수 있듯이 이 손실함수에서는 대표값(g)을 6으로 삼을 때 손실이 가장 적다. 손실함수에 의한 대표값의 선택 방식은 손실을 가장 적게 만드는 수치를 대표값으로 삼는 것이다. 따라서 이 경우에서는 6이 대표값이 된다. 이 손실함수는 자료와 일치되는 횟수가 가장 많은, 즉 발생빈도가 가장 높은 자료를 대표값으로 택하게 된다. 예에서는 6의 빈도가 가장 높다. 이러한 손실함수에 따른 대표값을 최빈치(mode)라 부른다.

(2) 손실함수 2(중간값, midpoint)

두 번째 손실함수는 대표값 후보와 자료의 차이 점수를 손실의 기본 단위로 보는 것이다. 예컨대, 대표값 g를 1로 삼았을 때 x_1이 1이므로 손실은 1과 1의 차이인 0이 되고, x_2의 경우는 값이 3이므로 1과 3의 차이인 2이 된다. 그리고 x_6의 경우는 값이 6이므로 1과 6의 차이인 5가 손실이 된다. 각각의 손실은 〈표 1-3〉에서 제시되어 있다. 이 경우에 자료가 일곱 개이므로 일곱 개의 차이 점수가 발생되는데, 그중 가장 큰 값을 주어진 대표값 후보에 대한 손실로 삼는다. 〈표 1-3〉에서 마지막 줄이 최종적인 손실을 나타내고 있다.

〈표 1-3〉 대표치를 1, 2, 3, 4, 5, 6으로 삼았을 때의 손실(손실함수 2)

	g=1	g=2	g=3	g=3.5	g=4	g=5	g=6
X_1=1	|1−1|=0	|1−2|=1	|1−3|=2	|1−3.5|=2.5	|1−4|=3	|1−5|=4	|1−6|=5
X_2=4	|4−1|=3	|4−2|=2	|4−3|=1	|4−3.5|=0.5	|4−4|=0	|4−5|=1	|4−6|=2
X_3=4	|4−1|=3	|4−2|=2	|4−3|=1	|4−3.5|=0.5	|4−4|=0	|4−5|=1	|4−6|=2
X_4=5	|5−1|=4	|5−2|=3	|5−3|=2	|5−3.5|=1.5	|5−4|=1	|5−5|=0	|5−6|=1
X_5=6	|6−1|=5	|6−2|=4	|6−3|=3	|6−3.5|=2.5	|6−4|=2	|6−5|=1	|6−6|=0
X_6=6	|6−1|=5	|6−2|=4	|6−3|=3	|6−3.5|=2.5	|6−4|=2	|6−5|=1	|6−6|=0
X_7=6	|6−1|=5	|6−2|=4	|6−3|=3	|6−3.5|=2.5	|6−4|=2	|6−5|=1	|6−6|=0
손 실	Max=5	Max=4	Max=3	Max=**2.5**	Max=3	Max=4	Max=5

이를 수식으로 표현하면 다음과 같고, 그래프로 표현하면 [그림 1-4]와 같다.

$$l(g) = \max | x_i - g |$$

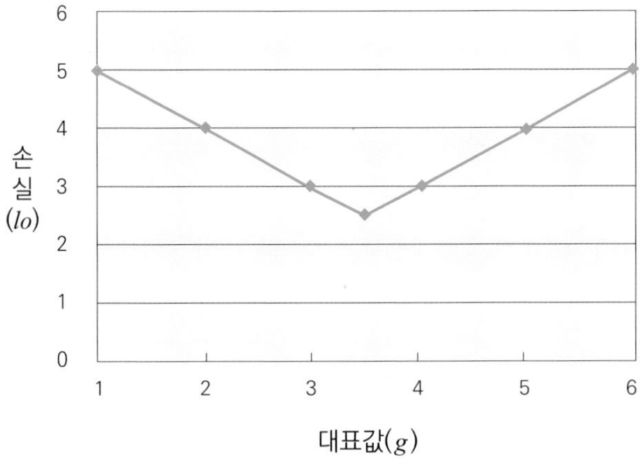

[그림 1-4] 손실함수 2

이 손실함수를 최소화하는 대표값 후보는 3.5이다. 이 값을 중간값(midpoint)이라 하는데, 구하는 방법은 자료에서 최대값과 최소값의 중간에 위치하는 값을 구하면 된다. 예에서 최대값은 6이고 최소값은 1이므로 그 가운데에 위치한 3.5가 중간값이 된다. 이 대표값의 특징은 여러 자료들 중에서 두 개의 자료(1과 6)만을 이용하여 계산한다는 점이다.

(3) 손실함수 3(중앙치, median)

손실함수 3은 손실함수 2와는 달리 차이의 최대값을 손실로 삼는 것이 아니라 차이 점수들의 합을 사례 수로 나눈 점수(즉, 차이 점수들의 평균값)를 손실로 삼는다.

〈표 1-4〉 대표치를 1, 2, 3, 4, 5, 6으로 삼았을 때의 손실(손실함수 3)

	$g=1$	$g=2$	$g=3$	$g=4$	$g=5$	$g=6$
$X_1=1$	$\|1-1\|=0$	$\|1-2\|=1$	$\|1-3\|=2$	$\|1-4\|=3$	$\|1-5\|=4$	$\|1-6\|=5$
$X_2=4$	$\|4-1\|=3$	$\|4-2\|=2$	$\|4-3\|=1$	$\|4-4\|=0$	$\|4-5\|=1$	$\|4-6\|=2$
$X_3=4$	$\|4-1\|=3$	$\|4-2\|=2$	$\|4-3\|=1$	$\|4-4\|=0$	$\|4-5\|=1$	$\|4-6\|=2$
$X_4=5$	$\|5-1\|=4$	$\|5-2\|=3$	$\|5-3\|=2$	$\|5-4\|=1$	$\|5-5\|=0$	$\|5-6\|=1$
$X_5=6$	$\|6-1\|=5$	$\|6-2\|=4$	$\|6-3\|=3$	$\|6-4\|=2$	$\|6-5\|=1$	$\|6-6\|=0$
$X_6=6$	$\|6-1\|=5$	$\|6-2\|=4$	$\|6-3\|=3$	$\|6-4\|=2$	$\|6-5\|=1$	$\|6-6\|=0$

$X_7=6$	$\|6-1\|=5$	$\|6-2\|=4$	$\|6-3\|=3$	$\|6-4\|=2$	$\|6-5\|=1$	$\|6-6\|=0$
손실	3.57	2.43	2.14	1.43	1.26	1.43

이를 수식으로 표현하면 다음과 같고, 그래프로 표현하면 [그림 1-5]와 같다.

$$l(g)=\sum_{i=1}^{N}|x_i-g|\Big/N$$

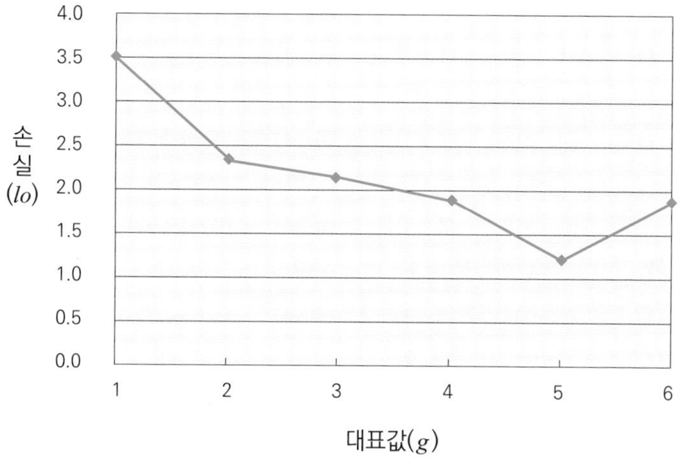

[그림 1-5] 손실함수 3

이 손실함수를 최소화하는 대표값은 5이다. 이 값은 중앙치(median)라고 불리는데, 이 값을 구하는 방법은 모든 점수를 큰 순서대로 배열하고 서열상 중앙에 위치하는 숫자를 대표값으로 삼는 것이다. 자료에서 5는 큰 순서대로 네 번째이고 작은 순서로도 네 번째이다.

(4) 손실함수 4(평균, mean)

손실함수 4는 손실함수 2와 손실함수 3과는 달리 자료와 대표값의 차이 점수들의 제곱합을 손실로 보는 것이다. 손실함수를 계산하기 위해서는 먼저 각 점수와 대표값과의 차이 점수를 제곱한다. 〈표 1-5〉에서 보는 바와 같이 7개의 차이 제곱점수가 존재하게 되고 이를 합한 뒤 사례 수(7)로 나누면, 최종적인 손실이 계산된다. 이를 수식으로 표현하면 다음과 같다.

$$l(g) = \sum_{i=1}^{N}(x_i - g)^2 \Big/ N$$

〈표 1-5〉 대표치를 1, 2, 3, 4, 5, 6으로 삼았을 때의 손실(손실함수 4)

	$g=1$	$g=2$	$g=3$	$g=4$	$g=4.57$	$g=5$	$g=6$
$X_1=1$	$(1-1)^2$ =0	$(1-2)^2$ =1	$(1-3)^2$ =4	$(1-4)^2$ =9	$(1-4.57)^2$ =12.75	$(1-5)^2$ =16	$(1-6)^2$ =25
$X_2=4$	$(4-1)^2$ =9	$(4-2)^2$ =4	$(4-3)^2$ =1	$(4-4)^2$ =0	$(4-4.57)^2$ =.32	$(4-5)^2$ =1	$(4-6)^2$ =4
$X_3=4$	$(4-1)^2$ =9	$(4-2)^2$ =4	$(4-3)^2$ =1	$(4-4)^2$ =0	$(4-4.57)^2$ =.32	$(4-5)^2$ =1	$(4-6)^2$ =4
$X_4=5$	$(5-1)^2$ =16	$(5-2)^2$ =9	$(5-3)^2$ =4	$(5-4)^2$ =1	$(5-4.57)^2$ =.18	$(5-5)^2$ =0	$(5-6)^2$ =1
$X_5=6$	$(6-1)^2$ =25	$(6-2)^2$ =16	$(6-3)^2$ =9	$(6-4)^2$ =4	$(6-4.57)^2$ =2.04	$(6-5)^2$ =1	$(6-6)^2$ =0
$X_6=6$	$(6-1)^2$ =25	$(6-2)^2$ =16	$(6-3)^2$ =9	$(6-4)^2$ =4	$(6-4.57)^2$ =2.04	$(6-5)^2$ =1	$(6-6)^2$ =0
$X_7=6$	$(6-1)^2$ =25	$(6-2)^2$ =16	$(6-3)^2$ =9	$(6-4)^2$ =4	$(6-4.57)^2$ =2.04	$(6-5)^2$ =1	$(6-6)^2$ =0
손실	109/7 =15.57	66/7 =9.43	37/7 =5.29	22/7 =3.14	19.69/7 =2.81	21/7 =3	34/7 =4.86

그리고 예에서 제시된 자료에 근거하여 손실함수를 그래프로 그리면 [그림 1-6]과 같다.

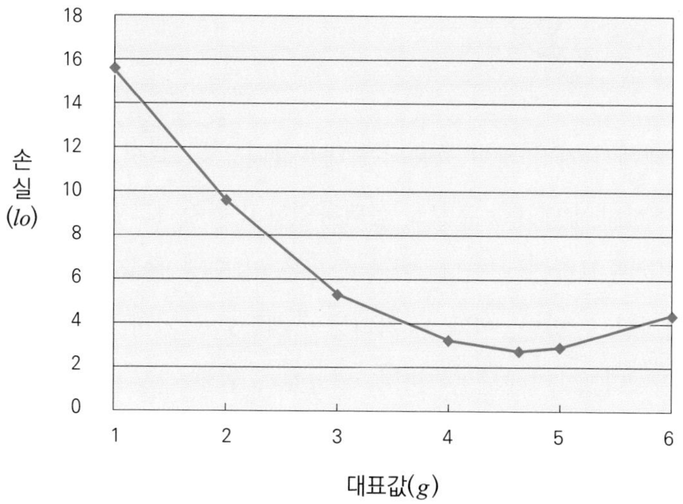

[그림 1-6] 손실함수 4

이 손실함수는 4.57일 때 최소값을 가지므로 대표값을 4.57로 삼을 수 있다. 이 값을 평균(mean)이라 부른다. 손실함수로부터 대표값인 평균의 공식을 유도하여 보자. 손실함수 4가 최소값을 가지기 위해서는 손실함수 4의 g에 대한 미분값이 0이 되어야 한다. l을 g에 대해 미분하여 그 값이 0이 되는 g값을 구하면 다음과 같다.

$$\frac{dl}{dg} = -\frac{2}{N}\sum_{i=1}^{N}\left(x_i - g\right) = 0$$

$$\sum_{i=1}^{N} x_i - Ng = 0$$

$$g = \frac{1}{N}\sum_{i=1}^{N} x_i$$

즉, 손실함수 4를 최소화하는 대표값은 모든 값을 다 더한 값을 사례 수로 나눈 값이다. 앞에서도 언급한 바와 같이 이 대표값을 평균이라 하고 여기에서는 $\overline{X}$로 표시할 것이다.

$$\overline{X} = \frac{1}{N}\sum_{i=1}^{N} x_i$$

평균이 통계에서 가장 많이 사용되는 대표값이므로 그 성질에 대해 좀 더 자세히 알아보자. 하나의 대표값 후보를 선택하였다고 하자. [그림 1-7]에서 수평선이 정해진 대표값 후보를 표시한다. 이때 손실은 이 수평선에서부터 떨어진 거리의 제곱으로 지정할 수 있다. 이때 이 거리들의 제곱합을 가장 최소화시키는 대표값이 평균인 것이다. 그림에서 수직선을 평균보다 위로 이동시키거나 아래로 이동시키면 거리들이 대체로 증가할 것이고 따라서 거리의 제곱 합도 증가할 것이므로 좋은 대표값이 되지 못함을 알 수 있다. 이러한 손실함수에 의해 대표값을 찾아내는 것을 최소제곱법(Least Square method: LS method)라고 불린다. 이 방법은 뒤에서 다룰 회귀분석이나 ANOVA의 기초가 되는 방식이다.

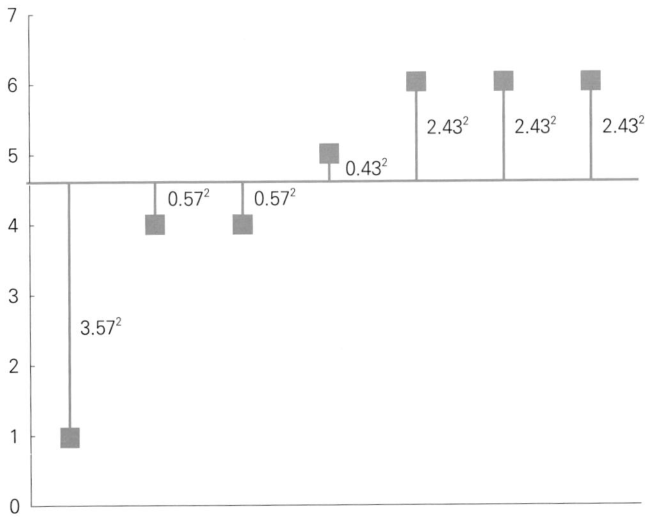

[그림 1-7] 자료와 대표값의 거리의 제곱

2) 중앙경향 측정치

앞에서 살펴본 네 가지의 대표값들은 여러 점수들을 대표할 수 있는 중심(중앙)

이 되는 값을 찾아내는 역할을 하고 있다. 중앙으로부터 각 점수까지의 거리를 정의하는 방식에 따라 서로 다른 대표값이 산출된다. 이러한 맥락에서 최빈치, 중간값, 중앙치, 평균을 중앙경향 측정치(central tendency measure)라고 불린다.

목적에 따라 이 네 가지 중 하나의 측정치를 사용할 수 있으나 가장 많이 사용하는 것이 평균이다. 평균은 손실함수에서 알 수 있듯이 극단적인 값들에 대하여 민감하게 반응한다. 즉, 손실이 대표값과의 차이의 제곱에 의하여 결정되므로 극단값이 발생하면 이 극단값이 대표값을 정하는 데 아주 큰 역할을 하게 된다. 예컨대, 우리나라의 평균국민소득을 산출할 때, 극단적으로 큰 소득들이 평균을 결정하는 데 큰 역할을 하게 되고 결과적으로 우리가 실감하는 것보다 높은 소득평균을 산출하게 된다. 이러한 경우에 중앙치를 대표값으로 삼으면 극단값의 효과를 배제할 수 있다. 따라서 중간층의 소득을 대표값에 반영하는 데 도움이 된다.

요약하면, 대표값은 요약의 목적에 따라 적절한 값이 선택되어야 하는데, 이 선택은 결국 연구자가 결정해야 한다.

3 변산성

중앙경향 측정치와 더불어 자료의 분포에 대한 정보를 제공하는 수치로 변산성(variability) 측정치가 있다. 이 측정치는 자료가 얼마나 많이 집중되어 있는지 혹은 얼마나 많이 분산되어 있는지를 나타내는 수치이다. 다음과 같은 두 가지 수치가 많이 사용된다.

1) 범위

범위(range)는 최소값과 최대값 사이의 거리이다. 앞의 예에서는 최대값이 6이고 최소값이 1이므로 범위는 5가 될 것이다. 중간값이 대표값으로 사용될 때 범위는 변산에 대한 유용한 정보가 될 수 있다. 그러나 다른 대표값과도 연계되어 사용될 수 있다.

2) 분산, 표준편차

분산(variance)의 공식은 다음과 같다.

$$Var(x) = S^2 = \sum_{i=1}^{N}(x_i - \bar{x})^2 \Big/ N$$

이 분산의 공식은 이미 익숙할 것이다. 평균을 구할 때 손실함수로 사용된 공식이다. 즉, 평균에서 각 자료의 거리를 제곱한 값들의 평균인 것이다. 이 수치는 자료들이 평균으로부터 떨어져 있는 정도를 반영하고 있다. 조금 더 깊이 들어가면, 평균은 분산을 최소화하는 대표값인 것이다.

표준편차(standard deviation)는 분산의 제곱근으로, 표준편차의 공식은 다음과 같으며, 변산성에 대한 통계치로 가장 많이 사용된다.

$$SD(x) = S = \sqrt{\sum_{i=1}^{N}(x_i - \bar{x})^2 \Big/ N}$$

4 측정의 수준, 척도

측정(measurement)이란 '특정한 규칙에 따라서 대상(object)이나 사건(event) 혹은 속성(properties)에 대해 숫자를 할당하는 것'으로 정의될 수 있다. 예를 들어, 키를 측정한다고 할 경우 머리끝부터 발끝까지의 길이라는 속성에 대하여 센티미터 단위로 숫자를 할당하는 것이다. 심리학자인 스티븐스는 1946년에 할당하는 숫자의 성질에 따라서 네 가지 측정의 수준(척도, scale)을 제안하였다(Stevens, 1946). 척도가 달라짐에 따라 숫자의 의미가 달라지며, 허용되는 수학적 계산, 더 나아가 통계값이 달라지게 된다.

1) 명명척도

명명척도(nominal scale)에서 숫자의 의미는 측정 대상을 지시하는 역할만 한다. 두 개의 다른 숫자가 의미하는 바는 서로 지시하는 것이 다르다는 것이다. 예컨대, 남자는 1, 여자는 2로 나타내는 것이 명명척도이다. 이때 2는 1보다 큰 숫자를 의미하는 것은 아니며, 2는 1의 두 배를 의미하는 것도 아니다. 척도의 성격을 이해하기 위해서 허용되는 변환을 살펴보는 것이 도움이 되는데, 이 척도에서 허용되는 변환은 다음과 같다.

> 변수 A에서 서로 다른 숫자는 변수 B에서도
> 서로 다른 숫자를 유지하는 모든 변환이 가능하다.

1과 2를 2와 1로 변환하든지 1000과 45로 변환하든지 명명척도상에서는 의미가 변하지 않게 된다. 명명척도에서 가능한 분석은 헤아리는 것이다. 따라서 빈도분석이라든지, 최빈치를 적용시킬 수 있다.

2) 서열척도

서열척도(ordinal scale)에서 숫자는 서열을 나타낸다. 예컨대, 100이 10보다 크다는 것은 서열에서 앞선다는 것을 의미한다. 그렇지만 100은 10보다 90이 큰 것은 아니며, 10배가 되는 것은 아니다. 만약 100, 10, 5의 세 가지 숫자가 있는 경우에 10과 5의 차이가 100과 10의 차이보다 더 클 수가 있다. 학교에서 등수를 떠올리면 금방 이해가 될 것이다. 1등과 2등의 차이가 2등과 50등의 차이보다는 큰 경우가 가능하다. 가능한 변환은 다음과 같다.

> 변수 A에서 서열이 변수 B에서도 유지되는 모든 변환이 가능하다.

1, 2, 3, 5, 10을 1, 100, 1000, 10000으로 변환하는 것은 가능하지만, 1, 2, 4, 3, 10으로 변환하는 것은 가능하지 않다.

서열척도에서 가능한 분석은 중앙치와 그 밖에 서열통계(order statistics)가 개발되어 있다. 그러나 사회과학에서 널리 사용되는 것으로 보이지는 않는다.

3) 등간척도

등간척도(interval scale)의 숫자에서는 차이가 의미가 있다. 예컨대, 10과 20의 차이와 30과 40의 차이는 동일하며, 10과 30의 차이는 40과 50의 차이의 두 배이다. 그러나 숫자들 간의 비율은 의미가 없다. 예컨대, 20은 10의 두 배가 아니다. 등간척도로 가장 대표적인 것이 온도이다. 20°C는 10°C보다 두 배 더 따뜻한 것이 아니지만, 20°C와 10°C의 온도 차이와 30°C와 20°C의 온도 차이는 동일하다.

허용된 변환은 선형변환이다. 즉, $y=ax+b$ 형식의 변환은 가능하다. 여기에서 x와 y는 두 척도를 나타낸다. 온도의 경우에 섭씨를 화씨로 변경하는 공식이 앞과 같은 선형식이므로 다음과 같이 변환이 가능하다.

$$F = \frac{9}{5}C + 32$$

20°C와 10°C를 화씨로 변환하면, 68°F와 50°F가 된다. 이때 68은 50의 두 배가 되지 않는다.

등간척도에서는 척도를 만들 때, 두 점을 인위적으로 정한 다음에 척도를 구성한다. 예컨대, 섭씨의 경우는 물이 어는 온도를 0으로 끓는 온도를 100으로 설정하고 그 사이에 100개의 눈금을 정한 것이다. 이렇게 척도를 만들면, 두 점을 변화시키는 것이 항상 가능하기 때문에 비율이 유지되지 않는 것이다. 심리학, 특히 심리검사에서 등간척도가 가장 많이 사용된다. 예컨대, 지능지수의 경우는 평균이 100이고 표준편차가 15가 되도록 척도를 구성하였기 때문에 등간척도로 볼 수 있다. 만약 평균과 표준편차를 변경시키면 척도들의 숫자는 달라지게 된다.

등간척도의 경우 더하기나 빼기를 할 수 있기 때문에 평균이나 분산 등의 계산이 가능하게 된다. 이러한 통계치가 계산되면 대부분의 통계적 분석법을 적용할 수 있게 된다.

4) 비율척도

비율척도(ratio scale)는 유리수의 성질을 가지는 척도이다. 간격도 의미가 있고 비율도 의미가 있다. 길이, 높이 등 대부분의 물리척도는 비율척도에 해당하나 심리척도에서 비율척도를 만드는 것은 매우 힘들다. 허용되는 변환은 $y=ax$이다. 길이의 경우 센티미터를 미터로 변환하거나 밀리미터로 변환할 때 이와 같은 공식을 적용한다. 주목해야 할 특성은, 비율척도에서 0은 변환하더라도 0이라는 것이다. 이를 절대 영점(absolute zero)이라고도 한다.

앞의 네 가지 척도는 위계적이다. 즉, 서열척도는 명명척도가 되고, 등간척도는 명명척도, 서열척도가 되며, 비율척도는 명명척도, 서열척도, 등간척도가 된다.

제2장

기초 확률/분포 이론

1. 무선변수의 정의
2. 확률
3. 확률질량함수
4. 확률밀도함수
5. 무선변수 X의 기대값과 분산

1장에서는 자료를 기술하는 방법에 대하여 살펴보았다. 통계학의 범위는 자료의 기술하는 데 머물지 않고 자료에 근거하여 이론적 모형이나 통계적 모형을 검증하고 추론하는 데까지 확장된다. 사실 연구자가 관심을 가지는 것은 수집된 자료에 대한 단순한 기술이 아니라 자료에 근거하여 보다 일반화된 현상들을 기술하고, 주어진 정보를 넘어서서 추론하고 설명하는 것이다. 1장의 예에서 130이라는 IQ가 우리나라 전체 학생들 중에서 높은 점수인지, 높다면 얼마나 높은 점수인지에 대하여 관심을 가질 수도 있고, 내가 연구한 100명의 IQ 점수에 근거하여 전체 우리나라 학생들의 평균 IQ를 추론할 수도 있다. 이러한 종류의 통계를 기술통계와 구별하여 추론통계라 부른다.

추론통계를 위해서는 확률이론과 분포이론의 도입이 필수적이다. 이 장에서는 기초적인 확률이론을 개관할 것이고, 다음 장에서 확률이론에 근거하여 자료를 어떻게 기술하고 추론할 것인지에 대하여 살펴볼 것이다. 먼저 확률이론에서 기초적인 몇몇 개념들부터 이해하여 보자.

실험(experiment): 하나의 잘 정의된 결과(outcome)를 산출하는 행위나 과정

여기에서 말하는 실험이란 통계학 개념으로, 물리학 실험이나 심리학 실험에서

사용되는 실험의 개념과 동일한 것은 아니다. 먼저, 잘 정의된 결과가 의미하는 바를 살펴보자. 잘 정의된 결과란 어떤 행위나 과정에 의해 발생될 수 있는 결과들을 중복됨이 없이 빠짐없이 사전에 정의할 수 있어야 함을 의미한다. 예컨대, 주사위를 던지는 행위에서 생기는 결과를 주사위의 눈이라고 생각하면 그 결과가 '1의 눈' '2의 눈' '3의 눈' '4의 눈' '5의 눈' '6의 눈' 중 하나의 눈이다. 따라서 주사위를 던지는 것은 실험이다.

다른 예로, 개인들이 성격이 좋은지의 여부가 잘 정의된 결과가 될 수 있는지를 생각해 보자. 성격이 좋다는 기준에 대하여 사람마다 연구자마다 다를 수 있다. 따라서 이대로는 잘 정의된 결과가 아니다. 그러나 A라는 성격검사에서 50점보다 높은 점수를 받은 사람을 성격이 좋은 것으로 정의하면 이때에는 잘 정의된 결과가 될 수 있다. 또 다른 예로 우리나라 사람 모두에게 지능검사를 실시하는 과정에서 나온 결과를 지능지수라 하면, 지능검사의 실시는 실험이 될 수 있다.

1장의 예에서 우리 가족의 지능지수나 우리 학교 학생들의 지능지수들을 산출하는 것이 모두 실험이 될 수 있다. 이때 지능지수를 단순한 개인의 특성을 나타내는 숫자로 보지 않고 실험의 결과로 나온 산물로 본다는 것에 유의해야 한다.

> 표본 공간(sample space): 특정 실험에서 산출되는 모든 가능한 결과들의 집합

실험을 이해하였다면 표본 공간에 대한 이해는 쉬울 것이다. 표본 공간이란 실험에서 산출된 결과들의 전체 집합이다. 가능한 결과들이 잘 정의되어 있기 때문에 이는 집합으로 표시될 수 있다. 여기서 유의할 점은 표본 공간을 구성하는 원소는 사건이나 과정, 즉 여기에서는 주사위를 던졌을 때 나오는 '1의 눈' '2의 눈' '3의 눈' '4의 눈' '5의 눈' '6의 눈'이지, 1, 2, 3, 4, 5, 6의 숫자가 아니라는 것이다. 다시 말하면, 다음과 같다.

표본 공간 S

={'1의 눈', '2의 눈', '3의 눈', '4의 눈', '5의 눈', '6의 눈'}

주사위의 경우는 표본 공간을 원소 나열식으로 표현할 수 있지만, 사람의 키나 몸무게의 경우에는 원소 나열식으로 표현할 수 없다. 이때에는 표본 공간을 다음과 같이 조건제시법으로 표현할 수 있다.

표본 공간 $S=\{x \mid x$는 저울에 나타난 눈금$\}$

단위 사상(elementary event): 특정 표본 공간의 단위 원소(element)

표본 공간의 단위 사상이란 표본 공간을 이루고 있는 원소를 말한다. 주사위 문제로 돌아가면 '1의 눈' '2의 눈' '3의 눈' '4의 눈' '5의 눈' '6의 눈' 각각이 단위 사상이 된다.

사상(event): 표본 공간의 부분집합이 사상이다. 부분집합은 공집합과 전체집합도 포함하고 있으므로, 단위 사상도 사상이고, 공집합도 사상이고, 표본 공간도 사상이다.

사상들의 예는 다음과 같다.

{'2의 눈', '4의 눈', '6의 눈'}

{'1의 눈'}

{ }

{'1의 눈', '2의 눈', '3의 눈', '4의 눈', '5의 눈', '6의 눈'}

첫 번째 예는 짝수의 눈을 나타내는 사상이고, 두 번째 예는 단위 사상 중 하나이며, 세 번째 예는 공집합으로 아무것도 일어나지 않은 사상이며, 마지막 예는 전체집합 표본 공간이다.

1 무선변수의 정의

앞에서 설명한 기초 개념들에 근거하여 통계학에서 가장 중요한 개념 중의 하나인 무선변수(random variable)를 정의하여 보자. 무선변수란 표본 공간상에서 정의된 함수로 표본 공간을 정의구역으로 하고 실수를 공변역으로 한다. 무선변수란 표본 공간상에 있는 모든 단위 사상에 대하여 실수를 할당하는 함수이다.

여기서 유의해야 할 점은 비록 이름은 무선변수이지만 실제로는 변수가 아니고 함수라는 점이다. 다시 주사위의 예로 돌아가자. 만약 연구자가 '1의 눈'에 1의 숫자를, '2의 눈'에 2의 숫자를, '3의 눈'에 3의 숫자를, '4의 눈'에 4의 숫자를, '5의 눈'에 5의 숫자를, '6의 눈'에 6의 숫자를 할당한다고 하면, 이때 각 단위 사상에 실수를 부여하는 규칙은 [그림 2-1]과 같다.

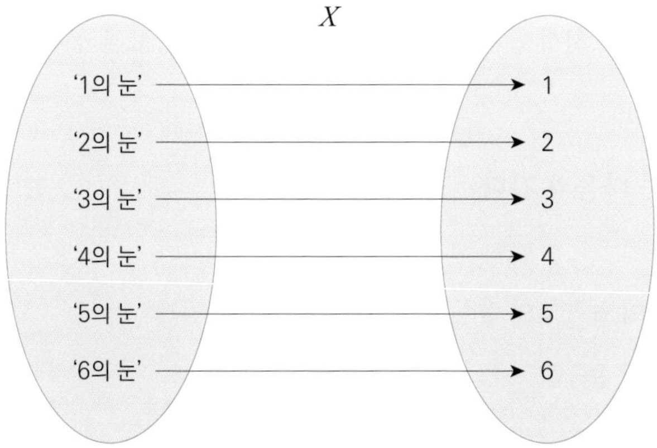

[그림 2-1] 주사위 눈에 해당하는 수를 할당하는 무선변수 X

주사위의 눈(즉, 단위 사상)에 숫자를 부여하는 함수가 무선변수이다. 통계학에서는 영어 대문자로 무선변수를 표기하는 것이 일반적이다. [그림 2-1]에서 X로 표시하고 있다. 또 다른 무선변수의 예는 [그림 2-2]와 같다.

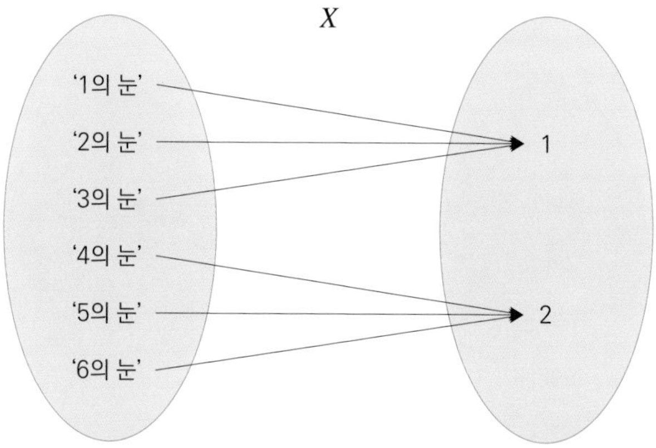

[그림 2-2] 3 이하의 눈금에 1, 4 이상의 눈금에 2를 할당하는 무선변수 X

[그림 2-2]의 경우에는 {1, 2, 3}의 사상에 1을 할당하고 {4, 5, 6}의 사상에 2를 할당한다. 즉, 3 이하의 눈에선 1을, 4 이상의 눈에는 2를 할당하는 것이다.

여기서 주목해야 할 점은 연구자의 관심에 따라서 무선변수 X가 다르게 정의될 수 있다는 것이다. 주사위 눈금 하나하나에 대하여 관심이 있으면 [그림 2-1]의 무선변수를 선택할 수 있고, 3 이하인지 4 이상인지의 사건들에 관심이 있으면 [그림 2-2]의 무선변수를 선택할 수 있다.

무선변수 X를 보다 정확하게 표현하면 $X(A)$가 되어야 한다. 이때 X는 함수를 나타내고 A는 사상을 나타낸다. 즉, X('1')=1와 같이 표현되는데, 이 표현의 의미는 '1'이라는 사상에 실수 1을 할당한다는 것이다. 그러나 흔히 $X=1$과 같이 표현하기도 한다.

무선변수는 다른 함의도 가지고 있는데, 이는 무선변수가 취할 수 있는 값은 하나 이상이며, 각 값들이 발생하는 것은 확률적이라는 것이다. 앞의 첫 번째 주사위 무선변수의 예에서 무선변수가 취할 수 있는 값은 1, 2, 3, 4, 5, 6이며, 각 값이 발생할 확률은 1/6이다. 두 번째의 예에서도 무선변수가 취할 수 있는 값은 1과

2 두 개이고 각각의 값이 발생할 확률은 1/2이다. 만약 [그림 2-3]과 같이 X를 정의하면 X를 일반적으로 무선변수로 보지 않는다. 무선함수가 취할 수 있는 값이 하나이기 때문이다.

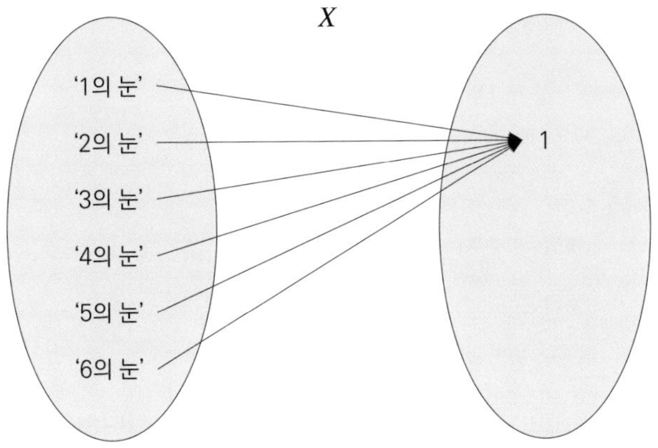

[그림 2-3] 모든 단위 사상이 하나의 값에 할당되는 경우

통계학에서 관심의 대상이 되는 것은 확률적으로 일어나는 사상들이다. 확률적인 사상이 아닌 경우에는 통계학을 적용시키지 않더라도 무슨 일이 일어날 것인지를 100% 정확하게 예측할 수 있기 때문에 통계학을 적용할 필요가 없을 것이다.

참고

무선변수는 확률적 사상에 대한 변수라는 점을 부각하기 위하여 확률변수(stochastic variable)로 불리우기도 한다.

2 확률

각 사상이 확률적으로 발생하기 때문에 무선변수들의 값에 확률(probability)을 대응하는 것이 반드시 필요하게 된다. 무선변수들이 취할 수 있는 값들에 확률을 할당하는 함수를 확률분포함수(probability distribution function)라 부른다. 확률분포를 설명하기 전에 먼저 확률에 대해 알아보자.

확률은 여러 가지 방식으로 정의할 수 있으나, 여기에서는 현대 통계학에서 가장 많이 사용되는 정의를 따르기로 한다.

1) 확률의 수학적 정의

표본 공간 S상에서 사상 A의 확률[$P(A)$]은 다음의 세 가지 공리를 만족시키는 수 체계로 정의된다.

① 모든 사상의 확률은 0보다 큰 수이다. $P(A) \geq 0$
② 표본 공간에 대한 확률은 1이다. $P(S) = 1$
③ 두 사상 A_1과 A_2가 있을 때 $P(A_1 \cup A_2) = P(A_1) + P(A_2) - P(A_1 \cap A_2)$

첫 번째 공리와 두 번째 공리는 비교적 이해하기가 쉽다. 세 번째 공리는 직관적으로 이해할 수 없을지도 모른다. 여기서 우리가 주목해야 할 점은 앞의 세 가지 공리를 만족하지 않으면 확률이 아니라는 것이다. 수학적 정의는 내용과 무관한 형식적 정의이기 때문에 직관적이지 않을 수 있다. 이해를 돕기 위하여 확률을 다른 방식으로 설명하여 보자.

2) 확률의 정의

(1) 고전적 확률

표본 공간의 단위 사상들이 일어날 확률이 동일하다는 가정하에서, 사상 A의 확률은 표본 공간의 단위 사상들의 개수에 대한 사상 A에 속하는 단위 사상의 개수의 비율로 정의된다.

$$P(A) = \frac{n(A)}{n(S)}$$

$n(A)$는 사상 A를 구성하고 있는 단위 사상의 개수이고, $n(S)$는 전체, 즉 표본 공간을 구성하고 있는 단위 사상의 개수이다. 예컨대, 주사위의 예에서 사상 A를 A={'1', '2'}라 정의하면, A가 일어날 확률은 다음과 같다.

$$P(A) = \frac{n(A)}{n(S)} = \frac{2}{6} = \frac{1}{3} = .333$$

이러한 정의에 따르면, 확률이란 가능한 전체 단위 사상 중에서 특정한 사상이 차지하는 비율이다. 이 수는 앞의 확률의 세 가지 공리를 만족하게 된다.

(2) 경험적 확률

경험적 확률은 전체 사례의 수에서 특정 사상 A의 사례의 수가 차지하는 비율로 정의한다.

$$P(A) = \frac{A\text{의 사상이 발생한 수}}{\text{전체 사례의 수}}$$

예컨대, 100명 중 60명이 남자일 때, 남자일 확률은 60/100이 된다. 이러한 정의에 따르면, 전체 사례가 하나인 경우는 확률을 정의할 수 없다. 동전을 던져서 앞면이 나올 확률을 .5라 할 수 있는데, 앞에서 정의된 방식으로 확률을 정의하는 것은 가능하지 않다. 한 번 던져서 나올 수 있는 결과는 앞면이거나 뒷면 중의 하나이기 때문이다. 한 번의 시행에 대한 확률은 다음과 같이 정의된다.

> 무한한 시행을 하였을 때 해당 사상이 발생하는 상대적인 빈도이다.

예컨대, 주사위를 던져서 '1의 눈'이 나올 확률 1/6이라는 의미는 주사위를 던지는 시행을 무한히 행하였을 때, 1/6의 시행에서 '1의 눈'을 기대할 수 있다는 것이다.

개념정리

앞에서 살펴본 바와 같이 확률이란 세 가지 공리를 만족시키는 수 체계이다. 이 확률의 개념은 자주 우도(尤度, likelihood)와 혼동되어 사용된다. 우도란 얼마나 그럼직한지를 나타내는 용어이다. 예컨대, 어떤 사람 A가 "철수가 이번 대학시험에서 합격할 확률은 .7(혹은 70%)이고, 영희가 합격할 확률은 .3이다."라고 말한다면, 이때 .7과 .3은 확률이 아니다. .7과 .3이라는 숫자는 확률이 만족해야 할 조건을 만족하지 못하게 되어서 확률이론을 적용시킬 수 없다. 예컨대, 그가 영희와 철수가 동시에 합격할 확률이 .27이라고 생각한다면 영희가 합격하거나 철수가 합격할 확률은 정확히 .73이어야 한다.

$$P(\text{'영희'} \cup \text{'철수'}) = P(\text{'영희'}) + P(\text{'철수'}) - P(\text{'영희'} \cap \text{'철수'}) = .7 + .3 - .27 = .73$$

과연 A는 그렇게 정확하게 대답할 수 있을까? 그렇지 않을 것이다. A가 모든 사람의 합격에 대한 예상을 확률의 공리에 맞게 한다면 그의 말은 확률이다. 그렇지 않다면 그의 말은 단순히 우도를 기술하고 있는 것에 지나지 않는다.

3) 확률과 관련된 정의와 정리

(1) 상호 배타적

두 사상이 동시에 일어날 확률이 0이면, 두 사상은 상호 배타적(mutually exclusive)이다. 즉, A와 B 두 사상이 있을 때 A와 B가 상호 배타적이면 $P(A \cap B) = 0$이다. 대표적인 상호 배타적 예는 어떤 사람이 남자라는 사상과 어떤 사람이 여자라는 사상이다. 왜냐하면 두 사상은 동시에 일어날 수 없기 때문이다. 상호 배타적인 경우는 다음의 식이 성립한다.

$$P(A \cup B) = P(A) + P(B) \qquad \text{(식 2-1)}$$

즉, A 사상이 일어나거나 B 사상이 일어날 확률은 A가 일어날 확률과 B가 일어날 확률의 합이다.

(2) 독립

사상 A와 사상 B가 동시에 일어날 확률이 A가 일어날 확률과 B가 일어날 확률의 곱으로 표현될 수 있을 때, 두 사상 A와 B는 독립(independent)이라 정의한다.

$$P(A \cap B) = P(A) \times P(B) \quad \text{(식 2-2)}$$

일상적인 용어로 기술하면 사상 A의 발생이 사상 B의 발생 확률에 영향을 주지 않는다는 것이다. 구체적인 예로 다음에 제시된 두 경우를 살펴보자. 〈표 2-1〉은 X 대학과 Y 대학의 합격률을 나타낸다. X와 Y 대학 모두의 경우에 남자일 확률과 여자일 확률은 각각 .4와 .6이고 합격할 확률과 불합격할 확률은 각각 .6과 .4이다.

〈표 2-1〉 X 대학과 Y 대학의 합격률 (단위: %)

X 대학	합격	불합격	합계
남	24	16	40
여	36	24	60
합계	60	40	100

Y 대학	합격	불합격	합계
남	20	20	40
여	40	20	60
합계	60	40	100

남녀와 합격/불합격이 독립일 때, 남자이면서 합격할 확률을 계산해 보자.

$$P(\text{'남자'} \cap \text{'합격'}) = P(\text{'남자'})P(\text{'합격'}) = .4 \times .6 = .24 \quad \text{(식 2-3)}$$

X 대학의 경우는 앞의 수식이 성립한다. 다른 세 가지 경우에도 마찬가지로 앞의 식이 성립한다. 따라서 X 대학의 자료에서는 성별과 합격 여부가 독립이고

Y 대학의 경우는 독립이 아니다. 〈표 2-1〉을 관찰하여 보면 독립의 의미는 좀 더 명확해진다. X 대학의 경우는 남녀에 대한 정보가 합격/불합격을 예측하는 데 전혀 도움을 주지 못한다. 즉, 남자의 사상이 발생하였다는 것이 합격이라는 사상의 확률에 전혀 영향을 주지 않는다. 남자이든 여자이든 상관없이 합격할 확률은 항상 .6이고 불합격할 확률이 .4이기 때문이다. 마찬가지로 합격 여부가 남자일 확률에 전혀 영향을 주지 않는다. 반면, Y 대학의 경우는 어떤 사람이 남자인 것을 아는 것은 합격일 확률에 영향을 준다. 전체적으로는 합격할 확률이 .6이지만 남자일 경우에는 .50이고 여자의 경우에는 .667이기 때문이다.

(3) 조건부 확률

조건부 확률이란 하나의 사상이 발생하였을 때 다른 사상이 일어날 확률을 말한다. 예컨대, 두 사상 A, B가 있을 때, B가 이미 발생했을 때 혹은 B가 사실일 때, A가 일어날 확률을 $P(A \mid B)$라 표시한다. 조건부 확률의 예는 앞의 예(Y 대학)에서 어떤 지원자가 남자일 때(즉, 남자라는 사상이 이미 발생했을 때), 합격할 확률이 있다. 이 확률은 합격할 확률($P=.60$)도 아니고, 남자이면서 합격할 확률인 .20도 아니다. 남자일 때 합격할 확률은 다음과 같이 계산된다. 남자 전체 중 합격한 비율이 반이므로, 남자일 때 합격할 확률은 .50이다. 이를 수식으로 표시하면 다음과 같다.

$$P(A \mid B) = \frac{P(A \cap B)}{P(B)} \qquad \text{(식 2-4)}$$

여기서 A는 합격을 나타내는 사상이고 B는 남자인 사상이다. 남자 전체의 확률 $P(B)$는 .40이고, 남자이고 합격자일 확률은 .20이다. 이를 수식으로 표현하면 다음과 같다.

$$P(A \mid B) = \frac{P(A \cap B)}{P(B)} = \frac{.20}{.40} = .5 \qquad \text{(식 2-5)}$$

조건부 확률의 의미를 자세히 살펴보면, 전체 공간을 1.00에서 $P(B)$로 축소시키는 역할을 한다. $P(A \cap B)$가 .20인 것은 전체, 즉 표본 공간에서 남자이고 합격할 비율이 .20이라는 것이다. 하지만 $P(A \mid B)$는 B, 즉 남자 중에서 합격할 확률을 나타내는 것이므로 전체가 1이 아니라 .40이어야 된다. 따라서 수식 (식 2-4), (식 2-5)와 같이 분모를 1에서 .40으로 변경시켜 계산하는 것이다.

(식 2-4)을 이항시키면 다음과 같이 된다.

$$P(A \cap B) = P(A \mid B)P(B) \qquad \text{(식 2-6)}$$

다음의 등식도 만족한다.

$$P(A \cap B) = P(B \mid A)P(A) \qquad \text{(식 2-7)}$$

(식 2-6)의 의미를 좀 더 살펴보자. A와 B가 동시에 일어나는 것은 B가 먼저 일어난 상태에서 A가 일어나는 것과 동일하다. 따라서 확률은 $P(B)P(A \mid B)$가 된다. A와 B가 독립적인 사상이라면, (식 2-2)와 같이 $P(A \cap B) = P(A)P(B)$이어야 한다. 따라서 (식 2-2)와 (식 2-6)을 비교하면, 다음과 같이 되어야 한다.

$$P(A \mid B) = P(A) \qquad \text{(식 2-8)}$$

(식 2-2)와 (식 2-7)을 비교하면, 다음과 같이 되어야 한다.

$$P(B \mid A) = P(B) \qquad \text{(식 2-9)}$$

이는 A가 일어날 확률은 B의 발생 유무와 관계없이 동일하며, B가 일어날 확률은 A의 발생 유무와 관계없이 동일함을 나타낸다.

이상의 결과를 종합하면, 다음과 같다.

A와 B가 독립이면,
$P(A \cap B) = P(A)P(B)$
$P(A) = P(A \mid B) = P(A \mid B^c)$
$P(B) = P(B \mid A) = P(B \mid A^c)$

여기서 A^c의 의미는 A가 일어나지 않는다는 뜻이다.

(4) 베이즈 정리

조건부 확률을 이해하면, $P(A \mid B)$와 $P(B \mid A)$가 동일하지 않다는 것을 쉽게 이해할 수 있다. 이 두 확률의 관계를 기술한 것이 베이즈 정리(Bayes Theoem)이다. (식 2−6)과 (식 2−7)에서 $P(B \mid A)$는 다음과 같이 표현될 수 있다.

$$P(B \mid A) = \frac{P(A \cap B)}{P(A)} = \frac{P(A \mid B)P(B)}{P(A)} \quad \text{(식 2−10)}$$

분모에서 A가 일어날 확률 $P(A)$는 B가 일어난 다음 A가 일어날 확률과 B가 일어나지 않은 다음 A가 일어날 확률의 합으로 기술될 수 있다.

$$P(A) = P(A \mid B)P(B) + P(A \mid B^c)P(B^c) \quad \text{(식 2−11)}$$

따라서 다음과 같이 표현될 수 있다.

$$P(B \mid A) = \frac{P(A \mid B)P(B)}{P(A)} = \frac{P(A \mid B)P(B)}{P(A \mid B)P(B) + P(A \mid B^c)P(B^c)} \quad \text{(식 2−12)}$$

이 베이즈 정리를 사용하면 $P(A \mid B)$를 이용하여 $P(B \mid A)$를 계산할 수 있다. 이

때 물론 B가 일어날 확률과 A가 일어날 확률을 알고 있어야 한다.

사람들은 일상생활에서 조건부 확률을 혼동하는 오류를 흔히 저지른다. 하나의 예로 임상 검사를 통한 병의 진단과정을 살펴보자. 폐암을 진단하는 검사가 있다고 가정하자. 이 검사와 관련하여 두 가지의 정보를 알고 있다. 첫째, 폐암이 발병되었을 때 이 검사가 양성일 확률은 .95이고, 폐암이 발병되지 않았을 때 이 검사가 음성일 확률은 .97이다.

이를 확률적으로 표현하면, 다음과 같다.

$$P(\text{검사} + \mid \text{폐암}+) = .95$$
$$P(\text{검사} - \mid \text{폐암}-) = .97$$

이 임상 검사에서 당신이 양성으로 나왔다고 하자. 그러면 아마도 당신은 폐암에 걸렸을 것임을 거의 확신할 것이다. 즉, $P(\text{폐암} + \mid \text{검사} +)$가 상당히 높을 것이라 생각할 것이다. 그러나 이 확률은 사실상 그리 높지는 않다. 이는 $P(A \mid B)$와 $P(B \mid A)$가 동일하지 않다는 것을 이해하지 못했기 때문에 발생한다. 그럼 $P(\text{폐암}+ \mid \text{검사} +)$를 실제로 계산하여 보자.

우리가 알고자 하는 정보는 검사의 결과가 양성일 때 암에 걸렸을 확률이다. 검사가 아주 정확한 것 같으므로, 검사가 양성일 때 폐암에 걸릴 확률은 아주 높을 것으로 보인다. 그러나 실제의 확률은 유병률에 따라 이 확률은 높지 않을 수 있다. 예컨대 폐암의 유병률이 .001라 하자(한국의 2000년도 유병률이 .00116이다). 베이즈 정리를 사용하여 확률을 계산하면, 다음의 공식에 의하여 .031이다. 양성일 때 폐암에 걸릴 확률은 3%밖에 되지 않는다.

$$P(\text{폐암} + \mid \text{검사} +) = \frac{P(\text{폐암} +)P(\text{검사} + \mid \text{폐암} +)}{P(\text{폐암} +)P(\text{검사} + \mid \text{폐암} +) + P(\text{폐암} -)P(\text{검사} + \mid \text{폐암} -)}$$
$$= \frac{(.001)(.95)}{(.001)(.95) + (.999)(.03)} = .031$$

대부분의 사람들은 앞과 근접한 확률을 산출해 내는 데 실패한다. 보다 직관적인 이해는 〈표 2-2〉를 살펴보면 할 수 있다. 폐암 환자의 양성 반응이 약 97%이고 정상집단의 음성 반응 비율이 95%인데 검사가 양성일 때 폐암 환자의 경우는 5,092명 중 97명에 불가하다.

〈표 2-2〉 폐암진단(음성/양성)과 폐암의 발병 사례수

	폐암+	폐암-(정상)	전체
음성	3	94,905	94,908
양성	97	4,995	5,092
전체	100	99,900	100,000

판단과 의사결정에 대한 많은 심리학 연구들에서 사람들은 조건부 확률 추리를 잘 하지 못하며, 그 원인이 기저율(base rate), 즉 유병률을 확률 계산에 잘 이용하지 못하였기 때문임이 발견된다(Bar-Hillel, 1980; Scholz, 1987; Tversky & Kahaneman, 1980).

재미로 푸는 문제

생일 문제(The birthday problem)

한 집단에서 생일이 같은 사람이 있을 확률은 얼마나 될까? 예컨대, 한 과목의 수강생이 60명이라면 확률이 얼마나 될까?

(답) 거의 확실하게 동일한 생일인 사람들이 있다.
집단이 23명이라면 확률은 .507이고
집단이 60명이라면 확률은 .994이다.

3 확률질량함수

지금까지 무선변수와 확률에 대하여 살펴보았다. 이를 바탕으로 확률질량함수(probability mass function) 혹은 확률함수를 정의하여 보자. 확률질량함수란 모든 가능한 무선변수의 값에 대해 확률을 할당하는 함수이다. 즉, 주사위의 예로 돌아가서 무선변수 X가 1, 2, 3, 4, 5, 6의 값을 가진다고 하면, 이 6개의 무선변수의 값에 확률을 할당하는 함수가 무선변수 X의 확률질량함수이다. 이 함수를 구체적으로 명시하면 〈표 2-3〉과 같다.

〈표 2-3〉 확률질량함수

X	1	2	3	4	5	6
$P(X)$	1/6	1/6	1/6	1/6	1/6	1/6

주사위의 예에서 X가 X('홀수')=1, X('짝수')=2와 같이 정의되면 확률질량함수는 다음과 같다.

X	1	2
$P(X)$	1/2	1/2

확률질량함수는 함수의 모든 특성을 지니고 있다. 함수를 이루기 위해서는 X의 값에 대하여 오직 하나의 확률만이 할당되어야 한다. 또 다른 특성은 확률질량함수에서 모든 확률의 합은 반드시 1이 되어야 한다는 것이다. 함수는 정의역의 모든 요소를 치역에 투사시켜야 되므로 당연한 결과이다. 즉, 표본 공간의 모든 요소는 무선변수로 투영되며, 표본 공간 전체의 확률이 1이기 때문이다.

4 확률밀도함수

1) 이산무선변수와 연속무선변수

지금까지 설명된 개념들에서 사용된 무선변수는 그 값들을 나열할 수 있었다. 주사위의 예가 대표적이다. 그러나 나열할 수 없는 경우도 있다. 다음과 같은 시나리오를 생각하여 보자. 철수는 *A*라는 시내버스를 매일 기다린다. 이 버스의 배차시간에 따르면 매시 30분에 정류장에 도착하게 되어 있다. 그러나 도로의 사정에 따라 조금 늦게 혹은 조금 빨리 도착할 수도 있다. 여기에서 무선변수 X를 버스가 정류장에 도착하는 시간(분)이라 하자. 이때 X는 0보다 크거나 같고 60보다 작은 실수 값 중의 하나이다. 그러나 무선변수 X가 취할 수 있는 모든 값을 나열한다는 것은 불가능하다. 이 시점에서 우리는 두 가지 서로 다른 종류의 무선변수가 있다는 것을 알 수 있다.

- 이산무선변수: 취할 수 있는 값을 나열할 수 있는 무선변수
- 연속무선변수: 취할 수 있는 값을 나열할 수 없는 무선변수

이산무선변수의 경우에는 특정한 무선변수 X에 해당하는 확률은 확률질량함수에 대입시킴으로써 구할 수 있다.

그러나 연속무선변수의 경우는 무선변수의 값에 확률을 할당하는 것이 가능하지 않다. 왜냐하면, 연속변수에서 하나의 값이 해당하는 확률은 기본적으로 0(무한 소)이기 때문이다. 버스 도착시간의 예로 돌아가서 $X=20$일 때의 확률을 생각하여 보자. 버스가 정확하게 20.0000000……분에 도착할 확률은 아주 작다. 우리가 흔히 버스가 20분에 도착했다고 말할 때 그 의미는 버스가 오차 없이 정확하게 20분에 도착했다는 의미는 아닐 것이다. 20.0000000001분에 도착하거나 19.9999999분에 도착했을 때도 우리는 버스가 20분에 도착했다고 하기 때문이

다. 따라서 $X=20$일 때의 확률을 정의하는 것은 의미가 없지만, 굳이 정의하자면, $P(X=20)=0$이다.

연속무선변수가 취하는 하나의 값에 대해서는 확률이 존재하지 않지만, 연속무선변수의 범위에 대해서는 확률이 존재한다. 즉, $P(X>20)$이나 $P(25<X<35)$, $P(19.9999<X<20.00001)$ 등에 대한 확률이 존재한다. 연속무선변수의 확률을 정의하여 주는 것이 확률밀도함수이다.

2) 확률밀도함수

확률밀도함수(probability density function)란 말 그대로 확률의 밀도를 나타내는 함수이다. 물리에서 밀도는 단위부피당 질량으로 정의되는데 통계학에서도 이와 비슷한 개념이다. 이해를 돕기 위해 버스 도착시간의 예로 다시 돌아가자. 버스 도착시간 X의 확률밀도함수 f가 [그림 2-4]와 같다고 하자. 다시 한 번 강조하지만 함수 f는 확률질량함수가 아니다. 왜냐하면, $f(30)=1/30$이지만 30이 일어날 확률은 1/30이 아니기 때문이다. 그럼 1/30의 의미는 무엇인가? 그것은 밀도이다. 의미를 보다 쉽게 이해하기 위해 $f(10)=1/90$에서의 1/90과 비교하여 보자. X가 30일 때가 X가 10일 때보다 세 배 높은 밀도를 가지고 있다. 이는 30 주위의 아주 작은 범위를 택하여 그 범위에 대한 확률을 계산하면, 그 확률은 10 주위의 아주 작은 범위에서 나온 확률의 세 배가 된다는 것이다. 따라서 30 주변이 10 주변보다 일어날 확률이 세 배 높다고 말할 수 있다.

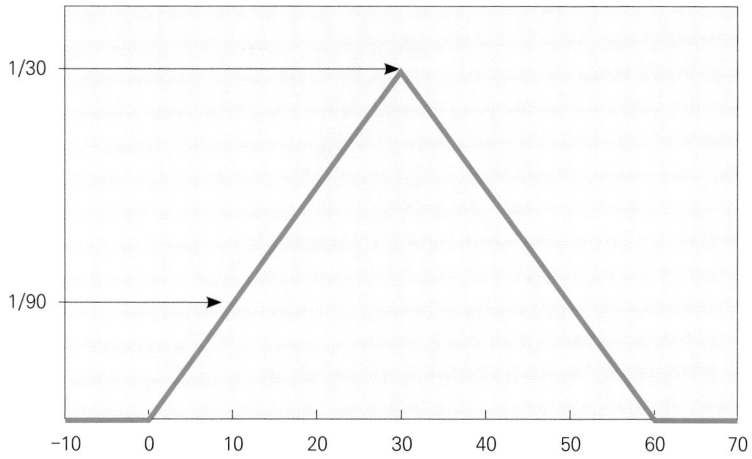

[그림 2-4] 버스 도착시간 X의 확률밀도함수

조금 자세히 설명하면, X가 a와 b 사이에 놓일 확률은 a와 b 사이에 존재하는 모든 확률밀도를 합하면 된다. 수학적으로는 적분이다. 이는 질량을 구하기 위하여 특정 구간(부피)에 있는 밀도를 적분하는 것과 같은 개념이다.

$$P(a < X < b) = \int_a^b f(x)dx \quad \text{(식 2-13)}$$

[그림 2-5]의 확률밀도함수를 기하학적으로 설명하면, (식 2-13)의 의미는 a와 b, 그리고 확률밀도함수에 의해 형성되는 도형의 면적이라는 것이다([그림 2-5] 참조).

확률질량함수와 마찬가지로 무선변수의 모든 값에 대한 확률은 1이 되어야 하므로 이를 수식으로 표현하면 다음과 같다.

$$\int_{-\infty}^{+\infty} f(x)dx = 1$$

다시 말하면, [그림 2-4]에서 전체 삼각형의 면적은 1이 되어야 한다. 왜 $f(30) = 1/30$이 되어야 하는지를 생각해 보자.

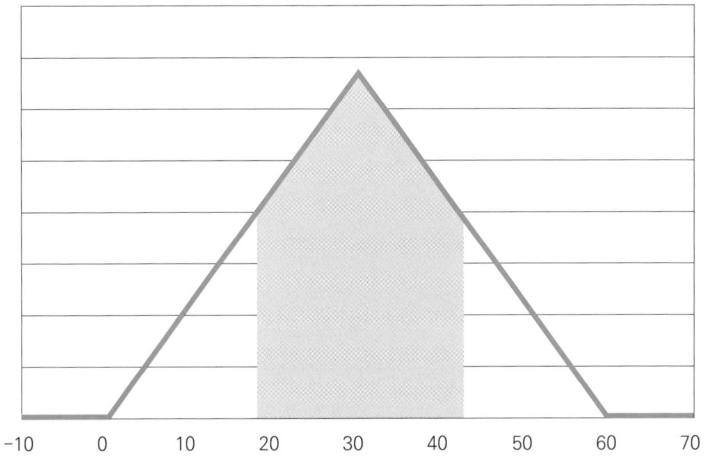

[그림 2-5] 확률밀도함수에서의 확률의 정의

확률질량함수와 확률밀도함수를 모두 확률함수로 부르기도 한다.

5 무선변수 X의 기대값과 분산

무선변수에 대한 정확한 기술은 확률질량함수 혹은 확률밀도함수에 의하여 이루어지지만, 무선변수의 기대값과 분산도 무선변수를 기술하기 위하여 사용된다. 무선변수의 기대값과 분산은 다음과 같다.

이산무선변수의 경우 X의 기대값 $E(X)=\sum X_i P(X_i)=\sum X_i P_i$ (여기서 $P(X_i)$는 확률질량함수이다), 연속무선변수의 경우 $E(X)=\int xf(x)dx$ (여기서 $f(x)$는 확률밀도함수이다)이다. 기대값의 의미는 무선변수 X의 모든 값에 대한 평균으로 이해될 수 있다.

이산무선변수와 연속무선변수의 분산, $Var(X)$는 다음과 같다.

$$Var(X) = \sum (X_i - E(X))^2 P_i$$
$$Var(X) = \int (x - E(X))^2 f(x)dx$$

무선변수의 분산의 의미는 무선변수의 모든 가능한 값에 대한 분산이다.

제3장 무선변수와 자료의 만남

1. 이산무선변수의 확률분포
2. 연속무선변수의 확률분포

1장에서는 자료를 기술하고 요약하는 방법에 대하여 다루었고, 2장에서는 확률과 분포에 대하여 다루었지만 자료에 대한 언급이 전혀 없었다. 추상적인 개념인 무선변수와 무선변수가 취할 수 있는 값에 확률을 할당하는 확률분포를 설명하였다. 이 장에서는 자료와 무선변수 그리고 확률분포가 어떻게 연결되는지를 살펴볼 것이다.

예를 들어, 개인들의 권위주의에 대하여 연구한다고 하자. 권위주의 척도를 사용하여 철수의 권위주의 정도를 측정하였을 때 그 점수가 45였다고 하자. 이 정보만으로는 권위주의 점수가 45점이라는 의미를 해석할 수 없다. 철수가 다른 사람보다 더 권위주의적인지 덜 권위주의적인지, 더 권위주의적이라면 어느 만큼 더 권위주의적인지 등에 대한 추론이 불가능하다. 행동과학, 사회과학에서 사용되는 대부분의 수치(자료)는 그 숫자 하나로는 정보를 지니지 못한다. 45라는 점수가 의미하는 바를 알기 위해서는 이 점수가 어떠한 체계에서부터 왔는지를 알아야 한다. 이 체계에 해당하는 것이 무선변수와 분포이다.

철수의 권위주의 점수는 다음과 같이 기술될 수 있다.

> 45점은 무선변수 X로부터 왔다. 그리고 무선변수 X는 0점부터 100점까지의 범위를 취하며 각 점수가 일어날 확률은 동일하다.

이러한 정보가 주어지면 X의 기대값(평균)이 50이라는 것을 알 수 있고 철수의 점수가 평균보다는 낮은 점수인 것을 알 수 있다. 또한 철수의 점수 45점은 전체에서 상위 55% 안에 들고 하위 45% 안에 드는 것도 알 수 있다.

통계학에서 주어진 자료에 대하여 해석하고 추론을 하기 위하여, 자료를 다음과 같은 형식으로 설명한다.

자료 x는 A 분포를 따르는 무선변수 X의 구현치이다.

무선변수 X의 성질은 분포(distribution)에 의해 기술된다. "X는 D라는 분포를 따른다."라고 기술하였을 때, D 분포의 특성을 알면 무선변수 X의 특성을 파악할 수 있다. 따라서 이 분포에 의하여 무선변수의 구현치인 x에 대한 해석이 가능하다. 우선, 사회과학에서 널리 사용되는 분포들에 대하여 살펴보자.

1 이산무선변수의 확률분포

1) 이항분포

다음과 같은 무선변수 R은 이항분포(binomial distribution)를 따른다.

- N번의 서로 독립적인 시행이 행해진다.
- 각 시행은 성공과 실패로 구성된다. 모든 시행에서 성공할 확률은 p로 동일하다.
- 성공의 횟수가 무선변수 R이다.

예컨대, 주사위를 열 번 던지는 실험을 생각하여 보자. 1의 눈이 나오는 것을 성공으로 정의하면, 열 번의 시행에서 성공한 횟수, 즉 1의 눈이 나오는 횟수 R이 무선변수이다. R은 0에서 10 사이의 숫자 중 하나이다. 이때 이항분포에서 N은

10이며 성공확률 p는 1/6이다. 한 시행에서 성공('1의 눈') 여부가 다음 시행의 성공 여부에 영향을 주지 않으므로 각 시행은 서로 독립적이다.

다음에 R이 0, 1, 2, ⋯, 10일 때의 확률을 구하여 보자. $R=0$이면, 열 번의 시행에서 모두 1 이외의 눈이 나와야 된다. 각 시행에서 1 이외의 눈이 나올 확률은 5/6이고 각각의 시행은 서로 독립이므로, $R=0$일 확률을 구하면 다음과 같다.

$$P(R=0)=\left(\frac{5}{6}\right)\left(\frac{5}{6}\right)\left(\frac{5}{6}\right)\left(\frac{5}{6}\right)\left(\frac{5}{6}\right)\left(\frac{5}{6}\right)\left(\frac{5}{6}\right)\left(\frac{5}{6}\right)\left(\frac{5}{6}\right)\left(\frac{5}{6}\right)=\left(\frac{5}{6}\right)^{10}$$

$R=1$이면, 열 번의 시행에서 오직 한 번만 1이 나와야 된다. 따라서 확률은 다음의 확률을 모두 더하면 된다.

첫 번째 시행에서 1이 나옴: $\left(\frac{1}{6}\right)\left(\frac{5}{6}\right)\left(\frac{5}{6}\right)\left(\frac{5}{6}\right)\left(\frac{5}{6}\right)\left(\frac{5}{6}\right)\left(\frac{5}{6}\right)\left(\frac{5}{6}\right)\left(\frac{5}{6}\right)\left(\frac{5}{6}\right)=\left(\frac{1}{6}\right)^{1}\left(\frac{5}{6}\right)^{9}$

두 번째 시행에서 1이 나옴: $\left(\frac{5}{6}\right)\left(\frac{1}{6}\right)\left(\frac{5}{6}\right)\left(\frac{5}{6}\right)\left(\frac{5}{6}\right)\left(\frac{5}{6}\right)\left(\frac{5}{6}\right)\left(\frac{5}{6}\right)\left(\frac{5}{6}\right)\left(\frac{5}{6}\right)=\left(\frac{1}{6}\right)^{1}\left(\frac{5}{6}\right)^{9}$

⋮

열 번째 시행에서 1이 나옴: $\left(\frac{5}{6}\right)\left(\frac{5}{6}\right)\left(\frac{5}{6}\right)\left(\frac{5}{6}\right)\left(\frac{5}{6}\right)\left(\frac{5}{6}\right)\left(\frac{5}{6}\right)\left(\frac{5}{6}\right)\left(\frac{5}{6}\right)\left(\frac{1}{6}\right)=\left(\frac{1}{6}\right)^{1}\left(\frac{5}{6}\right)^{9}$

따라서 $R=1$일 확률은 다음과 같다.

$$P(R=1)=10\left(\frac{1}{6}\right)^{1}\left(\frac{5}{6}\right)^{9}$$

일반적인 경우로 $R=r$일 확률은 1이 r번 나오고 1이 아닌 눈이 $(10-r)$번 나오면 된다. 따라서 이 확률은 다음과 같이 표현될 수 있다.

$$\left(\frac{1}{6}\right)^{r}\left(\frac{5}{6}\right)^{10-r}$$

그러나 r번 눈이 나올 수 있는 여러 가지 경우가 있다. 처음 시행부터 r번째 시행까지 1이 나오고 그다음 시행에서는 1이 나오지 않든지, 두 번째 시행에서 $r+1$ 시행까지 1이 나오고 나머지 시행에서는 1이 나오지 않는다든지, 여러 가지 조합이 가능하다. 이는 곧 열 번의 시행 중에서 r번의 시행을 선택하여 성공으로 취급하는 경우의 수와 같다. 그 경우의 수는 ${}_{10}C_r$이다.

따라서 R에 대한 확률분포는 다음과 같다.

R	0	1	…	r	10
P	${}_{10}C_0\left(\frac{1}{6}\right)^0\left(\frac{5}{6}\right)^{10}$	${}_{10}C_1\left(\frac{1}{6}\right)^1\left(\frac{5}{6}\right)^9$	…	${}_{10}C_r\left(\frac{1}{6}\right)^r\left(\frac{5}{6}\right)^{10-r}$	${}_{10}C_{10}\left(\frac{1}{6}\right)^{10}\left(\frac{5}{6}\right)^0$

각 시행에서 성공할 확률이 p이고, N 시행에서 r번 성공할 확률은 다음과 같이 나타난다.

$$P(R=r)={}_NC_r\left(\frac{1}{6}\right)^r\left(\frac{5}{6}\right)^{N-r}$$

R이 이항분포를 따르고 N이 10이고 p가 1/6이라는 기술만 주어지면, R의 분포에 대한 모든 정보를 알수 있다. 그리고 $R\geq4$일 확률, $3\leq R\leq7$일 확률 등을 계산할 수 있다.

◆ 파라미터

무선변수 R이 이항분포를 따른다고만 기술하는 것은 분포에 대한 충분한 설명이 아니다. 왜냐하면 이항분포는 하나의 분포라기보다는 분포의 범주(a family of distributions)를 지칭하는 말이기 때문이다. 이항분포라는 분포의 범주에 더하여 N과 p에 대한 정보가 주어져야지 비로소 하나의 분포로 결정된다. 이때 N과 p를 파라미터(parameter)라고 하고, 모수치라고 번역되기도 한다. 그러나 필자의 입장으로는 모수치는 적절한 번역이 아니라고 판단된다. 또한 모수치(파라미터)는 모집단을 기술하는 수치로 흔히 기술되지만 아주 정확한 표현이라고는 할 수 없다. 통계학에서 무선변수와 분포의 관계를 표시하기 위하여 다음과 같은 표기법을 사용한다.

$$R \sim B(N, p)$$

여기서 ~는 분포를 따른다는 의미를 지니고 있고, B는 binomial의 약자이고 괄호 안의 N과 p는 파라미터를 나열한 것이다.

2) 기하분포

이항분포와 동일한 가정하에서, 성공할 때까지 시행을 반복하고 성공하는 순간 시행을 마치는 상황을 생각하여 보자. 즉, 주사위 1의 눈을 성공으로 취급할 때, 1이 나올 때까지 주사위를 계속 던지는 경우이다. 이때 성공할 때까지 걸리는 횟수, 즉 처음으로 1이 나올 때까지 걸리는 횟수를 무선변수 N으로 삼을 때 무선변수 N은 기하분포(geometric distribution)를 따른다.

만약 $N=10$이라면 확률은 처음 아홉 번의 시행은 실패이고 열 번째 시행에서 성공할 확률이므로 그 확률은 다음과 같다.

$$\left(\frac{5}{6}\right)^9\left(\frac{1}{6}\right)$$

일반화하면, 성공할 확률이 p이고 $N=n$일 확률은 다음과 같다.

$$P(N=n) = (1-p)^{n-1}p$$

기하분포에서는 이항분포와는 달리 하나의 파라미터 p를 가진다. 이는 다음과 같이 표현될 수 있다.

$$N \sim G(p)$$

3) 파스칼분포

기하분포의 무선변수가 첫 번째 성공할 때까지 걸리는 시행 수라면 파스칼분포(Pascal distribution)의 무선변수는 r번째 성공할 때까지 걸리는 시행 수이다. 파라미터 r과 p가 주어졌을 때, $N=n$일 확률은 다음과 같다.

$$P(N=n)={}_{n-1}C_{r-1}p^{r}(1-p)^{n-r}$$

n번째는 반드시 성공해야 하고, $n-1$번째까지는 $r-1$번 성공해야 한다. 이는 다음과 같이 표현된다.

$$N \sim P(r,p)$$

4) 부정이항분포

부정이항분포(negative binomial distribution)는 r번 성공할 때까지 실패한 횟수 m을 무선변수로 취하는 변수이다. 이때 m은 전체 시행에서 성공한 시행을 뺀 $N-r$이므로 기본적으로 파스칼분포와 동일하다.

2 연속무선변수의 확률분포

연속무선변수에 대해서는 2장에서 설명한 바 있다. 다시 한 번 설명하자면, 연속무선변수는 각 값을 나열하는 것이 불가능한 연속적인 값을 가진다. 예컨대, 인간의 키가 취할 수 있는 값은 나열할 수 없고 연속적으로 변하기 때문에 연속 무선변수이다. 또한 연속무선변수에서는 특정한 값에 해당하는 확률은 정의될 수 없으며, 확률밀도만이 정의된다는 것을 2장에서 설명하였다. 연속무선변수의 분포의 예로는 정규분포, 카이제곱분포, t 분포, F 분포 등이 있다. 여기에서는 우선, 정규분포에 대하여 살펴보겠다.

1) 정규분포

무선변수 X가 정규분포(normal distribution)를 따른다고 하면, 이 정규분포는 다음과 같은 확률밀도함수를 지닌다.

$$f(x) = \frac{1}{\sqrt{2\pi}\sigma} e^{-(x-\mu)^2/2\sigma^2}$$

이를 그래프로 나타내면 [그림 3-1]과 같다.

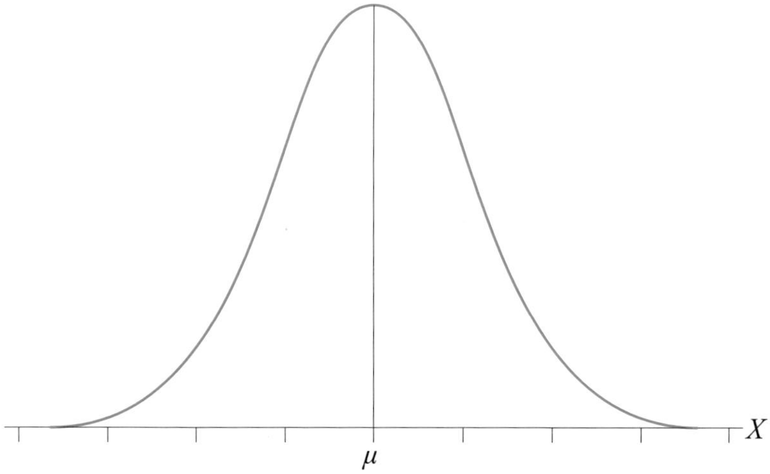

[그림 3-1] 정규분포

이 그래프는 μ 주변에서 확률밀도가 가장 높고 μ에서 멀어질수록 점차 확률밀도가 낮아지는 특징을 띤다. 즉, 종 모양을 띠고 있다. 이 확률밀도함수를 자세히 살펴보면, π는 3.14 정도의 상수이고, e도 2.718 정도 되는 상수이므로 함수가 정의되기 위해서는 μ와 σ^2가 정의되어야 한다. 예컨대, μ가 0이고 σ^2가 1이라면 확률밀도함수는 다음과 같다.

$$f(x) = \frac{1}{\sqrt{2\pi}} e^{-x^2/2}$$

또한 μ가 100이고 σ^2가 10이라면 거기에 해당하는 함수를 얻을 수 있다. 즉, 정규분포를 결정짓는 파라미터가 μ와 σ^2이다. 이는 각각 정규분포를 따르는 무선변수의 기대값과 분산에 해당한다. 다시 한 번 강조하자면, 정규분포라는 말은 단순히 분포 형태를 기술하는 말이고 정규분포의 개수는 무한히 많다. 파라미터인 μ와 σ^2의 값이 결정되어야 하나의 정규분포로 확인될 수 있다. 정규분포는 다음과 같이 표기된다.

$$X \sim N(\mu,\ \sigma^2)$$

앞의 표기는 무선변수 X가 정규분포를 따르고, 파라미터는 μ와 σ^2임을 나타낸다.

지능지수가 평균이 100이고 분산이 15인 정규분포를 따른다고 기술하였을 때, 우리는 그 의미를 파악할 수 있다. 지능지수 100 근처에 가장 사람이 많이 몰려 있고 100에서 멀어져 갈수록 사람들의 수가 감소한다는 것이다.

◆ 정규분포의 성질

행동과학 및 사회과학에서 가장 많이 사용되는 분포가 정규분포이므로 정규분포의 성질에 관해서 보다 자세히 살펴보자. 정규분포는 다음과 같은 특징이 있다.

- 종 모양을 지니고 있다. 즉, 평균 근처에서 확률밀도가 가장 높으며, 평균에서 멀어질수록 밀도가 낮아진다.
- 좌우 대칭이다.
- X의 범위는 모든 실수이고 $f(x)$의 값은 항상 0보다 크다.

다시 한 번 2장에서 다루어진 확률밀도함수의 성질을 상기하여 보자. 먼저, $P(a<X<b)$의 확률은 [그림 3-2]의 색이 칠해진 면적으로 계산된다. 다시 말하면, 확률밀도함수에서 a와 b 사이의 밀도를 모든 합한 값, 즉 a와 b 사이의 적분값이다.

$$P(a<X<b)=\int_a^b f(x)dx$$

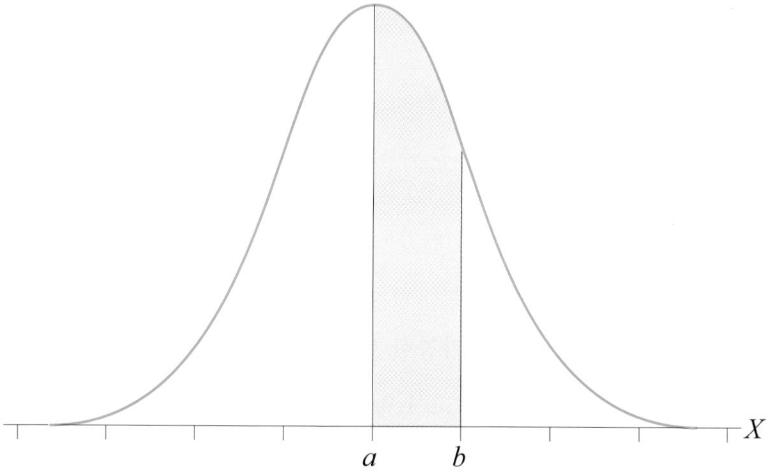

[그림 3-2] 정규분포에서 확률의 정의

정규분포에 대한 적분함수는 간단히 계산될 수 없으므로 대부분의 통계 책들은 이를 표로 제시한다. 표로 제시할 때의 하나의 난점은 무수히 많은 정규분포에 대한 모든 표를 제시할 수 없다는 것이다. 따라서 보통 평균이 0이고 분산이 1인 정규분포, 즉 표준정규분포의 표만 제시한다.

표준정규분포표는 보통 〈표 3-1〉과 같이 구성되어 있다. 첫 번째 열은 무선변수 X가 취하는 값들을 나타내고 두 번째 열은 무선변수가 x 이하일 확률을 나타낸다. 예컨대, X가 .00일 때 $F(x)$는 .50이다. 즉, 무선변수가 0 이하일 확률이 .50이라는 의미다. 마찬가지로 무선변수가 1.96보다 작을 확률은 .9750이다.

〈표 3-1〉 표준정규분포의 확률

X	$F(x)$
.00	.5000
.01	.5040
.02	.5080
.03	.5120
.04	.5160
–	–
–	–
1.00	.8413
–	–
–	–
–	–
1.96	.9750

이 표를 적절히 이용하면, 모든 가능한 범위에 대한 확률을 계산할 수 있다. 예컨대, 무선변수 X가 −1.96보다 크고 1.96보다 작을 확률은 다음과 같이 계산될 수 있다. 1.96보다 작을 확률이 .9750이므로 1.96보다 클 확률은 1−.9750=.025이다. [그림 3-3]의 그래프에서 1.96보다 큰 영역의 면적이 .025인 것을 알 수 있다. 정규분포는 평균(여기에서는 0)에 대하여 대칭이므로 −1.96보다 작을 확률도 .025이다. 따라서 −1.96보다 크고 1.96보다 작을 확률은 1−(0.025+0.025)=.95이다.

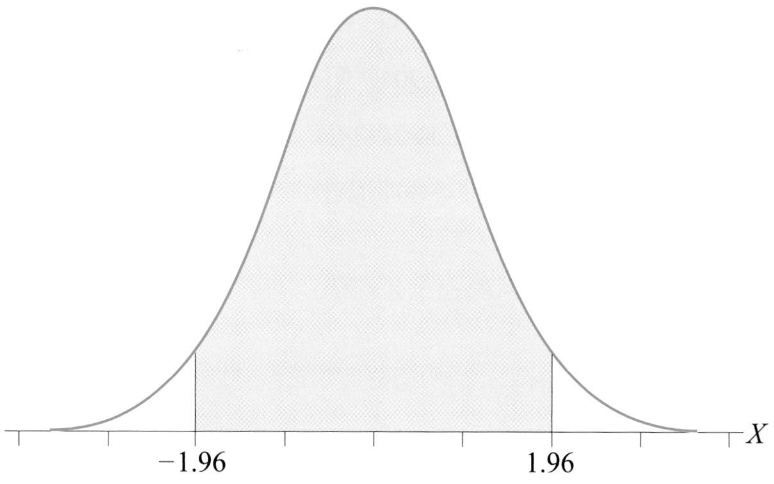

[그림 3-3] 표준정규분포에서 확률 계산

이와 같은 방식으로 모든 범위에 대한 확률을 계산할 수 있다. 몇 가지 예를 더 들어 보자. X가 1보다 크고 1.96보다 작을 확률은 .9750에서 .8413를 뺀 값이 될 것이다. 그리고 X가 −1보다 크고 1.96보다 작을 확률은 0보다 큰 영역의 면적은 (.9750−.5)이고 0보다 작은 영역의 면적은 (.8413−.5)이므로 두 면적을 합한 값 (.4750+.4413)이 최종적인 확률이 될 것이다. 그림을 그려서 여러 가지 경우에 대한 확률을 계산하여 보라.

다양한 분포에서 확률을 계산해 주는 앱이 개발되어 있다. 대표적인 것이 probability-distribution인데, google play나 app store에서 무료로 설치할 수 있다(사용 방법은 〈부록 3〉을 참고하라).

지금까지는 표준정규분포상에서 확률을 계산하는 방법을 살펴보았다. 즉, 평균이 0이고 표준편차가 1인 정규분포만을 살펴보았다. 이 분포에 대한 설명을 자세히 한 이유는 정규분포를 따르는 모든 무선변수는 선형적 변형(linear transformation)에 의하여 표준정규분포로 바꿀 수 있기 때문이다. 즉, 어떤 무선변수 X가 평균이 100이고 표준편차가 10이라고 하자. 다음과 같은 공식을 이용하여 X를 Z로 변환시키면, Z는 표준정규분포를 따르게 된다.

$$Z = \frac{X - 100}{10}$$

따라서 X에 대한 확률을 계산할 수 있다. 예컨대, X가 90보다 크고 120보다 작을 확률을 계산하면 다음과 같다. $X=90$에 해당하는 Z값은 $(90-100)/10=-1$이고 $X=120$에 해당하는 Z값은 2이므로 표준정규분포에서 -1보다 크고 2보다 작을 확률을 구하면 되는 것이다. 즉, 다음과 같다.

$$P(90 < X < 120) = P(-1 < Z < 2)$$

Z와 X의 관계는 다음과 같다.

$$Z = \frac{X - \mu}{\sigma}$$

$$X = \sigma Z + \mu$$

X를 알면 Z를 알고, Z를 알면 X를 알 수 있다. Z는 흔히 표준점수(standardized score)라 불린다.

참고

정규분포와 관련된 확률을 계산할 때 원 무선변수보다는 변수 Z를 더 많이 사용한다. 즉, $P(X>a)$보다는 $P(Z>b)$를 선호한다. Z는 평균이 0이고 분산이 1이라는 것을 이미 알고 있고, X를 알면 언제든지 Z를 구할 수 있으므로 매우 편리하다. 또한 Z가 1.96보다 크거나 -1.96보다 작을 확률이 .95 정도이고, 2.54보다 크거나 -2.54보다 작을 확률이 .99 정도인 것을 기억하고 있으면 유용하다.

2) 카이제곱분포

카이제곱(χ^2)분포(chi-square distribution)는 정규분포와 매우 관련이 높다. 서로 독립인 표준정규분포를 따르는 k개의 무선변수를 $Z_1, Z_2, \cdots, Z_k$라 하면 이 무선변수의 제곱의 합이 카이제곱분포를 따르게 된다. 즉, Q를 다음과 같이 정의하면 Q는 카이제곱분포를 따른다.

$$Q = \sum_{i=1}^{k} Z_i^2 = \sum_{i=1}^{k} \left(\frac{X_i - \mu}{\sigma} \right)^2$$

카이제곱분포는 하나의 파라미터를 가지고 있는데 이를 자유도(degree of freedom: *df*)라 부르며 몇 개의 Z 제곱이 더해졌는지에 의하여 결정된다. 앞의 예에서 자유도는 k이다. Q가 자유도가 k인 카이제곱분포를 따른다는 것은 다음과 같이 표기된다.

$$Q \sim \chi^2(k)$$

카이제곱분포는 자유도에 따라 다른 형태의 분포를 띠게 되는데, [그림 3-4]는 자유도에 따른 분포의 변화를 보여 준다.

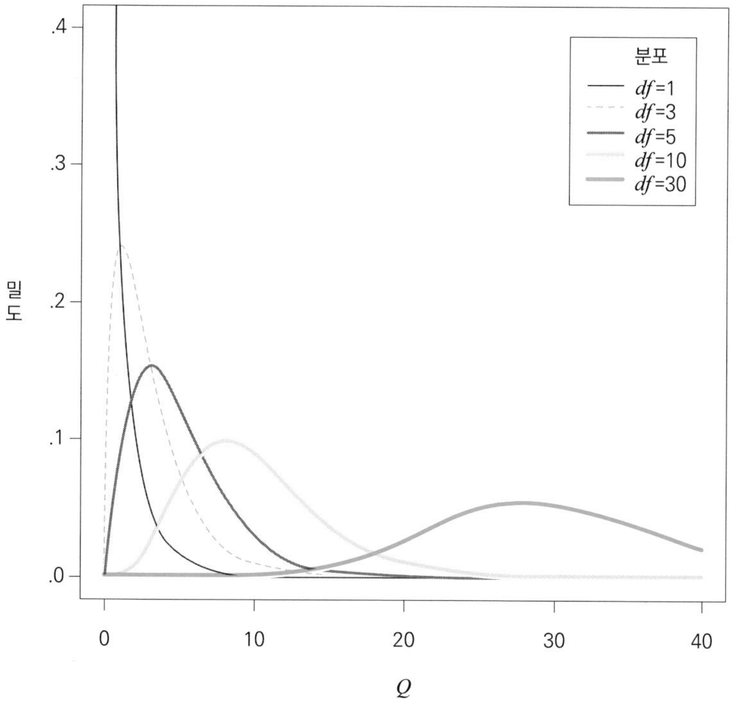

[그림 3-4] 자유도에 따른 카이제곱분포의 변화

이 분포의 확률밀도함수는 다음과 같다.

$$f(x;k)=\frac{1}{2^{k/2}\Gamma(k/2)}x^{k/2^{-1}e^{-x/2}}$$

여기서 k는 자유도를 나타내고 감마함수는 다음과 같이 정의된다.

$$\Gamma(z)=\int_0^\infty t^{z-1}e^{-t}dt$$

Z 점수의 제곱의 합이 무선변수인 Q가 되는 카이분포는 항상 0보다 크거나 같다. 이 분포의 평균의 자유도와 일치하며, 분산은 자유도의 두 배가 된다.

$$E(\chi^2)=df$$
$$Var(\chi^2)=2df$$

카이제곱분포는 표본의 분산의 분포와 밀접하게 관련되어 있다. 이 부분에 대해서는 8장에서 다루겠지만, 다음 통계량의 분포에 대해서는 이해하여야 한다.

$$R=\sum_{t=1}^{k}\left(\frac{X_i-\overline{X}}{\sigma}\right)^2$$

앞의 통계량은 표준점수 제곱의 합이라는 점에서는 앞의 Q와 동일하지만, 파라미터인 μ 대신 표본 평균인 $\overline{X}$를 사용하고 있다는 점에서 다르다. R도 카이제곱분포를 따르지만, 자유도는 k가 아니라 $k-1$이 된다. 즉, 자유도가 1만큼 감소된다.

자유도는 X들 간의 선형제약의 수만큼 감소하게 된다. 여기에서는 하나의 선형제약이 존재한다.

$$\overline{X}=\frac{X_1+X_1+\cdots+X_k}{k}$$

이해를 돕기 위해 카이제곱의 자유도는 Z의 제곱이 몇 개 더해졌는지에 따라서 결정된다는 점을 염두에 두고 앞의 통계량을 살펴보면, 자유도가 1 감소하는 이유를 알 수 있다. $\bar{X}$는 k개의 점수를 더한 다음 k로 나눈 것이다. 따라서 $\bar{X}$를 알고 있는 경우에는 $k-1$개의 점수만 알고 있으면, k번째 점수는 자동적으로 정해진다. 이 경우에는 무선변수인 Z의 제곱을 $k-1$개만 더하면 이 무선변수가 취할 수 있는 값을 모두 표현할 수 있다. 마지막 것은 $k-1$개와 독립적으로 변할 수 있는 값이 아닌 것이다. 따라서 자유도는 $k-1$이 된다. 즉, 자유도는 자료의 수에서 제약(의존성) 수를 빼서 계산하게 된다.

의존성에 대하여 조금 더 살펴보면 다음과 같다. $R=X+Y$라 정의하면 R은 두 개의 무선변수에 의하여 결정된다. 그러나 $X+Y=3$이라는 제약이 가해지면, R은 실제로 하나의 무선변수에 의하여 결정된다. 예컨대, X의 값이 2라면 Y의 값은 1이므로 Y의 값은 자유스럽게 변하는 무선변수가 아니게 된다. 추정된 파라미터는 무선변수들의 함수로 구성되므로, 추정된 파라미터를 사용하게 되면 제약을 하나 가하는 것과 동일한 것이다. 다음과 같은 통계량을 생각하여 보자.

$$S = 2X_1 + 2X_2 + X_3 - \bar{X}$$

S는 X_1, X_2, X_3의 세 무선변수에 의하여 결정되는 것으로 보인다. 그러나 $\bar{X}$가 주어진 상태에서는 사실상 두 개의 변수에 의하여 결정된다. X_3는 다음과 같이 X_1, X_2에 의해서 표현될 수 있다.

$$\bar{X} = \frac{X_1 + X_2 + X_3}{3}$$
$$X_3 = 3\bar{X} - X_1 - X_2$$

따라서 S도 X_1, X_2에 의하여 표현될 수 있다.

$$S = 2\bar{X} + X_1 + X_2$$

앞의 R 통계량에서는 Z^2이 k개 더해졌지만, $\overline{X}$에 하나의 제약이 포함되어 있으므로 자유도는 $k-1$이 된다. 카이제곱분포는 분산에 대한 가설검증에서 사용되며, F 분포나 t 분포의 기초가 된다.

3) 적률, 첨도, 왜도

적률(moment)은 분포의 모양을 반영하고 있는 측정치를 나타내며, 다음과 같이 정의된다.

	적률(분포)	표본적률	관련 통계
1차	$E[X-\mu]$	$\frac{1}{n}\sum[x-\overline{x}]$	
2차	$E[(X-\mu)^2]$	$\frac{1}{n}\sum[(x-\overline{x})^2]$	분산
3차	$E[(X-\mu)^3]$	$\frac{1}{n}\sum[(x-\overline{x})^3]$	왜도
4차	$E[(X-\mu)^4]$	$\frac{1}{n}\sum[(x-\overline{x})^4]$	첨도
⋮			
n차	$E[(X-\mu)^n]$	$\frac{1}{n}\sum[(x-\overline{x})^n]$	

왜도(skewness)는 분포가 대칭에서 어느 쪽으로 치우쳐져 있는지를 나타낸다. 왜도의 공식은 다음과 같다.

$$Sk = \sum \frac{[(x_i - \overline{x}) / S]^3}{n-1}$$

[그림 3-5]의 왼쪽 그림과 같이 꼬리가 오른쪽으로 길게 늘어져 있으면 정적으로 편포되었다(positively skewed)고 하며, 왼쪽으로 늘어져 있으면 부적으로 편포되었다(negatively skewed)고 한다.

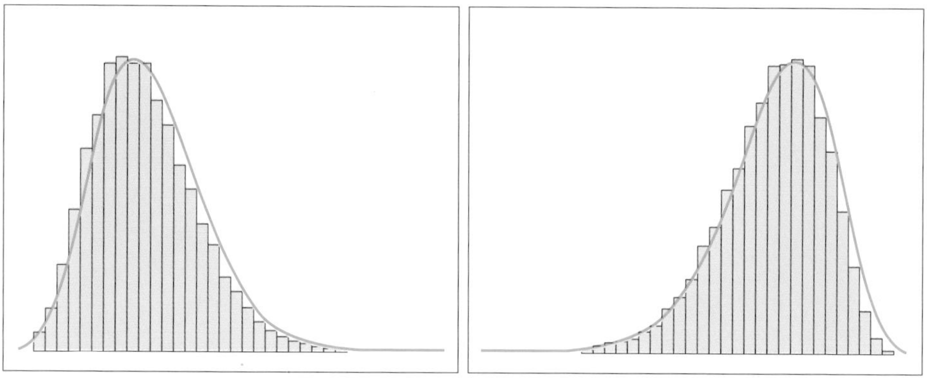

[그림 3-5] 정적으로 편포된 분포와 부적으로 편포된 분포

첨도(kurtosis)는 분포가 얼마나 뾰족한지를 나타내는 통계치로 공식은 다음과 같다.

$$K = \sum \frac{[(x_i - \overline{x}) / S]^4}{n-1}$$

정규분포의 경우 왜도가 3이고 정규분포보다 더 뾰족하면 3보다 크고 덜 뾰족하면 3보다 작다. 경우에 따라서는 앞의 K에 3을 뺀 공식을 사용하기도 한다. 이때에는 정규분포의 첨도가 0이 된다.

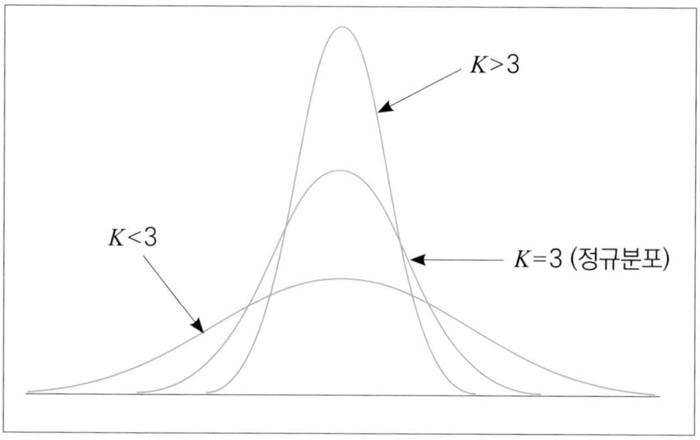

[그림 3-6] 첨도(K)에 따른 분포의 모양

제4장

통계량과 표집분포

1 모집단과 표본

2장과 3장에서 무선변수와 분포들에 대하여 살펴보았다. 이제부터는 실험이나 조사에서 관찰되는 자료를 무선변수의 한 구현치로 취급할 것이다. 다시 말하면, A라는 사람의 키가 170이라는 것은, 이 170을 무선변수 X가 취할 수 있는 값의 하나로 취급한다는 것이다. 이 개념을 유념하여야 앞으로 제시되는 이론이나 기법들을 쉽게 이해할 수 있을 것이다.

이 시점에서 모집단(population)과 표본(sample)에 대한 개념을 정의할 필요가 있다.

- 모집단
  - 형식적 정의: 어떤 표본을 추출하였을 때, 그 표본이 추출된 (단위 사상으로 구성된) 표본 공간
  - 일상적 의미: 모든 가능한 관찰 단위의 합. 예컨대, 지능 점수를 관찰한다고 하면, 모든 지능 점수가 모집단이다. 만약 우리가 우리나라 사람의 지능지수를 관찰한다고 하면, 모든 우리나라 사람의 지능지수가 모집단이다.
  - 연구와 관련된 의미: 연구의 고려 대상이 되는 모든 관찰치
- 표본: 모집단의 부분집합. 즉, 모집단의 일부

1장에서 제시되었던 예인 우리 가족의 IQ 점수의 예로 돌아가자.

아버지: 120 어머니: 110 형: 115 나: 120 동생: 114

개념적으로 앞의 다섯 개 자료가 우리나라 전체 인구의 IQ 점수에서 추출되었다고 가정하면, 모집단은 우리나라 전체 인구의 IQ 점수 집합이다. 또한 다섯 개의 점수는 하나의 표본을 구성한다.

다섯 개의 IQ 점수는 다섯 개의 무선변수 X_1, X_2, X_3, X_4, X_5의 구현치로 해석하자. 이제 무선변수들의 분포를 기술하여야 한다. 다섯 개의 무선변수가 모두 정규분포를 따르고 평균이 100이고 분산이 10^2이라고 하자. 즉, 다음과 같이 표현될 수 있다.

$$X_1 \sim N(100, 10^2)$$
$$X_2 \sim N(100, 10^2)$$
$$X_3 \sim N(100, 10^2)$$
$$X_4 \sim N(100, 10^2)$$
$$X_5 \sim N(100, 10^2)$$

여기에서 아버지의 IQ가 상위 %에 드는 값인지, 나의 IQ가 상위 몇 %에 드는 값인지에 대한 정보 등을 얻을 수 있다. 아버지의 IQ는 120이므로 ($X_1 = 120$), X_1이 120보다 클 확률을 구하면 다음과 같다.

$$P(X_1 > 120) = P\left(Z_1 > \frac{120-100}{10}\right) = P(Z_1 > 2)$$

이를 정규분포표에서 찾으면, 확률은 .0225이고 약 2.3%에 해당된다. 즉, 아버지의 IQ는 우리나라 국민의 2.25% 내에 드는 것이다. 마찬가지 방법으로 다른 식구들의 IQ에 대한 정보도 얻을 수 있다.

2 통계량

자, 이번에는 우리 부모의 IQ가 다른 부모들의 IQ보다 얼마나 높은지를 계산해 보자. 이때에는 표본이 아버지, 어머니의 IQ 점수이다. 이러한 경우에는 아버지, 어머니의 IQ 점수의 합 [120+110=230]이나 평균 [(120+110)/2=115]이 다른 부모들보다 높은지 낮은지를 계산해야 한다. 여기에서 230이라는 점수는 두 무선변수들의 합 (X_1+X_2)이 취할 수 있는 하나의 값이고, 115라는 점수는 $(X_1+X_2)/2$이 취할 수 있는 하나의 값이라는 것을 이해해야 한다.

확률을 구하기 위해서는 X_1+X_2의 분포나 $(X_1+X_2)/2$의 분포를 알아야 하는데, 어떻게 이러한 분포를 구하는지를 살펴볼 것이다. 먼저, 통계량(statistic)의 개념에 대하여 살펴보자.

> 통계량(statistic): 무선변수의 수학적 결합

앞의 예에서 X_1+X_2나 X_1X_2, 그리고 $(X_1+X_2)/2$ 모두가 다 통계량이다. 이제 이미 알고 있는 X_1과 X_2의 분포로부터 X_1+X_2와 $(X_1+X_2)/2$의 분포를 유도해 보자.

참고

> 다음의 정리를 하나 기억하여 두자.
> $X_1, X_2, X_3, \cdots, X_n$이 모두 정규분포를 따르고, n개의 사건들이 서로 독립이라면, X들의 일차적 결합(선형적 결합)도 정규분포를 따른다.

앞의 예에서 어머니, 아버지의 IQ를 나타내는 두 무선변수가 모두 평균이 100이고 표준편차가 10인 정규분포를 따르므로 X_1+X_2과 $(X_1+X_2)/2$가 정규분포를 따른다는 것을 알 수 있다.

$X_1 + X_2 \sim N(\,?\,,\,?\,)$

$(X_1 + X_2)/2 \sim N(\,?\,,\,?\,)$

그다음 필요한 것은 정규분포를 결정지어 주는 두 파라미터의 값, 즉 μ와 σ^2의 값을 알아야 한다. 즉, 다음과 같은 정보가 필요하다.

$$\mu_{X_1+X_2} = E(X_1 + X_2) = ? \qquad \mu_{(X_1+X_2)/2} = E[(X_1 + X_2)/2] = ?$$

$$\sigma^2_{X_1+X_2} = Var(X_1 + X_2) = ? \qquad \sigma^2_{(X_1+X_2)/2} = Var[(X_1 + X_2)/2] = ?$$

참고

무선변수의 선형적 결합의 기대값(평균)과 분산

다음과 같은 등식이 성립함을 기억하여 두자. 여기서 a, b, c는 상수로 X, Y, Z는 무선변수로 정의된다.

$$E(aX + bY + cZ) = aE(X) + bE(Y) + cE(Z)$$

X, Y, Z가 각각 독립이라면 다음과 같이 나타낼 수 있다.

$$Var(aX + bY + cZ) = a^2Var(X) + b^2Var(Y) + c^2Var(Z)$$

X_1과 X_2가 독립적이라 가정하면, 각 분포의 평균과 분산은 다음과 같이 계산될 수 있다.

$$\mu_{X_1+X_2} = E(X_1 + X_2) = E(X_1) + E(X_2) = 100 + 100 = 200$$

$$\mu_{(X_1+X_2)/2} = E[(X_1 + X_2)/2] = 100$$

$$\sigma^2_{X_1+X_2} = Var(X_1 + X_2) = Var(X_1) + Var(X_2) = 2 \times 10^2$$

$$\sigma^2_{(X_1+X_2)/2} = Var[(X_1 + X_2)/2] = \left(\frac{1}{2}\right)^2 Var(X_1) + \left(\frac{1}{2}\right)^2 Var(X_2) = \left(\frac{1}{2}\right) 10^2$$

$$X_1 + X_2 \sim N(200, 2 \times 10^2)$$
$$(X_1 + X_2)/2 \sim N(100, 10^2/2)$$

다시 말하면, 부모들의 IQ 합의 분포는 평균이 200이고 분산이 2×10^2인 분포를 따르고, 부모들의 IQ 합을 2로 나눈 값의 분포는 평균이 100이고 분산이 $10^2/2$인 분포를 따른다. 이와 같은 방식으로, 여러 가지 통계량에 대한 분포를 산출할 수가 있다. 분포가 알려지면, 확률은 앞 장에서 기술한 방법대로 계산하면 된다.

3 표본 평균의 표집분포

통계학에서 사용하는 통계량 중 가장 많이 사용되는 것이 표본 평균(sample mean)일 것이다. 앞의 예에서 다섯 식구(표본)의 IQ 평균이 표본 평균이다. 일반화하기 위해 N명의 점수 평균을 생각하여 보자.

먼저, 다음과 같은 두 가지 가정을 하자.

① N개의 자료가 모두 동일한 모집단에서 나왔다. 즉, N개의 무선변수 X_1, X_2, X_3, ⋯, X_N은 동일한 분포(identical distribution)를 가진다. 그리고 그 분포가 정규분포라고 하자.

② 각 무선변수는 각각 독립적이다.

이는 흔히 다음과 같이 표현된다.

$$X_1, X_2, \ldots, X_N \overset{iid}{\sim} N(\mu, \sigma^2)$$

여기서 *iid*는 identically and independently distributed의 약자이며, 동일하고 독립적인 분포를 따른다는 의미이다.

표본평균 통계량은 다음과 같이 정의된다.

$$\overline{X} = \frac{X_1 + X_2 + ... + X_N}{N} = \frac{\sum X_i}{N}$$

다시 가족의 IQ의 예로 돌아가면, 표본의 크기 N은 5이고, 가족의 IQ 평균(115.8)은 $\overline{X}$가 취할 수 있는 값 중 하나이다. 각각의 무선변수가 정규분포를 따르므로 그 무선변수들의 일차 함수적 결합인 $\overline{X}$도 정규분포를 따른다. 그다음은 $\overline{X}$의 평균($\mu_{\overline{X}}$)과 분산($\sigma^2_{\overline{X}}$)을 구해야 된다. 다음과 같이 $\mu_{\overline{X}}$는 μ이다.

$$\begin{aligned}\mu_{\overline{X}} &= E(\overline{X}) = E[(X_1 + X_2 + \cdots + X_n) / N] \\ &= \frac{1}{N}[E(X_1) + E(X_2) + \cdots E(X_n)] = \frac{1}{N} N\mu = \mu\end{aligned}$$

또한 $\sigma^2_{\overline{X}}$는 다음과 같이 σ^2 / N이다. 이때 독립을 가정하였다는 것을 기억해야 한다.

$$\begin{aligned}\sigma^2_{\overline{X}} &= Var(\overline{X}) = Var[(X_1 + X_2 + \cdots + X_N) / N] \\ &= \frac{1}{N^2}[Var(X_1) + Var(X_2) + \cdots + Var(X_N)] = N\sigma^2 / N^2 = \sigma^2 / N\end{aligned}$$

따라서 $\overline{X}$는 평균이 μ이고 분산이 σ^2 / N인, 즉 표준편차가 $\sigma / \sqrt{N}$인 정규분포를 따르게 된다.

$$\overline{X} \sim N(\mu, \sigma^2 / N)$$

가족들의 IQ 점수의 예로 다시 돌아가면, 각각의 IQ 점수는 평균이 100이고 표준편차가 10인 분포에서 나온 값이지만, 가족들의 평균 IQ 점수, 115.8은 평균이 100이고 표준편차가 $10 / \sqrt{5}$인 분포에서 나왔다. 따라서 우리 가족 평균 IQ보다 더 높은 IQ 평균을 가진 가족들의 비율은 다음과 같이 계산될 수 있다.

$$P(\bar{X} > 115.8) = P\left(Z > \frac{115.8 - 100}{10/\sqrt{5}}\right) = P(Z > 3.53) = .00021$$

좀 부자연스럽지만 우리는 가족의 크기가 5로 고정된 표본만을 다루고 있다는 점에 유의해야 한다.

이렇게 통계량에 대한 분포를 표집분포(sampling distribution)이라 부른다. 앞의 예는 표본 평균의 표집분포가 된다. 이 밖에도 분산에 대한 표집분포, 표준편차에 대한 표집분포 등이 가능하다.

4 중앙극한정리

지금까지 우리는 모집단과 표본, 통계량, 그리고 통계량이 따르는 분포에 대하여 살펴보았다. 이해를 돕기 위해 예를 하나 더 들어 보자. 모집단을 5명으로 구성된 영어시험성적이라 하자.

〈표 4-1〉 모집단 자료

이름	점수
A	500
B	510
C	520
D	530
E	540

이 모집단의 분포는 정규분포는 아니다. 5개의 점수가 일어날 확률이 동일한 분

포이다[이러한 분포를 균일분포(uniform distribution)라 한다]. 히스토그램으로 나타내면 [그림 4-1]과 같다.

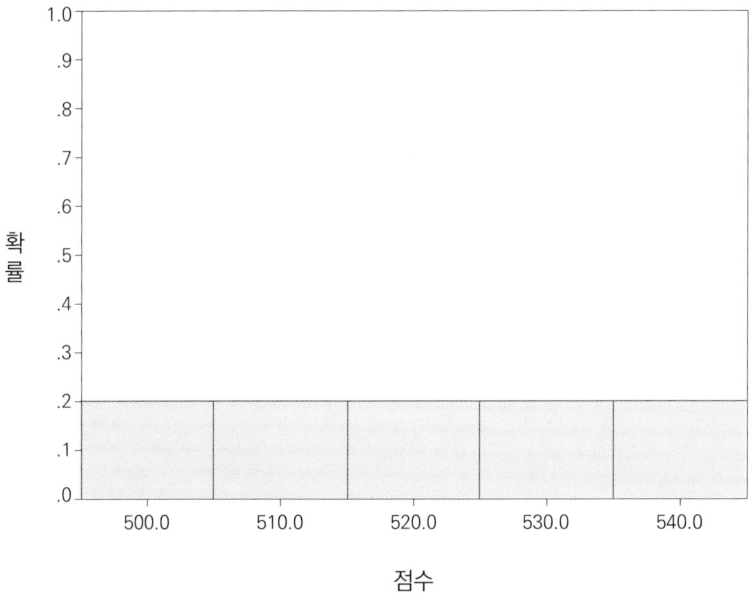

[그림 4-1] 모집단 분포

이 모집단의 평균(μ)은 520이고 분산(σ^2)은 200, 표준편차(σ)는 14.14이다. 모집단에서 추출된 표본의 크기가 2인 표본 평균들을 생각하여 보자. 즉, $\overline{X}$가 취할 수 있는 값들을 나열해 보면 〈표 4-2〉와 같다.

〈표 4-2〉표집된 표본과 표본 평균

표본	자료	표본 평균($\overline{X}$)
A, A	500, 500	$\overline{X}_1=500$
A, B	500, 510	$\overline{X}_2=505$
A, C	500, 520	$\overline{X}_3=510$
A, D	500, 530	$\overline{X}_4=515$
A, E	500, 540	$\overline{X}_5=520$
B, A	510, 500	$\overline{X}_6=505$
B, B	510, 510	$\overline{X}_7=510$
B, C	510, 520	$\overline{X}_8=515$
B, D	510, 530	$\overline{X}_9=520$
B, E	510, 540	$\overline{X}_{10}=525$
C, A	520, 500	$\overline{X}_{11}=510$
C, B	520, 510	$\overline{X}_{12}=515$
C, C	520, 520	$\overline{X}_{13}=520$
C, D	520, 530	$\overline{X}_{14}=525$
C, E	520, 540	$\overline{X}_{15}=530$
D, A	530, 500	$\overline{X}_{16}=515$
D, B	530, 510	$\overline{X}_{17}=520$
D, C	530, 520	$\overline{X}_{18}=525$
D, D	530, 530	$\overline{X}_{19}=530$
D, E	530, 540	$\overline{X}_{20}=535$
E, A	540, 500	$\overline{X}_{21}=520$
E, B	540, 510	$\overline{X}_{22}=525$
E, C	540, 520	$\overline{X}_{23}=530$
E, D	540, 530	$\overline{X}_{24}=535$
E, E	540, 540	$\overline{X}_{25}=540$

여기에서 $\overline{X}$의 평균은 520이고 분산은 100, 표준편차는 10이다. $\overline{X}$의 분포를 그리면 [그림 4-2]와 같다.

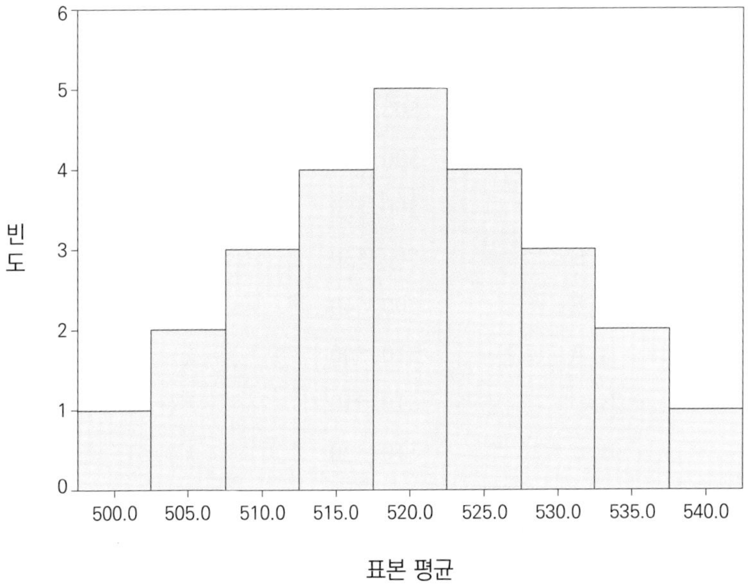

[그림 4-2] 표본 평균의 분포

$\overline{X}$의 분포에서 다음과 같은 두 가지 점을 확인하여야 한다. 첫째, $\overline{X}$들의 평균은 모집단의 평균과 동일하지만 분산은 모집단의 분산과 다르다. 정확하게 표현하면, $\overline{X}$의 분산은 모집단의 분산을 표본의 크기인 2로 나눈 값이다. 둘째, 모집단의 분포와 $\overline{X}$의 분포의 모양이 동일하지 않다. 모집단의 분포는 균일분포였는데 반해, $\overline{X}$의 분포는 정규분포에 가까운 모양을 지니고 있다.

이 시점에서 모집단의 분포와 표본 평균의 분포의 관계에 대하여 살펴볼 필요가 있다. 이미 살펴본 바와 같이 모집단의 분포가 정규분포일 때는 표본 평균의 분포는 평균이 μ이고 분산이 σ^2 / N인 정규분포를 따랐다. 그리고 모집단의 분포가 정규분포가 아닌 경우에도 표본 평균의 분포가 정규분포와 유사해짐도 관찰하였다. 이것은 우연히 생긴 결과가 아니다. 다음과 같은 정리가 증명되어 있다.

중앙극한정리(central limit theorem)

원래 모집단의 분포에 관계없이 $\bar{X}$의 분포는 표본크기(N)가 커짐에 따라 정규분포에 접근한다. 이때 평균은 μ이고 분산은 σ^2 / N이다.

이 중앙극한정리는 통계학에서 가장 많이 사용되는 정리이다. 이 정리 때문에 우리가 표본 평균에 의한 통계적 추론을 할 때, 분포에 대한 부담을 줄일 수 있다. 만약 이 정리가 없다면 우리는 각각의 자료에 대하여 모집단의 분포가 어떠한지를 일일이 명세해야 되고 그 분포에 대한 이론을 발전시키고 적용시켜야 한다. 중앙극한정리는 많은 통계적 분석에서 정규분포를 사용할 수 있는 길을 열어 주고 있고, 평균과 관련된 많은 분석에서 정규분포만을 적용하면 된다.

혼동하기 쉬운 용어 설명

- 표본과 표집을 구분하여야 한다. 표본(sample)은 모집단의 부분집합을 말하고 표집(표본추출, sampling)은 표본을 추출하는 것을 말한다. 따라서 표집오차(혹은 표본추출오차)라는 말은 성립하여도 표본오차라는 말은 성립하지 않는다.
- 통계량(statistic)은 무선변수의 결합이므로, 통계량도 무선변수라 부를 수 있다.
- Statistic은 통계량 혹은 통계치의 의미를 모두 가지고 있다. 여기에서는 통계량은 무선변수들의 결합을 의미하고 통계치(통계값)은 실제 자료에서 계산된 값을 의미한다. 통계치는 통계량이 구현된 값으로 해석하면 된다.

제5장 점추정과 구간추정

1. 점추정
2. 추정방법
3. 불편추정량
4. 구간추정

연구의 관심은 표본에 대한 것이 아니라 모집단의 분포에 대한 것이다. 예컨대, 지능에 대하여 연구한다고 하면, 우리나라 전체 인구의 지능지수 점수의 분포나 세계 인구 전체의 지능지수 점수의 분포에 대하여 관심을 가진다. 그러나 실제로 여러 가지 이유로 모집단의 일부만을 관찰할 수 있다. 즉, 모집단의 크기보다는 아주 작은 표본을 실제로 얻을 수 있을 따름이다. 이러한 표본에서 관찰되는 자료로부터 모집단의 여러 특성들을 추론하고자 한다. 이에 대한 통계학적 절차가 통계적 추론이다. 통계적 추론에는 추정, 가설검증이 있으며, 이 장에서는 추정에 대해서 설명하고 가설검증은 다음 장에서 다루기로 한다.

1 점추정

통계적 추론에서 가장 중심이 되는 개념은 모집단과 표본의 관계이다. 이를 도식적으로 나타내면 [그림 5-1]과 같다.

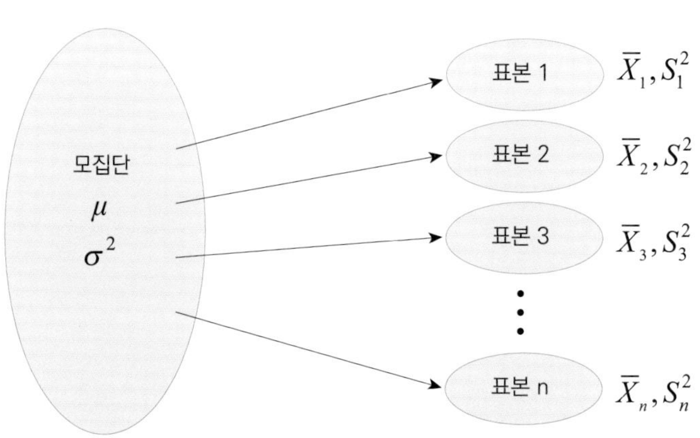

[그림 5-1] 모집단과 표본

[그림 5-1]에서 연구의 관심 대상인 모집단이 왼쪽에 타원으로 표시되어 있다. 모집단은 특정한 분포를 따른다고 가정한다. 예컨대, 모집단이 정규분포를 따른다고 가정하면, 이 모집단을 기술하는 파라미터로 모집단의 평균(μ)과 분산(σ^2) 등이 있다. 이 모집단으로부터 무한히 많은 표본이 추출될 수 있다. 이 표본들이 그림의 오른쪽에 타원들로 표시되어 있다. 그림에서 볼 수 있듯이 각 표본은 각자의 성질을 기술하는 통계치를 가진다. 다시 말하면, 표본 1을 기술하기 위하여 $\bar{X}_1$와 S_1^2을 사용할 수 있고, 표본 n을 기술하기 위하여 $\bar{X}_n$와 S_n^2을 사용할 수 있다.

실제로 실험이나 조사에서는 오직 하나의 $\bar{X}$와 S^2의 값을 얻게 된다. 이 정보를 이용하여 관심 대상인 모집단의 특성을 추론해야 한다. 점추정(point estimation)은 표본에서 관찰된 자료(예컨대, $\bar{X}$와 S^2)를 이용하여, 모집단의 특성(예컨대, μ와 σ^2)을 추정하는 것을 말한다.

모집단의 평균 μ를 추정하기 위하여 흔히 사용되는 것이 표본의 평균 $\bar{X}$이다. $\bar{X}$의 값은 당연히 μ값과 일치하지 않는다. 그렇지만 μ를 추정하기 위하여 사용할 수 있는 최선의 추정량은 $\bar{X}$이다. 또한 σ^2를 추정하기 위해 S^2을 사용할 수 있을 것이다. 이 시점에서 새로운 표기법을 하나 도입하자.

$\hat{\mu}$은 μ에 대한 추정량을 나타낸다.

따라서 "μ에 대한 추정량은 $\bar{X}$이다."를 다음과 같이 표현할 수 있다.

$$\hat{\mu} = \bar{X}$$

이미 4장에서도 살펴보았듯이 모집단의 평균에 대한 추정량으로 사용하는 $\bar{X}$는 통계량이며, $\bar{X}$의 평균(기대값)은 μ이고 표준편차는 $\sigma / \sqrt{N}$이다. 즉, $\hat{\mu}$의 평균은 μ이고 표준편차는 $\sigma / \sqrt{N}$이다. 다시 말하면, 수많은 표본을 추출하고 각각의 표본에서 $\hat{\mu}(\bar{X})$을 구하면, 그 $\hat{\mu}$들의 평균은 원래 모집단의 평균 (μ)와 같고 $\hat{\mu}$들의 표준편차는 $\sigma / \sqrt{N}$라는 의미이다.

$$E(\hat{\mu}) = \mu$$
$$\sigma_{\hat{\mu}}^2 = \sigma^2 / N$$

즉, 표본이 달라짐에 따라 μ의 추정치가 변하는 정도는 추정에 의해서 발생하는 오차를 반영한다. 예컨대, 표본이 달라지더라도 추정치가 변하지 않고 일정한 값을 가지면 오차가 작은 경우이며, 표본이 달라짐에 따라 추정치의 변동이 심하면 오차가 큰 경우이다. 추정치의 변동성은 추정치의 표준편차로 나타낼 수 있는데, 이를 표준오차(standard error)라 부른다. $\hat{\mu}$에 대한 표준오차, 즉 $\hat{\mu}$의 표준편차는 $\sigma / \sqrt{N}$이다.

2 추정방법

앞에서 모집단의 평균을 추정하기 위하여 $\bar{X}$를 사용하였다. 이는 직관적으로 타당한 것으로 보이지만 어떤 근거에 의하여 어떠한 절차를 거쳐서 μ에 대한 추정량($\hat{\mu}$)으로 $\bar{X}$를 선택하였는지에 대한 논리가 필요하다. 추정량을 정하는 방법은 다음과 같다. 먼저, 기준을 정하고 그 기준에 따라서 가장 적합한 통계량을 추정량으로 택하게 된다. 여기에서는 크게 두 가지 기준 혹은 추정방법에 대하여 살펴볼 것이다. 첫 번째는 소위 보통 최소 제곱 방법(Ordinary Least Squares method: OLS method)이다. 이 방법은 추정치(추정값)로 가능한 여러 값 중 자료들과의 차이들이 제곱합을 최소화하는 값을 추정치로 삼는 것이다. 예컨대, 우리가 100, 110, 120, 130, 140의 다섯 개의 자료를 관찰하였다고 하면 다음의 값 L을 최소화시키는 θ 값을 구하면 120이 되고 이를 추정치로 삼는 것이다.

$$L = (100-\theta)^2 + (110-\theta)^2 + (120-\theta)^2 + (130-\theta)^2 + (140-\theta)^2$$

이 경우에는 θ에 대한 추정치로 120을 선택하게 된다. 다시 이를 확률변수의 맥락에서 기술하여 보자. N개의 자료가 관찰되었고 그 자료들이 확률변수 $X_1, \cdots, X_n$의 구현치라 가정하면 OLS 방법에 의한 추정량은 다음의 함수를 최소화하는 θ이다.

$$L = \sum_{i=1}^{N} (X_i - \theta)^2$$

L을 θ에 대하여 미분하여 최소값을 찾으면, $\overline{X} = \frac{\sum_{i=1}^{N} X_i}{N}$가 된다. 즉, OLS 방법을 따르면, μ에 대한 추정량은 $\overline{X}$이다.

$$\frac{dL}{d\theta} = -2\sum_{i=1}^{N} (X_i - \theta) = 0$$

$$\theta = \frac{\sum_{i=1}^{N} X_i}{N}$$

지금까지 추정방법을 설명하는 과정에서 추정값(estimate)과 추정량(estimator)이란 용어들이 번갈아 등장하였다. 여기에서 두 용어의 차이를 정리할 필요가 있다. 추정량은 통계량(statistic)을 지칭하고 추정값은 실제 값을 지칭한다. 바꾸어 말하면, μ에 대한 추정량으로 $\overline{X}$를 사용할 때, $\overline{X}$는 값이 아니라 확률변수의 함수적 결합인 통계량이고 이 통계량의 구현치가 추정값이다.

두 번째 추정방법으로 최대우도법(maximum likelihood method)이 있다. 이 방법에서는 특정 분포하에서 어떤 파라미터의 값이 관찰된 자료가 발생할 확률이 제일 높은지를 찾아내고 그 값을 추정값으로 삼는다. 예컨대, $X_1, \cdots, X_N$이 정규분포에서 나왔다고 가정하자. 그리고 확률변수는 서로 독립적이고 동일한 분포를 가지며 분산이 σ^2으로 고정되었다고 하자.

$$X_1, X_2, \cdots, X_N \overset{iid}{\sim} N(\mu, \sigma^2)$$

이때 $X_1, \ldots, X_N$이 관찰될 확률은 다음과 같다.

$$\begin{aligned} L &= P(X_1 \cap X_2 \cap \cdots \cap X_N) = P(X_1)P(X_2)\cdots P(X_N) \\ &\propto \left(\frac{1}{\sqrt{2\pi}\sigma} e^{-\frac{(X_1-\theta)^2}{2\sigma^2}}\right)\left(\frac{1}{\sqrt{2\pi}\sigma} e^{-\frac{(X_2-\theta)^2}{2\sigma^2}}\right)\cdots\left(\frac{1}{\sqrt{2\pi}\sigma} e^{-\frac{(X_N-\theta)^2}{2\sigma^2}}\right) \\ &= \left(\frac{1}{\sqrt{2\pi}\sigma}\right)^N e^{-\frac{\sum_{i=1}^{n}(X_i-\theta)^2}{2\sigma^2}} \end{aligned}$$

앞의 식에서 L을 최대화하는 θ를 찾아 μ에 대한 추정량으로 삼는 것이 최대우도법이다. 식의 마지막 줄에서 σ가 고정된 것으로 가정하기 때문에 $-\frac{\sum_{i=1}^{n}(X_i-\theta)^2}{2\sigma^2}$를 최대화시키면 되고, 이는 $\sum_{i=1}^{n}(X_i-\theta)^2$을 최소화시키는 것과 동일하게 된다. 앞에서 이미 설명한 바와 같이 이때의 θ 값은 $\overline{X} = \frac{\sum_{i=1}^{N} X_i}{N}$이다.

μ에 대해서는 OLS 방법과 최대우도법이 동일한 추정량을 산출하게 된다. 그러나 분포가 달라지든지 추정하고자 하는 파라미터가 달라지면, 이 두 방법이 산출하는 추정량은 동일하지 않은 것이 일반적이다.

3 불편추정량

좋은 추정량을 정의하는 방법은 여러 가지가 있지만 그중 하나가 불편추정량이다.

> 불편추정량(unbiased estimator): 추정량의 기대값이 파라미터의 값과 동일할 때, 그 추정량을 불편추정량이라 한다.

$\hat{\mu}$의 기대값, 즉 $\overline{X}$가 모집단의 평균 (μ)와 동일하다는 것은 이전 장에서 설명하였다. 따라서 $\overline{X}$는 μ의 불편추정량이다.

σ^2에 대한 추정량으로 S^2을 사용하는 경우를 살펴보자. S^2는 표본 분산으로 다음의 식과 같다.

$$S^2 = \frac{\sum_{i=1}^{n}\left(X_i - \overline{X}\right)^2}{n}$$

S^2의 기대값은 σ^2과 동일하지 않아서 불편추정량이 아니다.

$$E(S^2) \neq \sigma^2$$

S^2의 기대값을 계산하면 다음과 같다.

$$E(S^2) = \frac{n-1}{n}\sigma^2 < \sigma^2$$

이 식에서 알 수 있듯이 S^2은 σ^2을 과소 추정하는 경향이 있다. 특히 n이 작을 때는 과소 추정의 정도가 크다. 이를 보정해 주기 위해서 σ^2에 대한 추정량으로

S^2보다는 s^2를 사용한다(아래의 소문자 s^2는 $n-1$ 공식을 이용하고, S^2은 n 공식을 이용한다는 것에 유의하라).

$$s^2 = \frac{n}{n-1}S^2 = \frac{n}{n-1}\frac{\sum_{i=1}^{n}\left(X_i - \overline{X}\right)^2}{n} = \frac{\sum_{i=1}^{n}\left(X_i - \overline{X}\right)^2}{n-1}$$

$$E(s^2) = \sigma^2$$

표본의 분산이나 표준편차가 모집단의 분산이나 표준편차를 추정하기 위해 사용될 때는 분모가 n인 공식보다는 분모가 $n-1$인 공식이 더 많이 사용된다. 불편추정량을 좋은 추정량으로 보기 때문이다.

4 구간추정

구간추정(interval estimation)은 점추정이 추정오차에 대한 정보를 포함하고 있지 않는 점을 보강하여 파라미터를 하나의 값(점)으로 추정하기보다는 구간으로 추정하는 방법이다. 예를 들면, 점추정에서는 수집된 표본의 평균이 110이라면, 110으로 μ를 추정하지만, 구간추정에서는 100에서 120 사이, 즉 [100, 120] 같은 구간으로 추정하게 된다. 물론 구간의 크기는 추정오차에 따라 결정된다.

◆ 신뢰구간

구간추정으로 가장 많이 사용되는 것이 신뢰구간이다. 신뢰구간은 다음과 같이 정의된다.

$$\left[\hat{\theta} + C_L \cdot SE(\hat{\theta}),\ \theta + C_U \cdot SE(\hat{\theta})\right]$$

여기에서 $\hat{\theta}$은 우리가 추정하려는 파라미터의 점추정량이고 $SE(\hat{\theta})$는 그 추정량의 표준오차이다. 만약에 μ가 추정된다고 하면, θ는 μ이다. 그리고 C는 신뢰의 정도를 나타내는 요소로 $\hat{\theta}$의 확률분포에서 결정된다. 만약 95% 신뢰구간을 구하려고 하면, $\hat{\theta}$의 분포에서 가운데 95%를 차지하는 두 $\hat{\theta}$의 값을 구하면 그 값이 바로 C_L과 C_H가 된다. 정규분포를 가정하면, -1.96과 $+1.96$이 각각 C_L과 C_H가 된다. 따라서 μ에 대한 95% 신뢰구간은 다음과 같다.

$$\begin{aligned}&[\hat{\mu}-1.96\cdot SE(\hat{\mu}),\ \mu-1.96\cdot SE(\hat{\mu})]\\&=\left[\bar{X}-1.96\cdot\sigma/\sqrt{n},\ \bar{X}+1.96\cdot\sigma/\sqrt{n}\right]\end{aligned}$$

다음의 예를 하나 살펴보자. 관찰된 평균이 110이고 표본의 크기가 25이고 모집단의 표준편차가 10일 때, 95%의 신뢰구간은 다음과 같이 정해진다.

$$\begin{aligned}&\left[\bar{X}-1.96\cdot\sigma/\sqrt{n},\ \bar{X}+1.96\cdot\sigma/\sqrt{n}\right]\\&=\left[100-1.96\cdot 10/\sqrt{25},\ 100+1.96\cdot 10/\sqrt{25}\right]\\&=[96.18,\ 103.92]\end{aligned}$$

이 신뢰구간에 대한 해석은 μ가 신뢰구간인 [96.18, 103.92]에 있을 가능성이 높다는 것이다. 보다 정확하게 신뢰구간을 해석하면 다음과 같다.

- 잘못된 해석: 파라미터가 신뢰구간 내에 있을 확률이 .95이다.
- 정확한 해석: 우리가 무한히 많은 표본을 구하고 각 표본에 대하여 신뢰구간을 구하였을 때, 그 신뢰구간 중 95%가 파라미터를 포함하고 있다.

즉, [그림 5-2]와 같이 표본들은 서로 다른 신뢰구간을 가지고 있다. 어떤 신뢰구간은 다른 신뢰구간보다 길고 각각의 위치도 다르다. 이러한 신뢰구간 중 95%가 모수치인 μ를 포함하고 있다는 것이다.

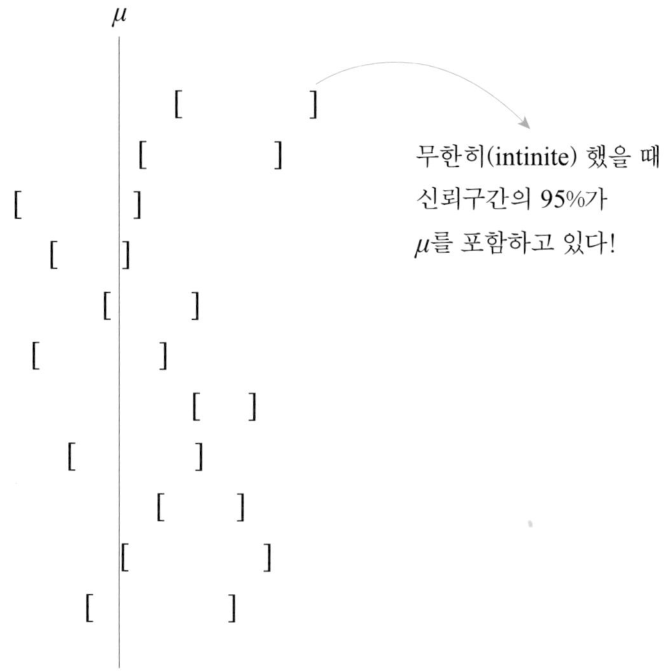

[그림 5-2] 신뢰구간과 파라미터

이러한 개념이 통계를 처음으로 접하는 사람들에게는 자연스럽지 않다. 왜냐하면, 실제로 우리가 관찰하는 것은 하나의 표본이기 때문이다. 이 하나의 표본에 근거하여 모집단의 파라미터를 추론하는데, 무한히 많은 표본을 생각하는 것은 당연히 자연스럽지 않다. 그러나 우리가 사용하는 모든 통계 개념은 반복된 표집(repeated sampling)을 가정하는 이론에서 도출되었기 때문에 통계를 정확하게 이해하기 위해서는 이러한 개념의 정확한 이해가 필요하다.

제6장 가설검증의 논리

1. 가설검증의 논리

2. 가설검증 절차

3. 가설검증에서 고려되어야 할 사항

1 가설검증의 논리

가설검증(hypothesis testing)은 행동과학과 사회과학에서 가장 많이 사용되는 통계적 기법 중의 하나일 것이다. 비록 최근에 가설검증에 대한 회의가 강력하게 일고 있지만 여전히 많이 사용되는 방법이다. 가설검증의 논리는 다음과 같다.

① 가설검증의 목적은 새로운 자료(D)가 수집되었을 때, 이 자료(D)가 이미 알고 있는 분포(H)로부터 나왔는지 그렇지 않은지를 판단하는 것이다.
② 먼저 자료가 H 분포에서 나왔다고 가정한다.
③ 분포를 가정하면 자료(D)가 H 분포에서 나왔을 확률을 계산할 수 있다. $P(D|H)$의 확률을 계산한다.
④ 이 확률이 아주 낮으면, 아마도 자료 D가 H 분포에서 나오지는 않았을 것이라고 결론 내린다. 확률이 아주 낮지 않으면, 결론을 유보한다.

예를 들어, 위의 논리를 설명하면 다음과 같다.

① 새로운 진통제를 개발하고 이 진통제의 지속시간을 측정하니 9시간이었다. 이 진통제의 지속시간이 기존 진통제의 지속시간 분포에서 나왔는지, 그렇

지 않으면 기존 진통제와는 다른 분포에서 나왔는지(기존의 진통제보다는 지속시간이 긴지)를 검증하고 싶다.

② 이 9시간이라는 자료가 평균이 5이고 표준편차가 2인 정규분포를 따르는 기존 진통제 분포에서 나왔다고 가정하자.

③ 이때 진통시간 9시간이 기존의 진통시간 분포인 $N(5, 2^2)$에서 나왔을 확률을 계산할 수 있다.

④ 만약 이 확률이 우리가 기준으로 정한 확률보다 낮으면, 기존의 분포에서 이 자료가 관찰될 확률이 아주 낮으므로 기존 분포에서 나왔다는 가정을 기각한다. 즉, 새로운 진통제의 효과는 기존의 효과와는 다르다고 결론을 내릴 수 있다. 그렇지 않으면 결정을 유보한다.

2 가설검증 절차

1) 1단계: 가설의 수립과 α 수준의 결정

가설검증에서 사용되는 가설에는 영가설과 대립가설이 있다.

- 영가설(null hypothesis, H_0): 통계적으로 검증하고자 하는 분포에 대한 가설
- 대립가설(alternative hypothesis, H_1): 영가설이 아님

영가설은 다음과 같은 특성을 가지고 있다. 첫째, 연구자들은 영가설이 기각되기를 원한다. 앞의 약효의 예를 보면 신약이 기존의 약과 다르다는 것을 밝히기를 원한다. 둘째, 영가설은 분포에 대한 정확한 명세가 있어야 된다. 즉, 분포의 모든 파라미터는 결정되어 있어야 한다. 앞의 예에서 영가설의 분포는 $N(5, 2^2)$로 결정되어 있다.

영가설과 더불어 결정되어야 할 사항이 α 수준의 결정이다. 가설검증의 절차에

서 관찰된 자료가 영가설에서 나왔을 확률이 낮으면 영가설을 기각한다. 이때 어느 정도로 낮아야지 영가설을 기각할 것인지에 대한 기준이 α 수준이다. 보통 .05와 .01이 많이 사용된다.

> **예** X를 진통제의 지속시간에 대한 무선변수라 정의하면, 영가설 H_0는 다음과 같다.
>
> $$H_0: X \sim N(5, 2^2)$$
>
> 그러나 보통 우리가 검증하고자 하는 것은 평균에 대한 가설이므로 흔히 영가설과 대립가설은 다음과 같이 표현된다.
>
> $$H_0 : \mu_x = 5$$
> $$H_0 : \mu_x \neq 5$$

그러나 반드시 염두에 두어야 할 것은 비록 영가설이 평균의 형태로 기술된다 하더라도 실제로 의미하는 바는 분포에 대한 가설이라는 것이다. 여기서는 α 수준을 .05로 정하자.

2) 2단계: 자료가 관찰될 확률의 계산

계산할 확률은 관찰된 자료 9가 영가설의 분포에서 나왔을 확률이다. 앞에서 영가설의 분포는 $N(5, 2^2)$로 가정하였다. 그런데 9에 대한 확률은 계산될 수 없다. 그리고 우리의 관심은 영가설의 분포에서 벗어나는지에 대한 여부를 검증하는 것이므로 9보다 크거나 같을 확률을 계산하게 된다. 보통 평균에서 더 벗어나는 확률을 계산한다. 만약 관찰된 자료가 평균보다 작은 3이었다면, 3보다 작은 확률을 계산하면 된다.

X가 9보다 클 확률은 다음과 같이 계산된다.

$$P(X \geq 9) = P\left(\frac{X-\mu}{\sigma} \geq \frac{9-5}{2}\right) = P(Z > 2) = .02275$$

X가 영가설에서 나왔다고 가정했기 때문에 정규분포의 파라미터인 평균 (μ)와 표준편차 (σ)가 주어졌다는 점을 유의할 필요가 있다.

3) 3단계: 의사결정

앞 단계에서는 관찰된 자료의 확률이 α 수준보다 낮으면 영가설을 기각하고, 그렇지 않으면 영가설을 기각하지 못한다. 예로 돌아가면, 2단계에서 관찰된 확률 .02275는 α 수준인 .05보다 작으므로 영가설을 기각한다. 따라서 신약의 지속시간은 기존의 약의 분포에서는 나오지 않았다고, 즉 신약은 기존의 지속시간보다는 길다고 결론을 내릴 수 있다.

만약 관찰된 확률이 .10이라면 .05보다 크기 때문에 영가설을 기각하지 못한다. 영가설은 기각하지 못하였다고 해서 이를 받아들일 수 있는 것은 아니다. 영가설을 기각하기에는 충분한 증거가 없다고 해석해야 한다. 실제로 차이가 없기 때문에 기각하지 못할 수도 있고, 차이는 있지만 자료에 잡음이 많아서 기각하지 못할 수도 있다. 가설검증의 논리상, 영가설을 수용하는 것은 가능하지 않다.

3 가설검증에서 고려되어야 할 사항

1) 단방검증 대 양방검증

- 단방검증(one-tailed test): 단방검증의 대립가설이 '같지 않다'의 형식을 취하지 않고, '크다 작다'의 형식을 취하는 검증을 말한다.
- 양방검증(two-tailed test): 대립가설이 '같지 않다'의 형식을 취한다.

예
- 단방검증: $H_1 : \mu_x > 5$
- 양방검증: $H_1 : \mu_x \neq 5$

단방검증과 양방검증의 구분이 중요한 것은 영가설을 기각하는 기준과 직접적으로 연관되기 때문이다. 단방검증인 경우에는 정규분포에서 대립가설이 지정하는 영역의 확률만을 계산하면 된다. 예컨대, 대립가설이 $H_1 : \mu_x > 5$라 하면 자료가 5보다 아주 큰 경우에만 영가설을 기각할 수 있다. 실제로 관찰된 자료가 9라 하면, 9보다 클 확률을 계산하여 그 값을 α 수준과 비교하면 된다. 만약 양방검증이라면, 영가설의 약효보다 아주 작거나 아주 큰 경우 모두에서 영가설을 기각할 수 있다. 따라서 α 수준은 큰 쪽과 작은 쪽으로 공평히 나뉘어져야 한다. 이때에는 2단계의 확률을 계산한 다음, 이 확률이 $\alpha/2$(예에서는 .05/2=.025)보다 큰지 작은지를 비교해야 한다.

2) Type I 오류와 Type II 오류

가설검증을 사용하여 가설에 대한 판단을 내릴 때 항상 오류의 위험성이 존재하는데, 가설검증에서는 Type I과 Type II의 두 가지 오류가 발생할 수 있다. 다음의 모든 가능한 경우를 생각하여 보자.

I. 영가설(H_0)이 참인 경우
  A. 영가설을 기각하지 않음: 정확한 결정
  B. 영가설을 기각: 일종오류(Type I error)
    가설검증에서 Type I 오류를 저지를 확률 $= P(H_0 \text{ 기각} \mid H_0\text{가 참}) = \alpha$
II. 영가설(H_0)이 참이 아닐 때
  A. 영가설을 기각하지 못함: 이종오류(Type II error)
    가설검증에서 Type II 오류를 저지를 확률 $= P(H_0 \text{ 기각 않음} \mid H_0\text{가 거짓}) = \beta$
  B. 영가설을 기각: 정확한 결정
    검증력(power)
    =가설검증에서 영가설이 거짓일 때 영가설을 기각할 확률
    $= P(H_0 \text{ 기각} \mid H_0\text{가 거짓}) = 1-\beta$

마지막으로, 용어를 하나 더 정의하면, p 값(p-value)은 영가설이 사실일 때 자료

가 발생할 확률을 말한다. 즉, $P(Data \mid H_0)$이다. 앞의 예에서 $P(X \geq 9) = .02275$가 p값이다. p값이 α보다 작으면 영가설을 기각하게 된다.

제7장

평균의 비교

1. 관찰치가 하나인 자료에 대한 추리
2. 집단 평균에 대한 가설검증
3. 독립적인 두 집단의 평균 차이
4. 동일한 개체에 두 번의 측정치를 관찰하였을 때
5. R을 이용한 분석
6. 효과크기와 검증력

이 장에서는 모집단의 평균에 대한 가설검증 절차를 살펴볼 것이다. 예컨대, 남녀 간의 성취도를 비교한다고 하면, 남녀 두 집단의 자료를 수집할 것이다. 두 집단이 성취도에서 차이가 나는지를 보이는 한 가지 방법은 두 표본에 대한 모집단들의 평균이 차이가 난다는 것을 보여 주는 것이다. 이러한 검증이 평균에 대한 가설검증이다. 평균과 관련된 가설검증은 주로 정규분포와 t 분포를 사용하게 된다. 여기에서는 평균에 대한 네 가지 가설검증 절차를 살펴볼 것이다.

1 관찰치가 하나인 자료에 대한 추리

먼저 하나의 자료를 관찰하였을 때, 이 자료가 특정한 분포에서 나왔는지를 검증하는 절차를 살펴보자. 예컨대, 한 학생의 IQ 점수가 130일 때, 이 점수가 평균이 100이고 표준편차가 15인 정규분포를 따르는 정상집단에서 나온 점수인지 그렇지 않으면 IQ 평균이 100보다 큰 영재집단에서 나온 점수인지를 알아보고자 한다.

1) 영가설과 α의 설정

영가설은 다음과 같다.

$$H_0 : X \sim N(100, 15^2)$$
$$H_0 : \mu = 100$$

즉, 130은 확률변수 X의 구현치이고, X는 평균이 100이고 표준편차가 15인 정규분포를 따른다는 것이다. 다시 말하면, 이 학생의 IQ 점수는 정상집단의 분포에서 나왔다고 가정하는 것이다. α값을 .05로 정하자.

2) 통계치와 p값의 계산

영가설하에서 130 이상의 값이 관찰될 확률, 즉 p값은 다음과 같이 구해진다.

$$P(X \geq 130) = P\left(\frac{X-\mu}{\sigma} \geq \frac{130-100}{15}\right) = P(Z \geq 2) = .02275$$

p값 .02275는 α값(.05)보다 작으므로(p<.05), 영가설을 기각한다. 영가설이 기각되었기 때문에 130의 자료는 평균이 100이고 표준편차가 15인 분포에서 나오지 않았을 것이라고 결론을 내린다. 더 나아가 평균이 100보다 큰 분포에서 나왔다고 해석할 수 있다.

한 점수에 대한 가설검증은 특정한 개인의 점수에 대한 판단을 할 때, 많이 사용될 수 있다.

2 집단 평균에 대한 가설검증

대부분의 연구에서 하나의 자료를 관찰하기보다는 모집단을 대표할 수 있는 표본을 추출하고 이 표본의 통계값을 구하게 된다. 많이 사용하는 표본의 통계값으로는 평균($\overline{x}$)과 분산(s^2) 등이 있다. 연구자가 수집한 표본의 평균이 특정한 분포에서 나왔는지를 검증하는 경우를 살펴보자. 예컨대, 신약(진통제)을 개발하고 그

효과를 검증하기 위하여 100명을 대상으로 실험을 하여 진통제의 지속시간을 측정하였다고 하자. 실험 결과, 이 표본의 진통제 평균지속시간은 12시간이었고 표준편차는 4였다. 이 평균지속시간 12시간이 기존 진통제의 평균지속시간 분포에서 나왔는지 그렇지 않은지를 검증하고자 한다.

1) 영가설과 α의 설정

기존 진통제의 지속시간 평균이 10이고 표준편차가 3인 정규분포를 따른다고 하자.

$$X \sim N(10,\, 3^2)$$

그런데 우리가 가지고 있는 자료는 하나의 자료가 아니고 100명의 자료이다. 이때 100개의 자료를 개별적으로 이용하기보다는 100개의 자료로 만들어 낸 통계값인 표본평균을 이용하고자 한다. 이 시점에서 다음과 같은 통계학적 사고가 필요하다. 관찰된 평균지속시간 12는 확률변수 $\overline{X}$의 구현치이고 $\overline{X}$는 다음과 같은 분포를 따른다.

$$\overline{X} \sim N(\mu_{\overline{X}}, \sigma^2_{\overline{X}})$$

이미 앞 장에서 기술한 바와 같이 다음과 같은 등식이 성립한다.

$$\mu_{\overline{X}} = \mu_X, \quad \sigma^2_{\overline{X}} = {}^{\sigma_x}\!/_{N}$$

평균지속시간 $\overline{X}$의 평균은 지속시간 X의 평균과 동일하며, 평균지속시간 $\overline{X}$의 분산은 지속시간 분산을 표본크기로 나눈 값과 동일하다. 따라서 평균지속시간의 분포는 다음과 같다.

$$\overline{X} \sim N(10,\ 3^2/100)$$

요약하면 영가설은 다음과 같이 설정된다.

$$H_0 : \overline{X} \sim N(10,\ 3^2/100)$$
$$H_0 : \mu_{\overline{X}} = 10$$

즉, 영가설은 관찰된 평균지속시간 12가 $\overline{X}$의 구현치이고, $\overline{X}$는 평균이 10이고 표준편차가 .3인 정규분포를 따른다는 것이다. α값을 .05로 정하자.

2) 통계치와 p 값의 계산

영가설하에서 12보다 더 큰 값이 관찰될 확률은 다음과 같다.

$$P(\overline{X} \geq 12) = P\left(\frac{\overline{X} - \mu_{\overline{X}}}{\sigma_{\overline{X}}} \geq \frac{12-10}{.3}\right) = P(Z \geq 6.667) = .000000000013$$

3) 의사결정

p값이 α값인 .05보다 작으므로 영가설이 기각된다. 즉, 평균지속시간 12는 평균이 10인 분포에서 나오지는 않았을 것이라고 결론을 내릴 수 있다. 더 나아가서 평균지속시간 12는 평균이 10보다 큰 분포에서 나왔다고 해석한다. 즉, 신약이 기존의 약보다 더 효과적이라고 결론을 내릴 수 있다.

지금까지 살펴본 두 가지 가설검증은 영가설에서 모집단이 분명히 정해져 있을 때 사용될 수 있다. 다음과 같은 경우들이 이러한 예에 해당한다. 지능검사는 평균이 100이고 표준편차가 15로 제작되어 있으므로 정상인의 분포에 대하여 알고 있다. 진통제의 예도 회사에서 자료를 수집하여 기존의 진통제에 대한 특성을 파악하고 있는 경우이다. 만약 관찰된 자료의 비교 대상이 되는 영가설의 모집단이 분명하지 않은 경우에는 앞의 분석법을 사용할 수 없다.

① 모집단의 표준편차를 모르는 경우

앞의 가설검증에서는 모집단의 표준편차가 알려져 있는 경우였다. 표준편차를 모르는 경우에는 표본의 표준편차를 사용하여 모집단의 표준편차를 추정할 수밖에 없다. 예의 경우에 표본의 표준편차는 4이다. 이는 물론 모집단의 표준편차와 일치하지 않지만, 가지고 있는 정보는 표본에 대한 통계치밖에 없으므로 이를 이용할 수밖에 없다.

앞에서 사용된 공식에서 다음 부분 중 σ는 s를 이용하여 추정되어야 한다. 다음 수식은 평균이 0이고 표준편차가 1인 정규분포를 따른다.

$$Z = \frac{\bar{X} - \mu_{\bar{X}}}{\sigma_{\bar{X}}}$$

앞의 식에서 σ를 추정하면, 식은 다음과 같이 변형되는데, 이를 t라고 명명하자.

$$t = \frac{\bar{X} - \mu_{\bar{X}}}{s_{\bar{X}}}$$

통계량 t는 더 이상 정규분포를 따르지 않고, t 분포를 따른다. 따라서 t 분포를 사용하여 p값을 계산하여야 한다.

② t 분포

t 분포는 하나의 파라미터를 가지고 이를 자유도(degree of freedom: *df*)라 부른다. 즉, 자유도에 따라 분포의 형태가 달라진다. [그림 7-1]에 자유도에 따른 t 분

포의 형태가 제시되어 있다. 그림에서 점선으로 표시된 확률밀도함수가 평균이 0이고 자유도가 1인 표준정규분포이다. t 분포도 대체적으로 표준정규분포의 형태를 띠고 있음을 알 수 있다. 자유도가 작은 t 분포는 중간 부분이 낮고 좌우가 다소 높은 형태를 띠고 있고, 자유도가 커짐에 따라 중간 부분이 높아지고 좌우가 낮게 되어, 자유도가 무한대가 되면 표준정규분포와 동일하게 된다.

t 분포의 확률밀도함수는 다음과 같다.

$$t(x;v)=\frac{\Gamma\left(\frac{v+1}{2}\right)}{\sqrt{\pi v}\,\Gamma\left(\frac{v}{2}\right)}\left(1+\frac{x^2}{v}\right)^{\frac{v+1}{2}}$$

여기서 $\Gamma(\ \ )$는 감마함수, v는 자유도를, x는 무선변수의 값을 의미한다. t 분포의 기대값은 0이고 분산은 자유도에 의해 결정된다.

$$\text{분산}=\frac{df}{df-2}\ (\text{여기서 } df\text{는 자유도})$$

분산은 1보다 크고 자유도가 증가함에 따라 1에 접근하는 것을 알 수 있다. 그리고 다음의 통계량 t는 t 분포를 따른다는 것이 알려져 있다.

$$t=\frac{Z}{\sqrt{V/df}}\sim t(df)$$

여기서 Z는 표준정규분포를 따르고 V는 자유도가 df인 카이제곱분포를 따르는 통계량이며 Z와 V는 독립이다.

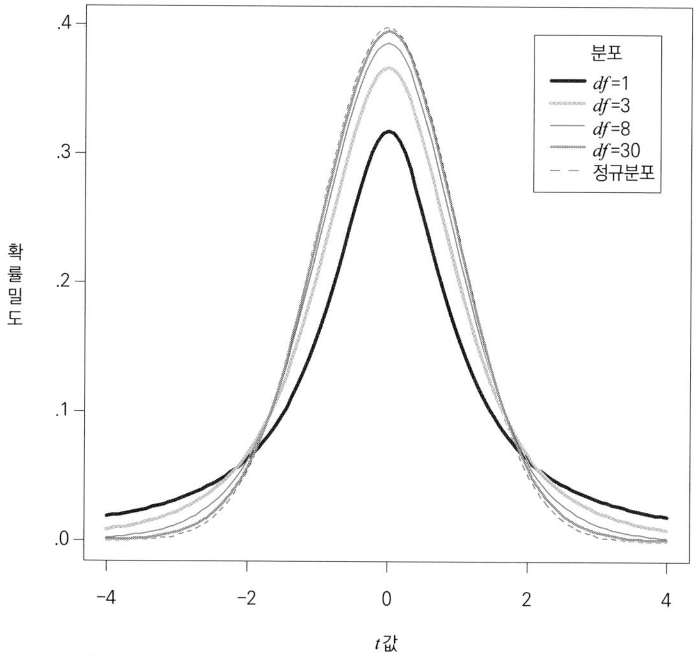

[그림 7-1] 자유도에 따른 t 분포의 모양

모집단의 표준편차를 모르는 경우의 평균 차이 검증의 예로 다시 돌아가자. 영가설과 α의 설정은 앞과 동일하지만, p값을 구할 때 t 분포를 이용하여 계산해야 한다. 앞의 예에서 표본 평균이 12였고 표본 표준편차는 4였다. 따라서 p값은 다음과 같이 된다.

$$p(\bar{X} > 10) = p\left(\frac{\bar{X} - \mu_{\bar{X}}}{S_{\bar{X}}} > \frac{12-10}{4/\sqrt{100}}\right) = \left(t > \frac{12-10}{4/\sqrt{100}}\right) = p(t > 5.0)$$

이 확률을 t 분포표에서 찾으면 된다. 자유도는 표본의 크기(n)보다 1이 작은 $n-1$이다. p값은 .00000513439가 되어 α값보다 작으므로 영가설을 기각할 수 있다.

3 독립적인 두 집단의 평균 차이

두 집단의 평균을 비교하는 가설검증을 살펴보자. 실험설계에서 통제집단과 실험집단을 설정한 다음, 이 두 집단의 차이를 비교하거나 우수집단과 보통집단, 남녀 집단의 차이를 비교할 때 사용할 수 있다. 이때 두 집단(표본)의 통계값을 구한 다음, 두 집단의 모집단 평균이 차이가 나는지를 검증한다. 예컨대, 남자 대학생이 여자 대학생보다도 더 보수적이라는 것을 검증하는 경우를 살펴보자. 연구자는 전국에서 남녀 대학생 각각 100명을 표집하여 보수성향을 측정하는 설문지를 이용하여 보수성향 점수를 구하였다. 여자 대학생의 보수성향 평균 점수는 9.47이었고 표준편차는 2.10이었으며, 남자 대학생의 보수성향 평균 점수는 10.20이었고 표준편차는 1.98이었다. 남녀 간의 보수성향 평균 점수 차이인 .73이 통계적으로 의미 있는 차이인지를 검증하고자 한다.

1) 영가설과 α의 설정

두 집단 평균 차이를 비교하는 경우에 영가설은 이미 정해져 있다. 두 집단의 모집단이 동일한 분포를 가지고 있다는 것이다. 즉, 모집단의 평균이 동일하다는 것이다. 이 영가설은 다음과 같이 표현될 수 있다.

$$H_0 : \mu_{남} = \mu_{여} \text{ 혹은 } H_0 : \mu_{남} - \mu_{여} = 0$$

이 영가설은 가설검증에 직접적으로 사용할 수 없다. 수집된 자료는 표본의 평균이기 때문에 표본 평균들에 대한 기술로 변경되어야 한다. 영가설을 표본 평균의 분포로 표현하면 다음과 같다.

$$H_0 : \mu_{\bar{X}_{남}} = \mu_{\bar{X}_{여}}$$
$$H_0 : \mu_{\bar{X}_{남}} - \mu_{\bar{X}_{여}} = 0$$

여기서 $\mu_{남} = \mu_{\bar{X}_{남}}$이고 $\mu_{여} = \mu_{\bar{X}_{여}}$이므로, 두 번째 영가설은 결국 첫 번째 영가설과 동일하게 된다. α를 .05로 설정하자.

2) 검증 통계치와 p 값의 계산

두 집단 평균의 비교에서 사용되는 통계량은 $\bar{X}_{남} - \bar{X}_{여}$를 사용한다. 영가설하에서 이 통계량의 평균은 0이다. 즉, $\mu_{\bar{X}_{남}-\bar{X}_{여}} = \mu_{\bar{X}_{남}-\bar{X}_{여}} = 0$이다. 이 통계량이 정규분포를 따르면 정규분포표를 사용하여 p값을 계산하면 된다. 즉, 다음의 확률을 구하면 된다.

$$p\left(\bar{X}_{남} - \bar{X}_{여} > .73\right)$$

무선변수 X들이 정규분포를 따른다면 이들의 선형함수인 $\bar{X}$도 정규분포를 따르고, 이들의 선형함수인 $\bar{X}_{남} - \bar{X}_{여}$도 정규분포를 따른다. 즉, 영가설하에서 $\bar{X}_{남} - \bar{X}_{여}$ 분포는 정규분포를 따른다. 영가설하에서 이 통계량의 평균은 0이다. 이 통계량의 분산과 표준편차를 구해 보자.

$$\begin{aligned}
\sigma^2_{\bar{X}_{남}-\bar{X}_{여}} &= \text{var}\left(\bar{X}_{남} - \bar{X}_{여}\right) \\
&= \text{var}\left(\bar{X}_{남}\right) + \text{var}\left(\bar{X}_{여}\right) \text{(두 표본 평균이 독립일 때)} \\
&= \frac{\sigma^2_{남}}{N_{남}} + \frac{\sigma^2_{여}}{N_{여}} \\
\sigma_{\bar{X}_{남}-\bar{X}_{여}} &= \sqrt{\frac{\sigma^2_{남}}{N_{남}} + \frac{\sigma^2_{여}}{N_{여}}}
\end{aligned}$$

대부분의 경우에 모집단의 분산은 알려져 있지 않으므로 $\sigma_{\bar{X}_{남}-\bar{X}_{여}}$의 추정량인 $s_{\bar{X}_{남}-\bar{X}_{여}}$을 사용한다.

$$S_{\bar{X}_{남}-\bar{X}_{여}}=\sqrt{\frac{S_{남}^2}{n_{남}}+\frac{S_{여}^2}{n_{여}}} \qquad \text{(식 7-1)}$$

여기서 $n_{남}$, $n_{여}$는 각각 남자 집단과 여자 집단의 표본크기(각 집단에 몇 명으로 구성되었는지)이다.

두 집단의 표준편차(분산)가 동일하다고 가정하면 앞의 표준편차는 다음과 같이 된다.

$$S_{\bar{X}_{남}-\bar{X}_{여}}=\sqrt{S_{pool}^2\left(\frac{1}{n_{남}}+\frac{1}{n_{여}}\right)} \qquad \text{(식 7-2)}$$

$$\begin{aligned} S_{pool}^2 &= \frac{\sum_{i=1}^{n_{남}}\left(x_{남i}-\bar{x}_{남}\right)^2+\sum_{i=1}^{n_{여}}\left(x_{여i}-\bar{x}_{여}\right)^2}{n_{남}+n_{여}-2} \\ &= \frac{\left(n_{남}-1\right)S_{남}^2+\left(n_{여}-1\right)S_{여}^2}{n_{남}+n_{여}-2} \end{aligned}$$

두 집단의 표준편차가 동일하다고 가정하는 경우에 (식 7-2)를 그렇지 않은 경우에 (식 7-1)을 사용하면 된다. (식 7-2)의 공식을 사용하기 위해서는 두 집단의 분산(표준편차)이 동일하다는 가정에 어긋나지 않는지를 먼저 확인해야 한다(분산의 동일성에 대한 가설검증은 뒷부분에서 다룰 것이다). 대부분의 통계패키지에서 두 집단 평균에 대한 t 검증에서 분산의 동일성에 대한 가설검증 결과를 제공하고 있다. 두 집단의 분산이 동일하다는 가정하에서 두 집단 평균의 분산을 계산하면 .289가 된다.

이제 $P\left(\bar{X}_{남}-\bar{X}_{여}>.73\right)$를 계산할 준비가 되었다. 다음의 확률을 구하면 된다.

$$\begin{aligned} P\left(\bar{X}_{남}-\bar{X}_{여}>.73\right) &= P\left(\frac{\bar{X}_{남}-\bar{X}_{여}-\mu_{\bar{X}_{남}-\bar{X}_{여}}}{s_{\bar{X}_{남}-\bar{X}_{여}}}>\frac{.73-0}{.289}\right) \\ &= p(t>2.53) \end{aligned}$$

앞의 공식에서 두 평균차에 대한 분산을 모집단의 분산이 알려지지 않아서 추정치 $\hat{\sigma}_{\bar{X}_{남}-\bar{X}_{여}} = s_{\bar{X}_{남}-\bar{X}_{여}}$를 사용하였기 때문에 정규분포를 따르지 않고 t 분포를 따른다. t 분포상에서 이 t값이 2.53보다 클 확률을 구하면 p값이 .012가 된다.

$$p = P\left(\bar{X}_{남} - \bar{X}_{여} > .73\right) = P\left(t > 2.53\right) = .012$$

t 분포의 자유도는 두 집단의 자료 수에서 집단 수인 2를 뺀 수이다. 즉, $df = n_{남} + n_{여} - 2$이다. 이 분석에서는 자유도가 198이다.

3) 의사결정

p값인 .012가 α값인 .05보다 작으므로 영가설을 기각한다. 따라서 남자가 여자보다 더 보수적이라는 결론을 내릴 수 있다.

4 동일한 개체에 두 번의 측정치를 관찰하였을 때

사회조사 등에서는 많이 볼 수 없지만, 실험 연구에서는 동일한 개인에게 조건을 달리하여 두 번 측정하여 두 조건 간에 차이가 있는지를 검증하고자 하는 경우가 자주 있다. 예컨대, 한 심리학자가 우울증 치료방법을 개발하고 이 치료방법의 효과를 검증하기 위하여 100명의 우울증 환자에게 이 치료방법을 사용하기 전과 후에 우울 점수를 측정한 경우를 생각해 보자. 치료 전에는 우울 점수의 평균이 5.47이었고 치료 후에는 4.72였다. 연구자는 치료 효과를 알아보기 위하여 두 평균의 차이가 통계적으로 유의한지를 검증하고자 한다.

두 개의 평균과 두 개의 표준편차를 계산할 수 있으므로 앞에서 제시된 독립적인 두 집단 평균을 비교하는 방식을 적용하면 되는 것처럼 보이나, 앞의 방법은 두 자료가 동일한 사람에게서 나왔다는 정보를 전혀 사용하지 않는다. 독립 집단의 두 평균 차이의 분산을 유도하는 과정에서 두 평균의 상관이 0이라는 가정이 사용되고 있으므로 이 공식을 사용할 수는 없다.

동일한 개인에게 반복 측정하는 경우에는 새로운 통계량(점수)를 생성하고 이 통계량을 이용하여 분석한다. 즉, 각 개인마다 치료 후 점수에서 치료 전 점수를 빼서 새로운 점수를 만들어 내어 이 점수에 대한 분석을 진행한다. 이 점수는 각 개인의 우울 점수 변화로 해석될 수 있다. 이 변수를 편의상 D라 하자. 즉, $D = X_{후} - X_{전}$이다. 100명의 환자에 대한 D 점수에 대한 평균과 표준편차를 구할 수 있다. D의 평균은 −7.5였고 D의 표준편차는 3.08이었다고 하자.

1) 영가설과 α의 설정

이 분석에서 영가설은 다음과 같다.

$$H_0 : \mu_{\bar{D}} = 0$$

D의 표본 평균은 다음과 같이 표현될 수 있다.

$$\bar{D} = \bar{X}_{후} - \bar{X}_{전}$$
$$\mu_{\bar{D}} = \mu_{\bar{X}_{후} - \bar{X}_{전}} = \mu_{\bar{X}_{후}} - \mu_{\bar{X}_{전}} = \mu_{X_{후}} - \mu_{X_{전}} = 0$$

즉, $\mu_{\bar{D}} = 0$이라는 표현과 $\mu_{X_{후}} - \mu_{X_{전}} = 0$, $\mu_{X_{후}} = \mu_{X_{전}}$은 동일하다. 영가설은 두 평균이 동일하다는 것이다. 여기서 α를 .05로 정하자.

2) 통계치와 p값의 계산

이 분석법에서는 개인마다 하나의 점수(D)만 이용되고 이 점수의 평균을 표본 평균으로 이용하므로, 통계치와 p값을 계산하는 방식은 단일집단의 평균이 특정한 분포에서 나왔는지를 검증하는 앞의 절차와 동일하다. 특히 여기에서는 평균이 0인 분포에서 나왔지를 검증한다. $\bar{D}$의 표준편차는 다음과 같다.

$$S_{\bar{D}} = \frac{S_D}{\sqrt{N}} = \frac{3.08}{10} = .308$$

$$P(\bar{D} \le -.75) = P\left(\frac{\bar{D} - \mu_{\bar{D}}}{S_{\bar{D}}} \le \frac{-.75 - 0}{.308}\right)$$

$$= P\left(t \le -2.44\right) = .017$$

자유도는 자료 수$-1=100-1=99$이다. 여기에서 사용하는 통계량이 D이므로 자료수가 200이 아니고 100임을 유념하여야 한다.

3) 의사결정

p값이 .05보다 작으므로 영가설을 기각한다. 즉, 치료 후의 우울 점수 평균이 치료 전의 우울 점수 평균보다 낮다고 결론 내릴 수 있다.

5 R을 이용한 분석

인터넷 중독 척도 자료(〈부록 1〉 참조)에서 f1의 평균이 50과 다른지에 대한 검증은 다음과 같다.

```
> addict<-read.csv("internet.csv")
> t.test(addict$f1,mu=50)

  One Sample t-test

data:  addict$f1
```

```
t = 6.6716, df = 999, p-value = 4.186e-11
alternative hypothesis: true mean is not equal to 50
95 percent confidence interval:
 51.76322 53.23270
sample estimates:
mean of x
 52.49796
```

f2의 평균이 남녀 간에 차이가 있는지에 대한 검증은 다음과 같다.

```
> t.test(f2~sex,var.equal=TRUE, data=addict)

 Two Sample t-test

data:  f2 by sex
t = 2.4692, df = 998, p-value = 0.01371
alternative hypothesis: true difference in means is not
equal to 0
95 percent confidence interval:
 0.3501452 3.0612444
sample estimates:
mean in group 1 mean in group 2
       51.30421        49.59851
```

반복측정치인 f1과 f2의 평균이 차이가 있는지에 대한 검증은 다음과 같다.

```
> t.test(addict$f1,addict$f2,paired=T)
```

```
	Paired t-test

data:  addict$f1 and addict$f2
t = 5.424, df = 999, p-value = 7.31e-08
alternative hypothesis: true difference in means is not
equal to 0
95 percent confidence interval:
 1.15703 2.46881
sample estimates:
mean of the differences
                1.81292
```

6 효과크기와 검증력

가설검증에서 내릴 수 있는 결론은 영가설을 기각할 수 있는지의 여부뿐이다. t 검증 경우에 두 평균이 차이가 나는지에 대한 판단만 할 수 있고 그 차이가 얼마나 큰 차이인지, 다시 연구를 하면 반복 검증이 가능한지 등에 대한 정보는 제공하지 않는다. 효과크기(effect size)와 검증력(power)에 대한 분석을 통해서 이러한 정보를 제공받을 수 있다.

1) 평균 차이에 대한 효과크기

평균의 차이에 대한 효과크기(Cohen's d)는 다음과 같다.

$$d = \frac{|\mu_1 - \mu_2|}{\sigma}$$

분자는 두 평균의 차이이고 분모는 표준편차이다. 이는 모집단의 파리미터로 정의되는데, 표본통계치를 사용하여 추정될 수 있다. 예컨대, 두 집단에 대한 평균차이에 대한 검증일 경우, σ는 다음과 같이 추정될 수 있다.

$$\hat{\sigma} = \sqrt{\frac{s_1^2 + s_2^2}{2}}$$

2) 효과크기, 검증력, 표본크기, α의 관계

검증력은 효과크기, α, 표본크기(N)가 결정되면 구할 수 있다. 또한 이 네 가지 중에서 세 가지가 결정되면 나머지 하나를 구할 수 있다. 이들 간의 관계를 살펴보자.

[그림 7-2]에 영가설의 분포와 대립가설의 분포가 제시되어 있다. α를 .05로 잡았을 때, 영가설 분포에서 1.95보다 클 확률이 .05가 된다. [그림 7-2]에서 이 부분은 진하게 칠해진 부분에 해당된다.

검증력은 대립가설이 참일 때, 영가설을 기각하여 대립가설을 받아들이는 확률이므로, 대립가설 분포에서 확률변수의 값이 1.96보다 클 확률이다. [그림 7-2]에서 이 부분은 연하게 칠해진 부분(진하게 칠해진 부분도 포함)이다.

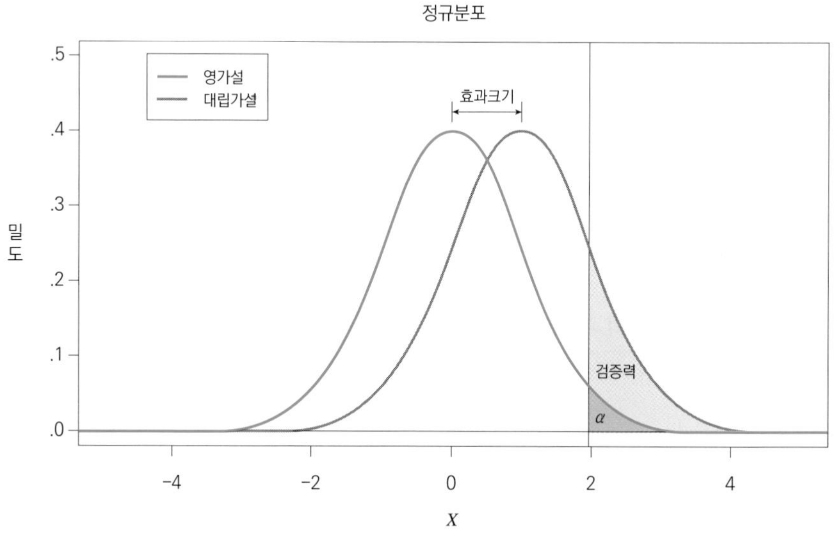

[그림 7-2] 효과크기, α, 검증력

효과크기와 검증력의 관계를 보기 위하여 효과크기가 큰 경우와 비교를 하여 보자. [그림 7-3]에서 알 수 있듯이 효과크기가 커져서 영가설과 대립가설의 분포가 멀어지면, 검증력이 커지는 것을 알 수 있다.

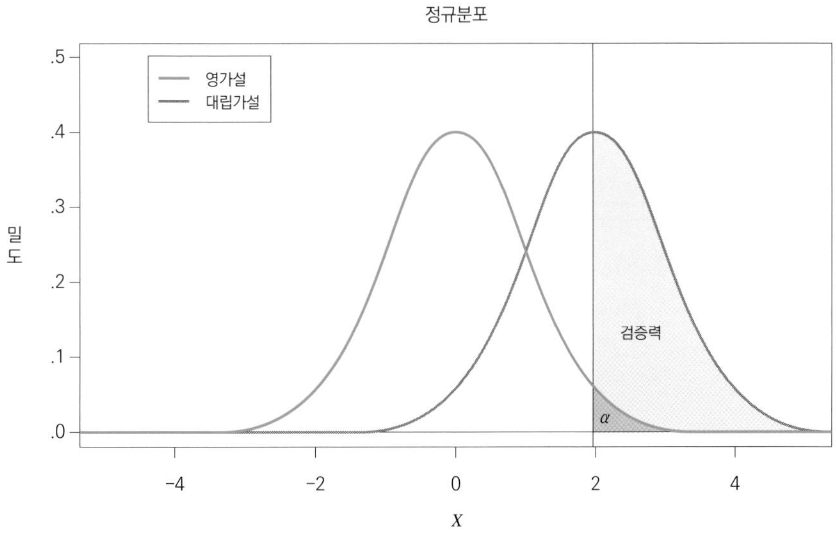

[그림 7-3] 효과크기의 증가에 따른 검증력의 변화

만약 효과크기는 그대로이지만 N이 커지면 어떻게 되는가? 통계치(여기에서는 $\bar{X}$)의 분산이 줄어들게 되므로 분포가 [그림 7-4]와 같이 변한다. 이때 검증력이 증가하는 것을 알 수 있다.

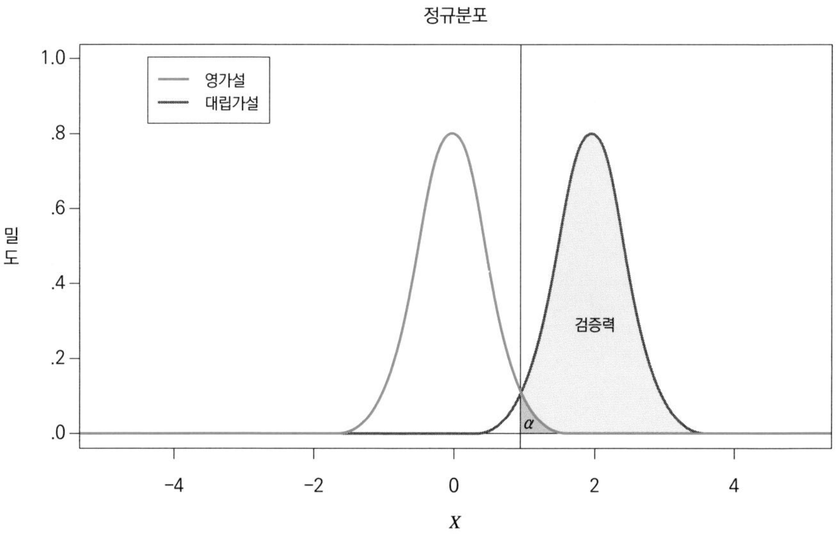

[그림 7-4] N의 증가에 따른 검증력의 변화

α를 .10으로 증가시키면 [그림 7-5]와 같이 1.645보다 크면 영가설이 기각되므로 검증력도 증가하게 된다.

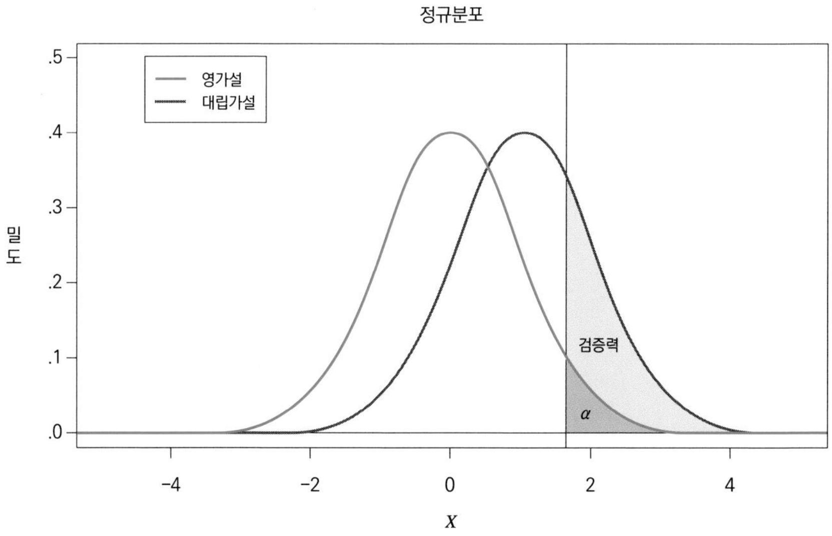

[그림 7-5] α의 증가에 따른 검증력의 변화

이를 정리하면 다음과 같은 경우 검증력이 증가하게 된다.

- 효과크기가 커질 때
- 표본크기(*N*)가 커질 때
- *α*가 커질 때

3) 검증력과 표본크기 계산

R을 이용하여 앞의 검증력, 효과크기, *N*, *α* 중 세 가지를 알 때, 나머지 하나를 구할 수 있다.

먼저, pwr이라는 library를 불러와야 된다. 그런 다음 *t* 검증인 경우에는 pwe.t.test의 함수를 이용하면 된다. *N*이 25, 효과크기 *d*가 .75, *α*가 .05인 경우에 검증력을 계산하는 예가 다음에 제시되어 있다. 계산된 검증력은 .74이다.

```
> library(pwr)
> pwr.t.test(n=25,d=0.75,sig.level=.05,type="two.sample",alternative="two.sided")

     Two-sample t test power calculation

              n = 25
              d = 0.75
      sig.level = 0.05
          power = 0.7383671
    alternative = two.sided

NOTE: n is number in *each* group
```

그다음으로 효과크기 *d*가 .75, *α*가 .05인 경우에 검증력을 .9로 설정하였을 때, *N*을 계산하는 예가 다음에 제시되어 있다. 표본크기에 대한 계산은 실험을 설계하는 시점에서 매우 빈번히 사용되는 분석이다. 예컨대, 사전 연구에 의하면 효과크기가 .75 정도 되는 것을 알 수 있고, 연구자가 검증력이 .9 정도를 원하는 경우에 몇 명의 자료를 수집해야 되는지에 대한 정보를 제공한다. 검증력은 대립가설이 참일 때(즉, 연구가설이 참일 때), 영가설을 기각하는(연구가설을 받아들이는) 확률이므로 연구자에게는 매우 중요한 확률이다. 만약 검증력이 낮으면 연구가설이 참일지라도 그 연구가설을 지지하는 증거를 찾을 확률이 낮다.

이러한 표본크기의 계산은 또한 자신의 연구에서 필요한 *N*을 정당화하는 방법으로도 사용될 수 있다. 특히 연구비를 결정하거나 IRB 등에서 이러한 *N*를 계산할 것을 요구한다.

다음의 결과에서 보면 .9의 검증력을 얻기 위해서는 각 집단별로 38명의 실험참가자가 필요하다.

```
> pwr.t.test(d=0.75,sig.level=.05,power=0.9,type="two.
sample",alternative="two.sided")

     Two-sample t test power calculation

              n = 38.34604
              d = 0.75
      sig.level = 0.05
          power = 0.9
    alternative = two.sided

NOTE: n is number in *each* group
```

다음에는 반복측정 *t* 검증에서 검증력 분석을 하는 R 코드와 결과들이 제시되어 있다. 첫 번째 코드는 검증력을 계산하는 것이고, 두 번째 코드는 *N*을 계산하는 것이다.

```
> pwr.t.test(n=25,d=0.75,sig.level=.05,type="paired",alte
rnative="two.sided")

     Paired t test power calculation

              n = 25
              d = 0.75
      sig.level = 0.05
          power = 0.9490985
    alternative = two.sided

NOTE: n is number of *pairs*

> pwr.t.test(d=0.75,sig.level=.05,power=0.9,,type="paired
",alternative="two.sided")

     Paired t test power calculation

              n = 20.69656
              d = 0.75
      sig.level = 0.05
          power = 0.9
    alternative = two.sided

NOTE: n is number of *pairs*
```

제8장 분산, 공분산, 상관계수

1. 분산의 분포
2. 분산에 대한 가설검증
3. 두 분산의 비교와 F 분포
4. 공분산과 상관계수
5. 상관계수에 대한 가설검증
6. 상관계수의 신뢰구간
7. R을 이용한 분석
8. 효과크기와 검증력

지금까지는 평균에 대한 추론을 주로 다루었다. 평균은 분포의 중심을 나타내는 중심경향성(central tendency)에 대한 통계치이다. 자료의 분포를 파악하기 위해서는 평균과 더불어 자료들이 평균에서 어느 정도 떨어져 있는지를 나타내는 분산(variance)에 대한 정보도 필요하다. 또한 변수가 복수인 경우에는 변수와 변수 사이의 연합강도를 나타내는 공분산(covariance)와 상관계수(correlation)에 대한 정보도 필요하다.

1 분산의 분포

표본 통계량 분산은 다음과 같이 정의된다.

$$Var(X) = \left(\frac{\sum_{i=1}^{N} (X_i - \bar{X})^2}{N-1} \right)$$

Z의 제곱합은 카이제곱분포를 따르므로 다음의 Q도 카이제곱분포를 따른다.

$$Q = \sum_{i=1}^{N} Z_i^2 = \sum_{i=1}^{N} \left(\frac{X_i - \bar{X}}{\sigma} \right)^2$$

Q를 다시 풀어 쓰면 다음과 같다.

$$Q = \frac{(N-1)}{\sigma^2} \frac{\sum_{i=1}^{N}(X_i - \bar{X})}{N-1}$$
$$= \frac{(N-1)}{\sigma^2} s^2 = \frac{(N-1)s^2}{\sigma^2}$$

따라서 표본분산에 $\frac{(N-1)}{\sigma^2}$을 곱한 통계량은 카이제곱분포를 따르게 된다. 이때 자유도는 $N-1$이다. 여기서 유의할 점은 σ^2는 통계량이 아니고 모수치(파라미터)이며 하나의 값으로 고정되어 있다는 점이다.

2 분산에 대한 가설검증

분산에 대한 가설검증은 사회과학에서 그리 많이 사용되지는 않지만, 유용한 정보를 제공하는 경우도 있다. 다음과 같은 상황을 생각하여 보자. 한 심리학자가 동일한 동아리에 속한 구성원들은 지능이 유사할 것이라는 가설을 세우고 이를 검증하고자 한다. 즉, 동아리 구성원의 분산이 다른 집단에 비하여 작을 것이라는 것이다. 이 연구자는 크기가 100인 표본을 구성하여 이 구성원들의 IQ 평균과 분산을 구하였다. 평균은 110이었고, 표준편차는 10이었다. IQ 검사는 평균이 100이고 표준편차가 15가 되도록 제작된 검사이다. 따라서 표준편차가 15와 다른지, 즉 분산이 15^2과 다른지를 검증하면 된다.

영가설 $H_0 : \sigma^2 = 15^2$

대립가설 $H_1 : \sigma^2 \neq 15^2$

$\frac{(N-1)S^2}{\sigma^2}$는 카이제곱분포를 따르므로 영가설이 참이라는 가정하에서 다음은 자유도가 99인 카이제곱분포를 따른다.

$$\frac{99S^2}{15^2} \sim \chi^2(99)$$

따라서 영가설이 참일 때 분산이 10^2보다 작은 확률은 다음과 같이 구해질 수 있다. 자유도는 99이다.

$$P(S^2 \le 10^2) = P\left(\frac{(N-1)S^2}{\sigma^2} \le \frac{99 \cdot 10^2}{15^2}\right)$$
$$= P(\chi^2 \le 44.0) = .000000321176758$$

p값은 카이제곱분포표나 통계패키지를 사용하여 쉽게 계산할 수 있다. 이 경우 p값이 .05보다 작으므로 영가설을 기각할 수 있다. 즉, 동아리 구성원들의 지능지수 분산은 15와 다르다고 결론을 내릴 수 있다.

3 두 분산의 비교와 F 분포

두 집단의 평균 차이에 대한 비교와 같은 방식으로 분산에 대한 비교를 할 수 있다. 예컨대, A당의 당원들이 B당의 당원들보다 진보와 보수 측면에서 더 다양하다는 것을 검증한다고 하자. 이를 위하여 두 당에 속하는 당원들을 각각 300명씩 무선 표집하고 진보성향 척도를 사용하여 진보성향 점수를 구하였다. A당의 표준편차는 12, B당의 표준편차는 10이었다. 이 두 분산이 동일한지 아닌지에 대한 가설검증을 하고자 한다.

영가설 $H_0 : \sigma_A^2 = \sigma_B^2$

대립가설 $H_1 : \sigma_A^2 \ne \sigma_B^2$

이 시점에서 F 분포를 소개할 필요가 있다. 두 분산을 비교하기 위해서는 F 분포를 사용하여야 한다. F 분포는 카이제곱분포에서 파생된다. 이미 살펴본 바와 같이 분산은 카이제곱분포를 따른다.

$$\frac{(N-1)S^2}{\sigma^2} \sim \chi^2(N-1)$$

카이제곱을 각각의 자유도로 나눈 다음, 이 둘 간의 비를 구하면 이는 F 분포를 따른다. 즉, 다음은 F 분포를 따른다.

$$\frac{\left({(N_A-1)S_A^2}/{\sigma_A^2} \right) / (N_A-1)}{\left({(N_B-1)S_B^2}/{\sigma_B^2} \right) / (N_B-1)} = \frac{{S_A^2}/{\sigma_A^2}}{{S_B^2}/{\sigma_B^2}} \sim F(N_A-1,\ N_B-1)$$

F 분포의 파라미터는 분자의 자유도(N_A-1)와 분모의 자유도(N_B-1)로 구성된다. 영가설하에서는 두 모집단의 자유도와 분산이 동일하므로(즉, $\sigma_A^2=\sigma_B^2$), 두 분산의 비는 F 분포를 따른다.

$$\frac{S_A^2}{S_B^2} \sim F(N_A-1,\ N_B-1)$$

두 집단의 분산이 동일한 경우에 이 값은 1이 되며 A 집단의 분산이 B 집단의 분산보다 커질수록 큰 값이 된다. 앞의 예의 경우에 분산의 비는 1.44이다. 분자와 분모의 자유도는 각각 99와 99이다.

p값은 다음과 같이 계산될 수 있다.

$$P\left(\frac{S_A^2}{S_B^2} > \frac{12^2}{10^2} \right) = P(F > 1.44) = .0008408671$$

α를 .05로 잡으면, p값이 α값보다 작으므로 두 집단의 분산이 동일하다는 영가

설을 기각할 수 있다. 즉, A당 당원들의 다양성이 더 높다는 결론을 내릴 수 있다.

4 공분산과 상관계수

두 변수의 관련성을 계산하기 위해서는 한 사람에게서 두 개의 자료가 필요하다. 예컨대, 키와 몸무게, 지능지수와 성적 등의 두 변수를 한 사람에게서 관찰해야 한다. *i*번째 사람의 두 자료를 X_i와 Y_i라 하면 이 두 변수의 관련성을 나타내는 통계량(statistic)으로 공분산이 있다. 공분산의 공식은 다음과 같다.

$$Cov(X,Y) = \frac{\sum_{i=1}^{N}(X_i - \bar{X})(Y_i - \bar{Y})}{N}$$

이 공식의 분자를 살펴보면, X와 Y가 각각 X의 평균과 Y의 평균보다 크면 양수이고 X와 Y가 각각 X의 평균과 Y의 평균보다 작아도 양수이다. 반면, X는 평균보다 크고 Y는 평균보다 작으면 음수이다. 이 공식의 특성상 X가 커질 때 Y도 커지거나, X가 작아질 때 Y도 작아지면 양수가 되고, 한 변수가 커질 때 다른 변수가 작아지면 음수가 되며, 특정한 패턴이 없으면 0에 가까운 수치가 된다. 공분산은 두 변수의 관계를 기술하는 데 좋은 통계량이다.

공분산의 한 가지 문제점은 척도 의존적(scale-dependent)이라는 것이다. 척도가 변경되면 공분산의 크기도 달라진다는 의미이다. 앞의 공식을 이용하여 키와 몸무게의 공분산을 구하는 경우를 생각하여 보자. 키를 cm로, 몸무게를 g으로 계산한 경우와 키를 m로 몸무게를 kg으로 계산한 경우에 공분산의 크기는 달라진다. 전자의 공분산이 후자보다 100,000배가 크게 된다. 따라서 공분산의 수치만으로 두 변수 간의 관계를 추론하는 것이 불가능하게 된다.

공분산이 척도 의존적이라는 단점을 보완하기 위하여 사용되는 것이 상관계수이다. 상관계수는 공분산을 각 변수의 표준편차로 나눈 값이다.

$$r = Corr(X, Y) = \frac{Cov(X, Y)}{SD(X)SD(Y)}$$

여기에서 *SD*는 표준편차를 나타낸다. 앞의 예로 돌아가서 cm를 m로 바꾸면 분자의 크기가 100분의 1로 줄어들지만 분모도 역시 100분의 1로 줄어들기 때문에 척도가 변경되어도 상관계수의 값은 변화하지 않는다.

두 변수를 그래프로 그렸을 때, 상관계수가 1이거나 −1이면 모든 자료가 직선상에 위치하게 된다(단, 수평선이나 수직선의 경우는 제외). 1과 −1의 차이는 양의 기울기를 가지는지 음의 기울기를 가지는지에 의해 결정된다. 상관계수가 1이거나 −1인 경우는 한 변수의 값을 알면 다른 변수의 값을 정확하게 예측할 수 있다. 0의 경우는 X와 Y에 특정한 직선을 그릴 수 없다. 0과 1 사이의 값은 양의 기울기를 가지며, 직선에 가깝게 자료가 형성되어 있으면 1에 가까운 상관계수를 가지고 그렇지 않은 경우에는 0에 가까운 상관계수를 가진다.

표준점수들 간의 상관계수 공식을 이해하면 계산을 보다 간단하게 할 수 있다. 표준점수는 평균이 0이고 표준편차가 1인 점수이다. 따라서 두 변수 z_1과 z_2의 상관계수의 공식은 다음과 같이 된다.

$$Corr(z_1, z_2) = \frac{\sum z_{1i} z_{2i}}{n}$$

평균이 0이기 때문에 평균으로 빼는 항이 없어졌다. 또한 두 변수의 표준편차는 1이기 때문에 공분산과 상관계수가 동일하게 된다.

개념정리

독립과 무상관의 관계

독립은 A와 B가 동시에 발생할 확률이 A의 확률과 B의 확률의 곱으로 나타낼 수 있다는 의미이고 무상관은 두 변수의 상관계수가 0이라는 의미이다. 독립은 확률 혹은 분포에 대한 기술이고 무상관은 두 변수의 연합 정도에 대한 기술로, 동일한 의미가 아니다. 흔히 이 두 의미를 동일한 것처럼 사용하는데, 정규분포인 경우에만 상관계수가 0이면 독립이고, 독립이면 상관계수가 0이다.

5 상관계수에 대한 가설검증

두 변수에 대한 상관계수를 구했을 때, 이 상관계수가 통계적으로 유의하게 0보다 큰 값인지, 혹은 특정 상관계수(예: .5)보다 큰 값인지에 대하여 관심을 가질 수 있다. 이때 상관계수에 대한 가설검증이 필요하다.

모집단의 상관계수를 ρ(rho라 읽음)로 나타낸다. 가설검증을 하기 위해서는 상관계수의 통계량인 r에 대한 분포를 알아야 한다. 상관계수에 대한 정확한 분포는 알려져 있지 않고 모수치에 따라서 서로 다른 형태를 지닌다. 이 분포의 특징을 살펴보자. 먼저, r의 범위는 -1에서 1 사이이다. 따라서 실수 전체를 범위로 가지는 정규분포와는 다르다.

ρ가 0인 경우에는 대칭인 분포를 따르지만, ρ가 0이 아닌 경우에는 대칭인 분포를 따르지 않을 것이다. 예컨대, ρ가 .9인 경우를 생각해 보면, .9를 중심으로 -1과 1 사이의 값을 가져야 하기 때문에, 상당히 부적으로 편포된 분포의 형태를 띨 것이다. 이러한 상관계수 분포의 특징 때문에 다음의 몇몇 특수한 경우에만 가설검증이 가능하다.

1) 모집단의 상관계수가 0인지에 대한 가설검증

영가설은 다음과 같다.

$$H_0: \rho=0$$

ρ가 0인 경우에 상관계수의 분포는 0을 기준으로 대칭을 이루며, 대체적으로 정규분포 혹은 t 분포와 유사한 형태를 띠므로 t 분포를 사용하여 가설검증을 할 수 있다. t값은 다음과 같이 계산될 수 있다.

이 경우에 영가설하에서 상관계수 r은 평균이 0이고 표준편차가 SD_r가 된다. 따라서 아래의 t는 t 분포를 따른다.

$$t=\frac{r-\rho}{SD_r}=\frac{r-0}{SD_r}=\frac{r}{SD_r}$$

이 통계량을 구하기 위해서는 r의 표준편차를 구해야 되는데, r의 표준편차는 다음과 같다. 이때 t 분포의 자유도는 $n-2$이다.

$$SD_r=\sqrt{\frac{1-r^2}{n-2}}$$

한 사회학자가 가족의 수입과 자녀의 지능지수 간에 상관이 있는지에 대하여 조사하고자 한다. 1,000명에 대한 가족의 수입과 지능지수에 대한 자료를 수집하여 상관계수를 계산하니 .4였다. 이 상관계수 ρ가 0인 모집단의 분포에서 나왔는지에 대하여 가설검증을 하면 영가설은 다음과 같다.

$$H_0: \rho=0$$

α를 .05로 설정하고 p값을 구하면 다음과 같다.

$$P(r > .4) = P\left(\frac{r-\rho}{SD_r} > \frac{.4-0}{\sqrt{\frac{1-.4^2}{1000-2}}}\right) = P(t > 435.56) = .0000$$

p값이 0에 근접하므로, 영가설을 기각할 수 있다. 따라서 수입과 지능 간의 상관계수는 0이 아니라는 결론을 내린다.

2) 모집단의 상관계수가 특정한 값(a)인지에 대한 가설검증

영가설은 다음과 같이 표현된다.

$$H_0 : \rho = a$$

이 경우에 r의 분포는 a를 중심으로 대칭도 되지 않으므로, 더 이상 t 분포를 이용하여 가설검증을 할 수 없다 영가설의 ρ의 수준에 따라 상당히 편포된 분포를 띨 수 있다. 따라서 r의 분포를 모르기 때문에 r을 이용하여 가설검증을 할 수 없다. Fisher는 r을 새로운 통계량으로 변환하고 이 변환된 통계량을 이용하여 가설검증을 하는 방법을 제안하였다.

Fisher(1915)는 표본이 충분히 클 때 r을 다음에 제시된 Z_f로 변환시키면, Z_f는 정규분포에 근접한다는 것을 발견하였다.

$$z_f = \frac{1}{2}\ln\left(\frac{1+r}{1-r}\right)$$

여기서 ln은 자연 log(밑이 e인 log) 함수를 나타낸다. 함수에서 보는 바와 같이 z_f는 −1과 1 사이에 한정되지 않는 것을 알 수 있다. [그림 8−1]은 원래 값 r을 z_f로 변환하는 과정을 보여 준다.

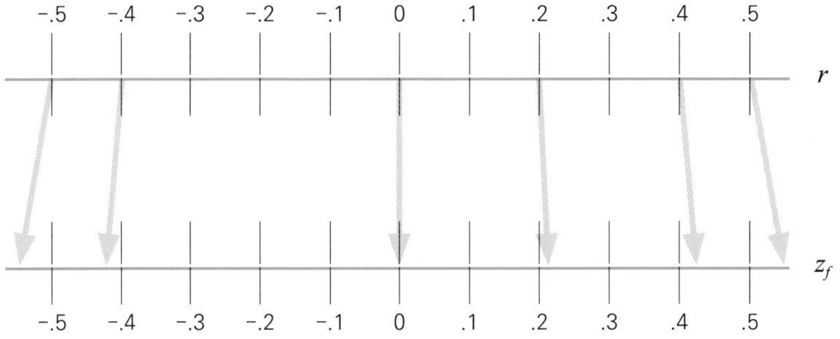

[그림 8-1] r에서 z_f로 변환

Fisher의 z를 이용한 가설검증은 상관계수를 모두 z_f로 변환하여 가설검증을 한다. 앞에서 .4라는 상관이 $\rho=0$인 분포에서 나왔는지를 검증하였다. 여기에서는 상관이 $\rho=.3$인 분포에서 나왔는지를 검증하여 보자. 즉, 상관이 .3보다 높은지를 검증하는 것이다.

영가설은 다음과 같이 설정될 수 있다.

$$H_0 : \rho = .3$$

이를 z_f로 변환한 영가설을 만들면, .3에 해당하는 z_f 점수는 .3095가 된다.

$$z_f = \frac{1}{2}\ln\left(\frac{1+.3}{1-.3}\right) = .3095$$

따라서 영가설은 다음과 같이 된다.

$$H_0 : \rho = .3 \qquad H_0 : z_f = .3095$$

관찰된 자료 .4에 대한 z_f 점수는 앞의 공식에 대입하여 계산하면 .4236이 된다. 이 z_f 점수는 정규분포에 근접하기 때문에 다음과 같은 검증 통계량을 사용하여 표준정규분포에서 확률을 계산할 수 있다.

$$z = \frac{z_f(r) - z_f(\rho)}{SD_{z_f}}$$

이때 z_f 점수에 대한 표준편차는 다음과 같다.

$$SD_{Z_f} = \sqrt{\frac{1}{N-3}}$$

영가설이 참이라는 가정하에서 상관계수가 .4이거나 그 이상의 값을 가질 확률, p는 다음과 같이 계산될 수 있다.

$$\begin{aligned} P(r \geq .4) &= P(Z_f \geq .4236) \\ &= P\left(\frac{Z_f(r) - Z_f(\rho)}{SD_{Z_f}} \geq \frac{.4236 - .3095}{\sqrt{\frac{1}{997}}} \right) \\ &= P(Z \geq 3.6027) = .0001575 \end{aligned}$$

이 경우에는 p값이 .05보다 작으므로 영가설을 기각하여 이 표본의 모집단의 상관계수는 .3보다 크다고 결론을 내릴 수 있다.

3) 두 집단의 상관계수가 차이가 나는지에 대한 가설검증

상관에 대한 가설검증 중에서 가장 많이 사용되는 것이 두 상관을 비교하는 것이다. 예컨대, 연구자가 학력과 임금 간의 상관계수가 남녀 간에 차이가 나는지를 검증하고자 하는 경우에 이 검증을 사용할 수 있다. 가상적으로 한 연구자가 남녀 각각 100명에 대하여 학력과 임금 간의 상관계수를 산출하였다고 하자. 남자 집단의 상관계수는 .4였고 여자 집단의 상관계수는 .3이었다. 영가설은 다음과 같다.

$$H_0 : \rho_{남} = \rho_{여}$$
$$H_0 : \rho_{남} - \rho_{여} = 0$$

이때 생각할 수 있는 검증 통계량은 두 표본 상관계수의 차이인 $r_{남} - r_{여}$이다. 그러나 이 통계량은 정규분포를 따르지 않기 때문에 사용할 수 없다. 대신에 이들을 Fisher의 z 변환한 $Z_{f남} - Z_{f여}$ 통계량을 사용한다. 이 통계량은 $\rho_{남} - \rho_{여} = 0$일 때 평균이 0이고 표준편차가 다음과 같은 정규분포에 근접하는 것으로 알려져 있다.

$$SD_{z_{f남} - z_{f여}} = \sqrt{\frac{1}{N_{남} - 3} + \frac{1}{N_{여} - 3}}$$

p값은 다음과 같이 구할 수 있다.

$$\begin{aligned} & P(Z_{f남} - Z_{f여} > .4236 - .3095) \\ & = P\left(\frac{(Z_{f남} - Z_{f여}) - 0}{SD_{Z_{f남} - Z_{f여}}} > \frac{.114}{\sqrt{\frac{1}{97} + \frac{1}{97}}} \right) \\ & = P(Z > .7939) = .2911 \end{aligned}$$

p값이 .05보다 크기 때문에 영가설을 기각할 수 없고, 남녀 간의 상관계수 차이가 있다는 충분한 증거가 없다고 결론을 내릴 수 있다.

6 상관계수의 신뢰구간

상관계수에 대한 신뢰구간도 Fisher의 z 변환을 이용하여 구할 수 있다. 앞의 예에서 1,000명의 표본에서 구한 상관계수 .3의 신뢰구간을 구해 보자. 이미 설명한 바와 같이 상관계수는 정규분포를 따르지 않으므로 정규분포에 근접하는 z_f 점수로 변환한다. .3에 해당하는 z_f 점수는 .3095이다. 원래 상관계수인 .3은 잠시 잊어버리고, z_f에 대한 신뢰구간을 구한다. 예컨대, 95% 신뢰구간은 다음과 같이 구할 수 있다.

$$\left[Z_f - 1.96SD_{zf}, Z_f + 1.96SD_{zf}\right]$$
$$= \left[Z_f - 1.96\sqrt{\frac{1}{N-3}}, Z_f + 1.96\sqrt{\frac{1}{N-3}}\right]$$

앞의 경우에 신뢰구간은 다음과 같다.

$$\left[.3095 - 1.96\sqrt{\frac{1}{97}},\ .3095 + 1.96\sqrt{\frac{1}{97}}\right]$$
$$= \left[.1105,\ .5085\right]$$

즉, z_f의 95% 신뢰구간은 .1105에서 .5085 사이이다. 상관계수에 대한 신뢰구간을 구하기 위해서는 z_f를 상관계수 r로 다시 변환해야 한다. r에서 z_f로 변환하는 공식에서 역함수를 구하면, z_f에서 r로 변환하는 공식이 된다.

$$r = \frac{e^{2z} - 1}{e^{2z} + 1}$$

.1105와 .5085를 r로 변환하면, 각각 .1101과 .4688이 된다. 따라서 상관계수의 신뢰구간은 다음과 같다.

상관계수에 대한 신뢰구간=[.1101, .4688]

이 신뢰구간에서 하나 주목할 점은 점추정값인 .3이 신뢰구간의 중간이 아니라는 것이다. .1101은 .3에서 .1899만큼 떨어져 있고, .4688은 .3에서 .1688만큼 떨어져 있다. 점추정값이 0인 경우에만 신뢰구간의 중간 지점이 점추정값이 된다. 이러한 이유는 상관계수의 특성을 살펴보면 잘 알 수 있다. 상관계수의 범위는 −1에서 1 사이에 한정되어 있다. 따라서 점추정값이 1이나 −1에 가까우면, 신뢰구간을 1이나 −1 이상으로 확장할 수 없으므로 경계 부근의 신뢰구간은 축소될 수밖에 없다. 이러한 편향은 1이나 −1로 갈수록 더 심해지게 된다.

7 R을 이용한 분석

R에서는 *cor* 함수, *cov* 함수를 이용하여 상관계수와 공분산을 구할 수 있다. 또한 cor.test를 이용하여 모집단의 상관계수가 0인지에 대한 가설검증과 신뢰구간을 구할 수 있다. psych 라이브러리에 있는 paired.r을 이용하여 두 집단에 대한 상관계수의 차이도 검증할 수 있다 .

```
> addict<-read.csv("internet.csv")
> cor.test(addict$f1, addict$f2)

   Pearson's product-moment correlation

data:  addict$f1 and addict$f2
t = 21.292, df = 998, p-value < 2.2e-16
alternative hypothesis: true correlation is not equal to 0
95 percent confidence interval:
 0.5147382 0.6000978
sample estimates:
      cor
0.5588968
```

앞에서 f1과 f2의 상관계수, 그 상관계수가 0인지에 대한 가설검증 그리고 95% 신뢰구간이 계산되었다.

```
> g1<-addict[addict$sex==1,]
> g2<-addict[addict$sex==2,]
>
> r1<-cor(g1$f1,g1$f2)
> r2<-cor(g2$f1,g2$f2)
> nn1<-nrow(g1)
> nn2<-nrow(g2)
```

앞에서 g1은 addict에서 남자 자료를, g2는 여자 자료를 추출하여 각각 변수로 만든 것이다. r1과 r2는 남자 집단과 여자 집단에서 f1과 f2의 상관계수이고 n1과 n2는 표본크기이다.

```
> library(psych)
> paired.r(r1, r2, n=nn1, n2=nn2,twotailed=TRUE)
Call: paired.r(xy = r1, xz = r2, n = nn1, n2 = nn2, twotailed
= TRUE)
[1] "test of difference between two independent correlations"
z = 0.99  With probability = 0.32
```

paired.r 함수를 이용하여 남녀 집단에서 상관계수 크기가 차이나는지를 검증하였다. *p*값이 .32로 두 상관계수가 동일하다는 영가설을 기각하지 못하였다.

8 효과크기와 검증력

상관계수 r, 그 자체가 효과크기에 해당한다. 따라서 효과크기(r), N, 검증력, α 간의 관계에 대한 분석이 가능하다. pwr.r.test 함수의 인자가 n, r, sig.level, power인데 이 중 세 가지를 입력하면 나머지 하나에 대하여 계산할 수 있다. 다음의 예에서 효과크기(r)가 .3이고 α=.05일 때 .9의 검증력을 얻기 위해 필요한 n수가 91명임을 검증력 분석을 통하여 계산하고 있다.

```
> library(pwr)
> pwr.r.test(r=0.3, sig.level=.05,power=.9,alternative="g
reater")

     approximate correlation power calculation (arctangh
ransformation)

              n = 91.41024
              r = 0.3
      sig.level = 0.05
          power = 0.9
    alternative = greater
```

다음의 예는 표본크기가 100이고 효과크기(r)가 .3이고 α=.05일 때의 검증력을 계산하는 것이다. 이때 검증력은 .92임을 알 수 있다.

```
> pwr.r.test(n=100,r=0.3, sig.level=.05,alternative="grea
ter")
```

```
     approximate correlation power calculation (arctangh
ransformation)

              n = 100
              r = 0.3
      sig.level = 0.05
          power = 0.9220404
    alternative = greater
```

제9장 단순회귀분석

1. 회귀식의 유도
2. 결정계수
3. 표준회귀계수와 회귀현상
4. R을 이용한 분석

회귀분석(regression analysis)은 연속변수들 사이의 관계를 기술하는 통계 모형이다. 두 변수 *X*와 *Y*가 있을 때, *X*로 *Y*를 예언하는 가장 좋은 선형모형(직선)을 구하면 이것이 회귀선이 된다. 이해를 돕기 위하여 구체적인 예로부터 시작하여 보자. 〈표 9-1〉은 학생 50명의 지능지수(IQ)와 성적을 보여 주고 있다. IQ와 성적 사이에 어떤 관계가 있는지를 알아보자.

〈표 9-1〉 학생 50명의 IQ와 성적

IQ	성적	IQ	성적	IQ	성적
86.35	34.84	115.20	161.13	88.31	47.37
99.44	124.77	111.03	89.54	95.28	66.13
95.87	123.24	108.76	161.71	82.91	83.31
94.59	107.38	100.21	101.56	117.21	158.61
72.16	34.92	86.80	92.84	120.32	139.37
73.49	47.98	122.75	153.88	81.67	80.97
95.24	147.41	96.00	73.92	99.50	142.67
124.51	145.55	99.78	126.96	106.00	123.53
97.20	94.70	120.45	141.40	100.40	125.59
95.25	121.69	96.79	85.51	106.10	95.52
94.89	119.18	95.22	60.67	101.91	93.09
82.59	52.90	110.43	146.12	95.23	79.80

121.41	188.04	85.29	72.29	112.40	130.27
86.92	93.44	99.95	93.29	100.99	117.19
93.29	83.29	115.87	124.43	100.89	86.50
73.22	54.23	79.23	27.56	104.62	154.07
77.14	87.03	95.79	92.06		

	평균	표준편차	상관계수
IQ	98.34	13.44	.80
성적	103.79	38.10	

두 변수들 간의 관계를 파악하는 여러 가지 방법이 있으나 우선적으로 해야 할 일은 산포도(scatterplot)를 그리는 것이다. 산포도는 두 변수를 두 축으로 하여 개인들을 점으로 표시하는 그래프이다. [그림 9-1]에 IQ와 성적의 산포도가 제시되어 있으며, 두 변수들 간에 선형적인 관계가 있는 것을 발견할 수 있다. 즉, IQ가 증가함에 따라 성적이 선형적으로 증가하는 패턴이 자료에서 발견된다. 회귀분석

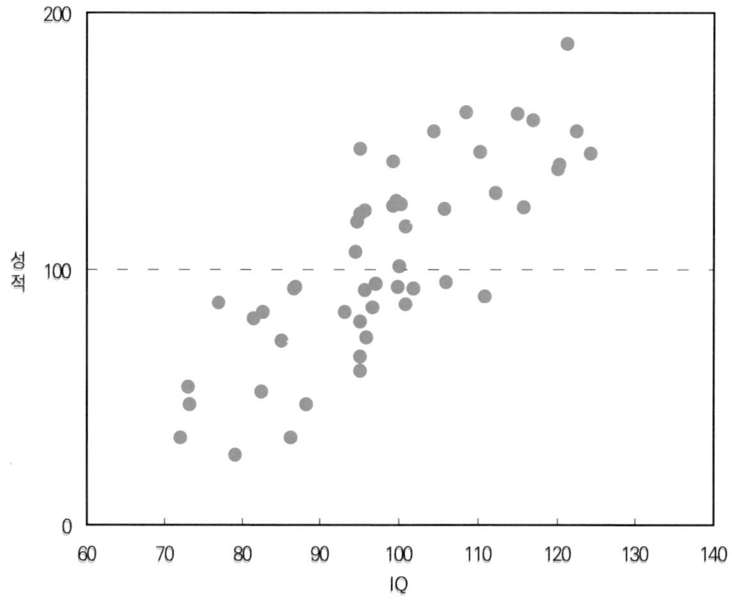

[그림 9-1] IQ와 성적의 산포도

에서는 이 관계를 가장 잘 반영하는 함수, 특히 선형함수(직선)를 찾고자 한다.

가장 잘 반영한다는 의미가 무엇인가? 우선 직관적으로 보면, [그림 9-2]에서 임의로 네 개의 직선을 그었다고 할 때, 회귀선 후보 2와 회귀선 후보 3은 자료를 잘 반영하고 있는 것처럼 보이지는 않는다. 회귀선 후보 4는 어느 정도 자료를 잘 반영하고 있는 것으로 보이나 회귀선 후보 1보다는 좋은 것 같지는 않다. 직접 눈으로 보게 된다면 네 개의 직선 중에서 회귀선 후보 1을 선택하는 판단이 최선임을 알 수 있다.

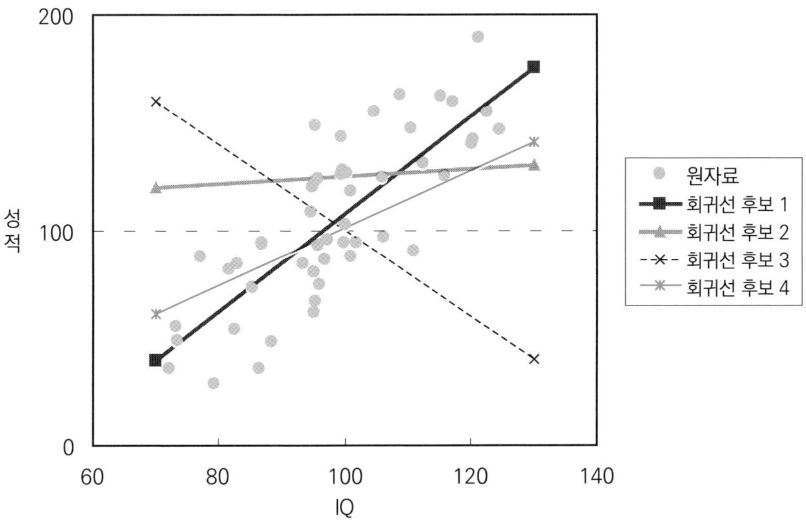

[그림 9-2] 회귀선의 후보들

그러면 왜 우리는 회귀선 후보 1을 선택하였을까? 아마도 이 직선이 자료들의 중앙을 통과하고 있기 때문일 것이다. 중앙을 통과하고 있다는 것을 수학적으로 표현하면 이 직선이 모든 자료와 가장 가깝게 위치하고 있다는 것이다.

이러한 맥락에서 회귀선을 구하는 방식은 명백해진다. 모든 자료(점)에서 가장 가까운 직선을 찾으면 된다. 물론 '가깝다'를 정의하기 위해서는 거리를 정의해야 되고 거리에 대한 다양한 정의가 사용될 수 있으나 여기에서는 유클리드 공간에서의 거리를 우선 고려하기로 한다. 이미 1장에서 살펴본 바와 같이 최소제곱합(least square) 원칙이 그것이다.

1 회귀식의 유도

성적을 종속변수로 삼고 y_i로 표기하고 IQ를 독립변수로 삼고 이를 x_i로 표기하자. 앞에서 제시된 자료에서 y_1은 34.84이고 x_1은 86.35이다. 이러한 방식으로 50명의 y의 자료는 $y_1, y_2, \cdots, y_i, \cdots, y_{50}$으로 표현되고 x의 자료는 $x_1, x_2, \cdots, x_i, \cdots, x_{50}$으로 표현된다. i번째 자료인 x_i와 y_i를 고려해 보자. x_i에 해당하는 직선상에 있는 y값을 나타내는 방식은 다음과 같다.

$$\tilde{y}_i = a + bx_i$$

[그림 9-2]에서 $(x_i, \tilde{y}_i)$는 각 직선의 선상에 위치하는 좌표이다. $\tilde{y}_i$의 값은 어느 직선상에 있느냐에 따라 달라진다. 즉, 절편과 기울기에 따라 달라진다($\tilde{y}_i = a + bx_i$). 우리의 목표는 자료를 가장 잘 설명할 수 있는 절편과 기울기를 찾아내는 것이다. 최소제곱법(least square method)에서는 다음과 같은 손실함수를 사용하여 절편과 기울기를 구한다. 즉, 다음 함수를 가장 작게 만드는 a와 b를 구한다.

$$L(a,b) = \sum_{i=1}^{n}(y_i - \tilde{y}_i)^2 = \sum_{i=1}^{n}[y_i - (a + bx_i)]^2$$

이 함수를 a와 b에 대하여 미분한 다음, 미분식을 0으로 놓아 극점을 구하면 이 식을 최소로 만드는 a와 b를 구할 수 있다.

$$\frac{\partial L}{\partial a} = -2\sum(y_i - a - bx_i)$$
$$\frac{\partial L}{\partial b} = -2\sum x_i(y_i - a - bx_i) \quad \text{(식 9-1)}$$

먼저, a에 대하여 미분하여 0으로 놓으면 다음과 같다.

$$\sum(y_i - a - bx_i) = 0$$
$$\sum y_i - an - b\sum x_i = 0$$
$$\bar{y} - a - b\bar{x} = 0$$
$$\bar{y} = a + b\bar{x}$$

이 식에서 회귀식이 $(\bar{x},\ \bar{y})$를 지나는 것을 알 수 있다. 즉, 각 x와 y의 평균으로 구성된 점을 지난다. b에 대하여 미분하여 0으로 놓으면 다음과 같다.

$$\sum x_i(y_i - a - bx_i) = 0$$
$$\sum x_i y_i - a\sum x_i - b\sum x_i^2 = 0$$
$$\frac{\sum x_i y_i}{n} - a\bar{x} - b\frac{\sum x_i^2}{n} = 0$$

$a = \bar{y} - b\bar{x}$와 다음과 같은 관계를 이용하여 앞의 식에서 b를 구할 수 있다.

$$Cov(x, y) = \left(\frac{\sum x_i y_i}{n} - \overline{xy}\right)\text{이고} \quad Var(x) = \left(\frac{\sum x_i^2}{n} - \bar{x}^2\right)\text{이다.}$$

그러면 기울기 b는 다음과 같다.

$$\left(\frac{\sum x_i y_i}{n} - \overline{xy}\right) + \overline{xy} - (\bar{y} - b\bar{x})\bar{x} - b\left(\frac{\sum x_i^2}{n} - \bar{x}^2\right) - b\bar{x}^2 = 0$$
$$Cov(x, y) - bVar(X) = 0$$
$$b = \frac{Cov(x, y)}{Var(x)} = \frac{rSD_x SD_y}{SD_x^2} = r\frac{SD_y}{SD_x}$$

y_i와 $\tilde{y}_i$ 차이 제곱합을 최소화하는 기울기 b는 x와 y의 공분산을 x의 분산으로 나눈 값이다. 또한 이는 상관계수에 y의 표준편차를 x의 표준편차로 나눈 값을 곱한 값이기도 하다. 최소제곱합의 원칙에 의하여 구해진 직선을 $\hat{y}$라 표시하자. 즉,

$\hat{y} = a + bx_i$이고 a와 b는 앞에서 정의되어 있다. 회귀식은 다음과 같이 표현될 수 있다.

$$\hat{y} = a + bx = (\overline{y} - b\overline{x}) + bx = \left(\overline{y} - r\frac{SD_y}{SD_x}\overline{x} \right) + r\frac{SD_y}{SD_x}x$$

앞의 자료에서 IQ로 성적을 예언하는 회귀식은 다음과 같이 계산될 수 있다.

$$b = r\frac{SD_y}{SD_x} = .80\frac{38.10}{13.44} = 2.267$$
$$a = \overline{y} - b\overline{x} = 103.79 - 2.267 \cdot 98.34 = -119.1$$
$$\hat{y} = -119.1 + 2.267x$$

여기서 실제 y값 y_i와 x에 의하여 예측된 $\hat{y}_i$의 차이를 $e_i = y_i - \hat{y}_i$로 나타내고 이를 잔차(residual)라 한다. 최소제곱법에서는 $\sum e_i^2$을 최소화시키는 $\hat{y}$을 찾아내는 것이다.

2 결정계수

회귀식이 정해지면, 다음은 회귀식이 얼마나 자료를 잘 설명할 수 있는지를 나타내는 통계량을 계산하는 것이 필요하다. 이를 결정계수(coefficient of determination)라 한다. [그림 9-3]에서 보면 동일한 회귀식이라도 자료를 설명하는 정도에 있어서 차이가 난다. 오른쪽의 회귀식이 왼쪽의 회귀식보다 자료를 더 잘 설명하고 있다.

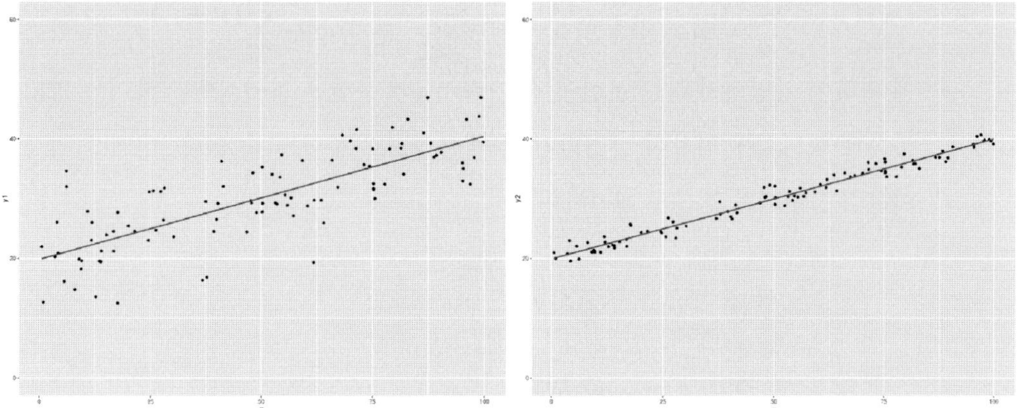

[그림 9-3] 동일한 회귀식에 설명량이 차이가 나는 사례

결정계수는 관찰된 값 y의 전체 분산 중에서 회귀식에 의하여 설명되는 부분이 얼마인지를 나타내는 통계량이다. y_i의 편차는 자료와 회귀선과의 거리와 회귀선과 평균과의 거리의 합으로 다음과 같이 표현될 수 있다.

$$y_i - \overline{y} = (y_i - \hat{y}_i) + (\hat{y}_i - \overline{y})$$

이 편차의 제곱합을 n으로 나누면 분산이 된다. 먼저, 제곱합을 계산하면 다음과 같다.

$$\sum (y_i - \overline{y})^2 = \sum (y_i - \hat{y}_i)^2 + \sum (\hat{y}_i - \overline{y})^2 + 2\sum (y_i - \hat{y}_i)(\hat{y}_i - \overline{y})$$

$\sum (y_i - \hat{y}_i)(\hat{y}_i - \overline{y})$는 (식 9-1)로부터 0이 된다. 양변을 n으로 나누면. 다음과 같이 된다.

$$\sum \frac{(y_i - \overline{y})^2}{n} = \sum \frac{(y_i - \hat{y}_i)^2}{n} + \sum \frac{(\hat{y}_i - \overline{y})^2}{n}$$

$\sum (\hat{y}_i - \overline{y}) / n$ 은 회귀식에 의하여 설명되는 분산이고, $\sum (y_i - \hat{y}_i)^2 / n$ 은 회귀식에 의하여 설명되지 않는 분산이다. 따라서 y의 분산은 회귀식에 의하여 설명되는 분산과 회귀식에 의하여 설명되지 않는 분산으로 분할될 수 있다. 이제 회귀식에 의하여 설명되는 분산을 계산하여 보자.

$$\begin{aligned}
\frac{\Sigma(\hat{y}_i - \overline{y})^2}{n} &= \frac{\Sigma(a + bx_i - \overline{y})^2}{n} \\
&= \frac{\Sigma(a + bx_i - a + b\overline{x})^2}{n} \\
&= \frac{b^2 \Sigma(x_i - \overline{x})^2}{n} = b^2 SD_x^2 \\
&= r^2 \frac{SD_y^2}{SD_x^2} SD_x^2 \\
&= r^2 SD_y^2
\end{aligned}$$

회귀선에 의하여 설명되는 분산은 $r^2 SD_y^2$이다. 즉, y의 분산(SD_y^2)에 상관계수의 제곱(r^2)을 곱한 값이다. 여기서 결정계수는 r^2이며, 그 의미는 y의 분산 중에서 회귀선에 의하여 설명되는 비율이 r^2이라는 것이다.

독립변수가 하나인 단순회귀에서는 결정계수가 상관계수의 제곱으로 계산될 수 있다. 앞의 예에서 IQ와 성적의 상관계수가 .8이라면 성적의 분산 중 64%가 IQ에 의해서 설명될 수 있다고 해석할 수 있다. 회귀식에 의하여 설명되지 않는 y의 분산 비율은 $1-r^2$이 된다. 따라서 다음 식을 만족한다.

$$\sum \frac{(y_i - \overline{y})^2}{n} = \sum \frac{(y_i - \hat{y}_i)^2}{n} + \sum \frac{(\hat{y}_i - \overline{y})^2}{n}$$

$$SD_y^2 = (1 - r^2) SD_y^2 \ + r^2 SD_y^2$$

3 표준회귀계수와 회귀현상

1) 표준회귀계수의 계산

회귀분석에서 가장 관심이 있는 것은 기울기와 결정계수일 것이다. 그런데 기울기는 x와 y의 표준편차에 의하여 변한다. 너무나 당연하게도 키로 몸무게를 예측하는 모형에서 몸무게를 g으로 측정하였을 때와 kg으로 측정하였을 때의 기울기는 다르다. 사회과학의 많은 연구에서 x와 y 척도의 절대적인 크기는 의미가 없는 경우가 많다. 예컨대, 자기효능감과 우울 간의 관계를 연구한다고 할 때, 자기효능감 점수가 25점이라는 것이 얼마나 높은 점수인지에 대해 해석할 수 없다. 즉, 각 변수의 평균과 표준편차가 주어지거나 표준점수의 형식으로 제시되어야 그 의미를 알 수 있다. 마찬가지로 기울기가 3이라는 것을 해석하기 위해서는 자기효능감의 표준편차, 우울의 표준편차 정보가 제공되어야 한다.

표준회귀계수는 독립변수와 종속변수를 모든 표준점수로 변환한 다음, 회귀식을 구한 것이다. 여기서 두 변수의 척도가 고정되어 있으므로, 즉 평균이 0이고 표준편차가 1이므로, 회귀식에 대한 해석이 용이하다. 표준회귀식에서 기울기가 .8이라면, X가 1 표준편차만큼 증가하면, Y는 .8 표준편차만큼 증가함을 의미한다.

표준회귀계수를 구하는 방법은 간단하다. x와 y의 표준편차가 1이므로 회귀식의 기울기는 상관계수와 동일하게 된다.

$$b = r\frac{SD_y^2}{SD_x^2} = r$$

회귀식은 항상 $(\overline{X}, \overline{Y})$를 통과하므로 절편은 0이 된다. 따라서 표준회귀식은 다음과 같다.

$$\hat{z}_{yi} = rz_{xi}$$

2) 회귀현상

회귀식의 기울기를 보면 중요한 특징이 있다. X와 Y의 표준편차가 동일할 때 기울기는 상관계수와 동일하게 되므로, 기울기는 절대로 1보다 클 수 없다는 것이다. 예컨대, 아버지의 키로 아들의 키를 예측하면 기울기는 1보다 클 수 없다는 것이다. 즉, 아버지의 키가 평균보다 10cm 크면, 아들의 키는 평균보다 10cm만큼은 크지 않다는 것이다. 사실, 이러한 현상 때문에 회귀분석에 회귀라는 말이 들어가게 된 것이다. Galton(1886) 등은 유전적인 특성으로 이를 설명하였다.

그러나 통계모형의 관점에서 보면 이는 두 변수의 관계를 정확하게 파악하는 데 장애가 된다. 아들의 키로 아버지의 키를 예측하든지, 아버지의 키로 아들의 키를 예측하든지 상관없이 기울기는 항상 1보다 작다. 예컨대, 아들의 키가 아버지의 키를 예측하는 기울기가 .9라면 다음과 같은 관계가 성립한다.

$$\text{아들} = \alpha + .9\,\text{아버지}$$

그렇다면 다음이 성립하여 아들이 아버지를 예측할 때는 기울기가 1보다 커야 한다.

$$\text{아들} = \frac{1}{.9}\text{아버지} - \frac{\alpha}{.9}$$

그런데 아들로 아버지를 회귀식으로 예측하면 여전히 1보다 작은 기울기가 나온다. 회귀분석에서 독립변수와 종속변수를 어떻게 설정하느냐에 따라 결과가 다를 수 있다는 것을 보여 준다. 회귀분석에서는 이 점을 항상 염두에 두고 자료를 해석해야 한다.

4 R을 이용한 분석

앞의 예에서 제시된 IQ와 성적에 대한 자료가 'exampl1.csv' 파일에 저장되어 있다. 이를 읽어서 자료를 regdata에 저장하였다.

```
regdata<-read.csv("exampl1.csv")
str(regdata)
```

자료의 구조를 보면 IQ와 grade의 두 변수가 있는 것을 알 수 있다.

```
> str(regdata)
'data.frame':  50 obs. of  2 variables:
 $ IQ   : num  86.3 99.4 95.9 94.6 72.2 ...
 $ grade: num  34.8 124.8 123.2 107.4 34.9 ...
```

다음에 두 변수의 관계를 산포도로 그리고 lm(linear model) 함수를 이용하여 회귀분석을 하였다. 모형은 grade ~ IQ로 표현되어 있는데, ~의 앞은 종속변수, 뒤는 독립변수를 나타낸다. 회귀의 결과는 reg1에 저장되고 reg1에 대한 요약결과를 출력하였다.

```
plot(regdata$IQ,regdata$grade)
reg1<-lm(grade~IQ,data=regdata)
summary(reg1)
```

산포도는 다음과 같다. 대체적으로 IQ와 성적 간에 정적인 관계가 있는 것으로 보인다.

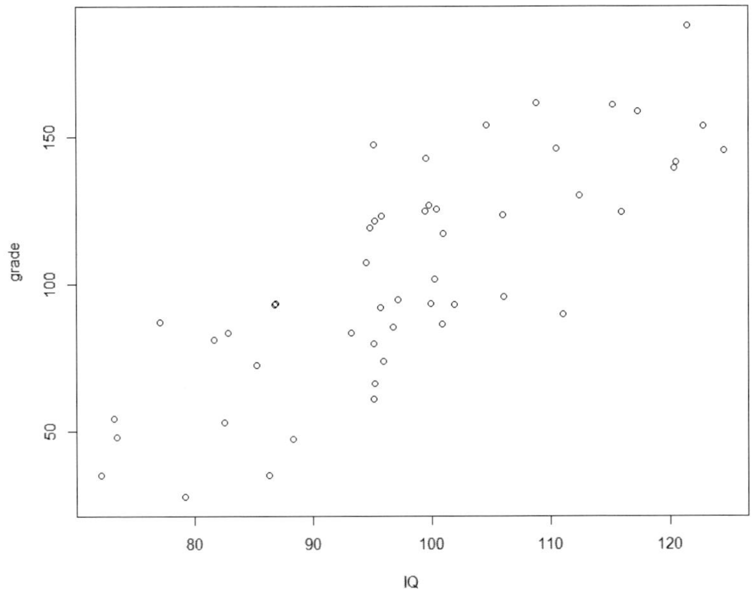

회귀분석의 결과는 다음과 같다.

```
> summary(reg1)
Call:
lm(formula = grade ~ IQ, data = regdata)

Residuals:
    Min       1Q   Median      3Q     Max
-43.021  -16.508   -3.586  16.726  50.641

Coefficients:
            Estimate Std.  Error  t value   Pr(>|t|)
(Intercept) -119.1206    24.3547   -4.891   1.17e-05 ***
IQ             2.2668     0.2454    9.236   3.20e-12 ***
---
```

```
Signif. codes:  0 '***' 0.001 '**' 0.01 '*' 0.05 '.' 0.1 ' ' 1

Residual standard error: 23.1 on 48 degrees of freedom
Multiple R-squared:  0.6399,	Adjusted R-squared:  0.6324
F-statistic: 85.31 on 1 and 48 DF,  p-value: 3.197e-12
```

회귀계수는 절편의 경우 −119.12이고 IQ의 기울기의 경우는 2.267이므로 회귀식은 다음과 같다.

$$\hat{y} = -119.12 + 2.267x$$
$$\widehat{grade} = -119.12 + 2.267\,\mathrm{IQ}$$

절편과 기울기의 표준오차도 보고되어 있고, 절편에 대한 t값은 −4.891, 기울기에 대한 t값은 9.236으로 모두 p값이 .001보다 작다.

이 t값은 각 회귀계수가 0이라는 영가설에 대한 가설검증에서 나온 것이다. 따라서 공식은 $t = {b-0}/{SE_b}$ 이다.

$$t = \frac{b-0}{SE_b} = \frac{-119.12-0}{24.35} = -4.891 \qquad \text{(절편)}$$
$$t = \frac{b-0}{SE_b} = \frac{2.267-0}{0.2454} = 9.236 \qquad \text{(기울기)}$$

그다음에 결정계수(multiple R−squared)가 보고되어 있다. R^2은 .6399이다. 즉, 64%의 성적 분산이 IQ와의 선형적 관계에 의하여 설명될 수 있다는 것이다. Adjust−R에 대해서는 다음에 설명할 것이다.

그다음에 결정계수에 대한 가설검증의 결과가 제시되어 있다. 이는 '회귀식이 자료를 전혀 설명하지 못한다'는 영가설에 대한 가설검증이다. 즉, R^2의 모수치인 P^2이 0이라는 영가설에 대한 가설검증이다. 이는 F 통계치를 사용하는데,

F=85.31이며 자유도는 (1, 48)이다. p값은 거의 0에 가까운 값인 것을 알 수 있다. 즉, 회귀식이 종속변수의 분산을 일부 설명할 수 있다고 해석할 수 있다.

제10장 다중회귀분석

1. 다중회귀식
2. 다중회귀식의 행렬형식 표현
3. 결정계수
4. R을 이용한 회귀분석
5. 편상관계수와 부분상관계수
6. 공선성의 문제
7. 단계적 회귀분석
8. R을 이용한 단계적 회귀분석
9. 위계적 회귀분석
10. 범주변수의 처리
11. 조절효과
12. 매개효과

1 다중회귀식

단순회귀분석에서는 종속변수를 예측하기 위하여 하나의 독립변수를 사용하였는데 다중회귀분석에서는 두 개 이상의 독립변수를 사용한다. 회귀식은 다음과 같다.

$$\hat{y}_i = b_0 + b_1 x_{i1} + b_2 x_{i2} + \cdots + b_k x_{ik}$$

여기에서 b_0는 절편, b_1에서 b_k는 k개의 독립변수들의 기울기이다. 즉, b_2의 의미는 두 번째 독립변수인 x_2가 1점 증가할 때 종속변수가 b_2만큼 증가한다는 뜻이다. 기하학적으로 보면, 모든 개인은 독립변수 k개와 종속변수 1개로 이루어진 $(k+1)$ 차원상에서 한 점으로 표현될 수 있다. 회귀분석에서는 이 자료를 한 차원 작은 k차원상의 공간으로 투사시키게 된다. 예컨대, 독립변수가 두 개이고 종속변수가 하나인 자료는 [그림 10-1]에서 보는 바와 같이 삼차원상에서 표시된다. 회귀분석에서는 이 자료들을 2차원인 평면상에서 자료를 투사시키게 된다. 3차원 자료를 2차원에 투사하면, 설명하지 못하는 부분이 생기기 마련이다. 이를 [그림 10-2]에서 e로 표시하였다.

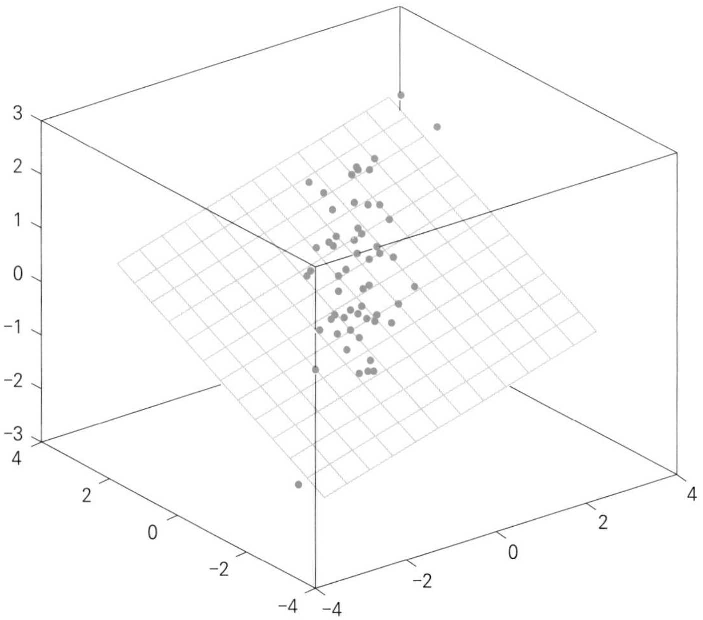

[그림 10-1] 독립변수가 두 개이고 종속변수가 하나인 자료

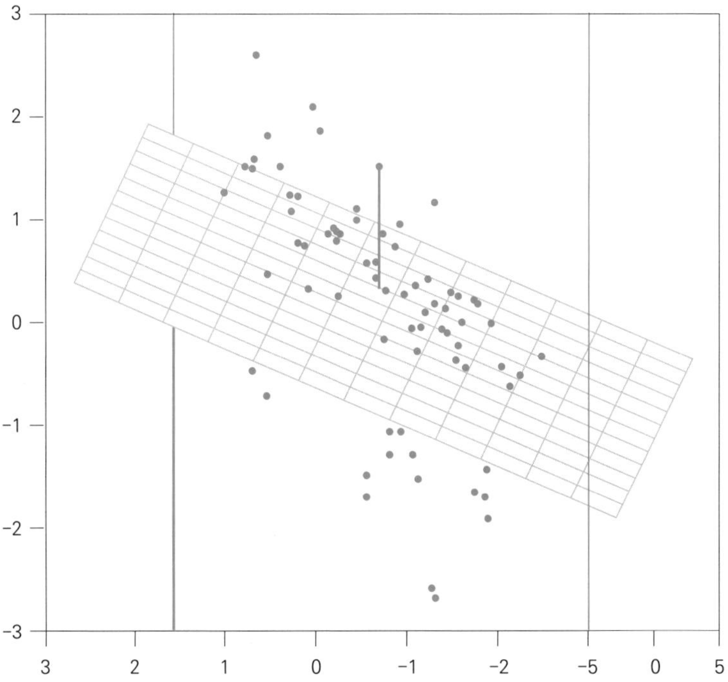

[그림 10-2] 회귀 평면

단순회귀분석과 동일하게 e의 제곱합을 최소화시키는 방식으로 축소된 공간을 찾아내게 된다. 즉, 단순회귀분석과 동일하게 최소제곱법(LSM)을 이용하여 회귀식을 구한다. 이 경우에는 평면을 찾아내게 되는 것이다. 다음과 같은 손실함수 L을 최소화시킨다.

$$L = \sum_{i=1}^{n} e^2 = \sum_{i=1}^{n} (y_i - \hat{y}_i)^2 = \sum_{i=1}^{n} [y_i - (b_0 + b_1 x_{i1} + b_2 x_{i2} + \cdots + b_k x_{ik})]^2$$

행렬에 대한 미분이 필요하기 때문에 여기에서는 생략하기로 한다. 각 기울기는 컴퓨터 프로그램을 통해서 쉽게 계산될 수 있다.

다중회귀분석에서는 기울기를 해석할 때 다소 주의를 요한다. 예컨대, b_2의 기울기는 다른 독립변수가 모두 고정되어 있을 때 x_2가 1점 증가할 때 종속변수가 얼마만큼 증가하는지를 나타내는 것이다. 그런데 x_2가 다른 독립변수와 전혀 상관이 없는 경우에는 다른 독립변수와 무관하게 x_2가 종속변수에 어떻게 영향을 미치는지로 해석할 수 있지만, x_2가 다른 독립변수와 상관이 있는 경우에는 해석에 유의하여야 한다. 좀 더 자세한 이해를 위하여 독립변수가 두 개인 회귀분석에서 기울기를 구하는 공식을 살펴보자.

$$b_1^* = \frac{r_{YX_1} - r_{X_1X_2} r_{YX_1}}{1 - r_{X_1X_2}^2}$$

$$b_2^* = \frac{r_{YX_2} - r_{X_1X_2} r_{YX_1}}{1 - r_{X_1X_2}^2}$$

$$b_i = b_i^* \left(\frac{SD_y}{SD_{X_i}} \right) \quad \text{(식 10-1)}$$

여기에서 b_i는 i번째 독립변수의 기울기를 나타내며, b_i^*는 표준화된 기울기를 나타낸다. r은 상관계수, SD는 표준편차이다.

먼저, b_1^*을 살펴보자. 이 기울기를 결정하는 데 단순회귀분석과 동일하게 X_1과 Y의 상관계수(r_{YX_1})가 영향을 미친다. 그런데 그 밖에도 X_1과 X_2의 상관계수, X_2와

Y의 상관계수도 영향을 미치고 있다. 즉, X_1과 Y의 관계를 나타내는 기울기에 다른 변수도 관여되어 있다. 두 독립변수의 상관계수가 0일 때만 b_1^*이 X_1과 Y의 상관계수에 의해서만 결정된다. 또한 X_1과 X_2의 상관계수가 1일 때는 앞의 식에서 분모가 0이 되어 기울기가 계산될 수 없다는 것도 기억해야 한다. 뒤에 다중공선성의 주제에 대하여 다룰 때 다시 언급될 것이다.

2 다중회귀식의 행렬형식 표현

다중회귀분석에서는 다수의 변수가 동시에 다루어져야 하기 때문에 회귀식을 주로 행렬형식으로 표현하게 된다. 다음의 회귀식에 제시되어 있다.

$$\begin{bmatrix} y_1 \\ y_2 \\ y_3 \\ \\ y_i \\ \\ y_n \end{bmatrix} = \begin{bmatrix} 1 & x_{11} & x_{12} & \cdots & x_{1k} \\ 1 & x_{21} & x_{22} & \cdots & x_{2k} \\ 1 & x_{31} & x_{32} & \cdots & x_{3k} \\ \cdots & \cdots & \cdots & \cdots & \cdots \\ 1 & x_{i1} & x_{i2} & & x_{ik} \\ \cdots & \cdots & \cdots & \cdots & \cdots \\ 1 & x_{n1} & x_{n2} & \cdots & x_{nk} \end{bmatrix} \begin{bmatrix} b_0 \\ b_1 \\ b_2 \\ \cdots \\ b_k \end{bmatrix} + \begin{bmatrix} e_1 \\ e_2 \\ e_3 \\ \\ e_i \\ \\ e_n \end{bmatrix}$$

$$\mathbf{y} = \mathbf{X} \boldsymbol{\beta} + \mathbf{e}$$

회귀식은 $\mathbf{y}=\mathbf{X}\boldsymbol{\beta}+\mathbf{e}$이다. 이 식에서 개체의 수는 n명이며, 독립변수의 개수는 k개이다. 행렬 $\mathbf{y}$의 n개의 원소는 n개의 종속변수이다. $\mathbf{X}$는 독립변수를 나타내는 행렬인데, 1열은 모두 1로 채워져 있고 두 번째 열부터 첫 번째 독립변수가 시작된다. $\boldsymbol{\beta}$는 기울기들로 구성된 행렬인데, 첫 번째 원소 b_0는 절편을 나타내며, b_i는 i번째 독립변수의 기울기이다. 마지막으로, $\mathbf{e}$는 n개의 개체에 대한 잔차로 구성된 행렬이다. 앞의 식에서 i번째 개체의 종속변수에 대한 회귀식은 다음과 같다.

$$
\begin{aligned}
\hat{y}_i &= 1 \cdot b_0 + x_{i1}b_1 + x_{i2}b_2 + \cdots + x_{ik}b_k + e_i \\
&= b_0 + b_1x_{i1} + b_2x_{i2} + \cdots + b_kx_{ik} + e_i
\end{aligned}
$$

그리고 $\hat{\mathbf{y}}=\mathbf{X\beta}$로 표현될 수 있다. 최소제곱법에서 잔차의 제곱합을 행렬로 나타내면 다음과 같다.

$$e'e=(\mathbf{y}-\mathbf{y})'(\mathbf{y}-\mathbf{y})=(\mathbf{y}-\mathbf{X\beta})'(\mathbf{y}-\mathbf{X\beta})$$

여기에서 이를 최소화하는 $\boldsymbol{\beta}$를 찾게 된다. 행렬을 미분하면 간단히 그 해를 구할 수 있다. 추정된 기울기는 다음과 같다.

$$\hat{\boldsymbol{\beta}}=(\mathbf{X}'\mathbf{X})^{-1}\mathbf{X}'\mathbf{y}$$

이 식의 장점은 독립변수의 수가 변하더라도 항상 성립한다는 것이다. 예컨대, (식 10−1)은 독립변수가 두 개 있는 경우의 기울기에 대한 식이었다. 독립변수가 세 개가 되면 기울기의 식은 더 복잡한 형태가 되지만, 행렬형식으로 나타내면 그럴 필요가 없게 된다.

3 결정계수

다중회귀분석에서도 종속변수의 전체 분산 중에서 회귀식에 의하여 설명될 수 있는 분산의 비율인 결정계수가 단순회귀와 동일한 방식으로 계산될 수 있다. 단순회귀에서는 x와 y의 상관계수의 제곱이 결정계수였는데, 다중회귀분석에서는 $\hat{y}$과 y의 상관계수의 제곱이 결정계수가 된다.

결정계수가 통계적으로 유의미한지, 다시 말하면 y를 회귀식에 의하여 설명할 수 있는 부분이 있는지를 검증할 수 있다. 기본적인 방식은 회귀식에 의하여 설명되는 분산과 회귀식에 의하여 설명되지 않는 분산을 F 통계량을 사용하여 검증한다. F값은 다음과 같고, 자유도는 $(k, n-k-1)$이다(여기서 k는 독립변수의 수이다). 이 공식은 물론 단순회귀분석에도 적용될 수 있다.

$$F = \frac{R^2}{SD_R^2} = \frac{R^2 / k}{(1-R^2)/(n-(k+1))}$$

다중회귀분석의 R^2은 모집단의 파라미터인 P^2(rho 제곱)에 대한 편중 추정치이다. 이 추정치의 특징은 과대추정되고 독립변수가 많아지면 과대추정의 정도는 크게 된다. 불편추정치인, $\widetilde{R}^2$은 다음과 같이 계산된다.

$$\widetilde{R}^2 = 1-(1-R^2)\frac{n-1}{n-k-1}$$

$\widetilde{R}^2$은 독립변수가 많아질수록 R에 비하여 축소되는 정도가 심해지기 때문에 Shrinkage R이라고도 한다.

4 R을 이용한 회귀분석

R을 이용하여 회귀분석을 하는 방법에서는 단순회귀와 동일한 함수를 사용한다. 여기에서 사용할 인터넷 중독에 대한 자료에 대한 설명은 〈부록 1〉을 참조하라. 이 자료를 읽어서 intadd에 다음과 같이 할당할 수 있다.

```
intadd<-read.csv("internet.csv")
```

일상생활장애(f1), 현실구분장애(f2), 긍정적 기대(f3), 금단(f4), 가상적 대인관계 지향성(f5), 내성(f7)이 일탈행동(f6)을 예측하는 회귀분석 모형은 다음과 같이 설정된다.

```
lm(f6~f1+f2+f3+f4+f5+f7,data=intadd)
```

회귀분석 결과를 reg1에 저장하고 이를 출력하면 다음과 같다.

```
> reg1<-lm(f6~f1+f2+f3+f4+f5+f7,data=intadd)
> summary(reg1)

Call:
lm(formula=f6 ~ f1 + f2 + f3 + f4 + f5 + f7,data=intadd)

Residuals:
    Min      1Q  Median      3Q     Max
-21.671  -4.332  -0.646   3.846  31.901

Coefficients:
               Estimate Std. Error t value Pr(>|t|)
(Intercept) 8.267419   1.440234   5.740 1.25e-08 ***
f1          0.272304   0.031284   8.704  < 2e-16 ***
f2          0.323483   0.028358  11.407  < 2e-16 ***
f3          0.051652   0.032791   1.575   0.1155
f4          0.070975   0.036095   1.966   0.0495 *
f5          0.002413   0.027247   0.089   0.9295
f7          0.139571   0.032954   4.235 2.49e-05 ***
---
Signif. codes:  0 '***' 0.001 '**' 0.01 '*' 0.05 '.' 0.1 ' ' 1
```

```
Residual standard error: 7.353 on 993 degrees of freedom
Multiple R-squared:  0.535, Adjusted R-squared:  0.5322
F-statistic: 190.4 on 6 and 993 DF,  p-value: < 2.2e-16
```

결과에서 가장 먼저 출력되는 것은 잔차에 대한 것이다. 최소값과 최대값 사분위 값과 중앙값이 제시되어 있다. 그다음에 회귀계수와 관련된 정보가 제시된다. 회귀계수(estimate)가 먼저 제시되고 회귀계수의 표준오차(standard error), 회귀계수가 0인지에 대한 가설검증의 결과인 t값과 p값[$Pr(>|t|)$]이 그다음에 제시된다. 독립변수 f1의 기울기에 대한 t값은 다음과 같이 계산된다. intercept는 절편을 나타낸다.

$$t = \frac{\hat{\beta} - 0}{S_{\hat{\beta}}} = \frac{.272304}{.031384} = 8.704$$

이 결과에 근거해서 회귀식을 쓰면 다음과 같다.

$$\hat{f}_6 = 8.267 + .272\ f_1 + .323\ f_2 + .052\ f_3 + .071\ f_4 + .002\ f_5 + .140\ f_7$$

여기에서 f_1, f_2, f_4, f_7의 기울기는 통계적으로 유의미하며, f_3과 f_5의 기울기는 통계적으로 유의미하지 않다.

다음 부분에 결정계수에 대한 정보가 제시되어 있다. R^2=.535이고 이에 대한 불편추정치는 Adjusted R square로 표기되어 있고 .5322이다. 불편추정치는 원래의 R^2보다 항상 작으며, 독립변수의 수가 증가할수록 축소되는 정도가 더 커진다는 점은 이미 설명한 바 있다.

그다음에 F 통계량이 제시되어 있는데, 이는 R^2의 모수치에 해당하는 P^2가 0인지에 대한 가설검증을 위한 것이다. 이 영가설을 기각하면, P^2이 0이 아니라고 결론내릴 수 있으므로, 회귀분석이 종속변수를 설명하는 부분이 존재한다는 것이다.

p값이 아주 작으므로, 영가설을 기각할 수 있다.

다중회귀분석에서 기울기를 해석할 때, 연구자들이 알고자 하는 정보 중의 하나는 여러 가지 독립변수 중에서 어느 변수가 종속변수에 상대적으로 영향을 더 많이 주는지에 대한 것이다. 당장 생각해 볼 수 있는 것이 기울기이다. 기울기가 커지면 Y에 영향을 많이 주는 것이다. 그러나 단순한 기울기(회귀계수)를 비교할 수는 없다. 왜냐하면, 회귀계수는 사용하는 척도에 따라 변하기 때문이다. 예컨대, X_1은 1부터 10까지 변하는 변수이고 X_2는 1부터 1000까지 변하는 변수라면, 독립변수가 1점 증가할 때 종속변수가 몇 점 증가하는지를 나타내는 두 기울기가 동일한 잣대를 가지고 있지 않다. 두 독립변수가 동일한 잣대(척도)를 가지게 만드는 방법이 두 점수를 표준점수로 바꾸는 것이다.

모든 독립변수와 종속변수를 표준점수로 바꾸어서 실시한 회귀분석에서 회귀계수를 표준회귀계수라 한다. 단순회귀와 마찬가지로 표준회귀식에서 절편은 0이다. R에서 표준회귀계수를 구하기 위해서는 QuantPsyc라는 라이브러리를 설치하여야 한다.

```
Install.packages("QuantPsyc")
Library("QuantPsyc")
```

이 라이브러리에 포함된 lm.beta 함수를 이용하면 표준화된 회귀계수를 구할 수 있다.

```
> lm.beta(reg1)
        f1         f2         f3         f4         f5         f7
0.29988529 0.31685672 0.05326059 0.07269909 0.00259674 0.13818748
```

이 결과에 따르면 f1(일상생활장애), f2(현실구분장애)가 다른 변수들보다 일탈행동에 더 많은 영향을 미치는 것을 알 수 있다.

5 편상관계수와 부분상관계수

다중회귀분석에서는 독립변수가 다수이기 때문에 각 독립변수가 독자적으로 종속변수의 분산을 얼마나 설명할 수 있는지에 대한 관심을 가질 수 있다. 이때 사용하는 것이 편상관계수(partial correlation)와 준편상관계수(semi-partial correlation)이다.

벤다이어그램을 이용하여 이들 상관계수를 설명하면 다음과 같다. [그림 10-3]에서 각 원은 변수의 분산을 나타내고, 두 원이 겹치는 부분은 두 변수들 간의 공분산을 나타낸다. 회귀분석에서 사용되는 분산은 다음과 같이 표현될 수 있다.

- Y의 분산: $a+d+e+f$
- X_1에 의해서 설명되는 Y의 분산: $d+e$
- X_2에 의해서 설명되는 Y의 분산: $e+f$
- X_1과 X_2에 의해서 설명되는 Y의 분산: $d+e+f$

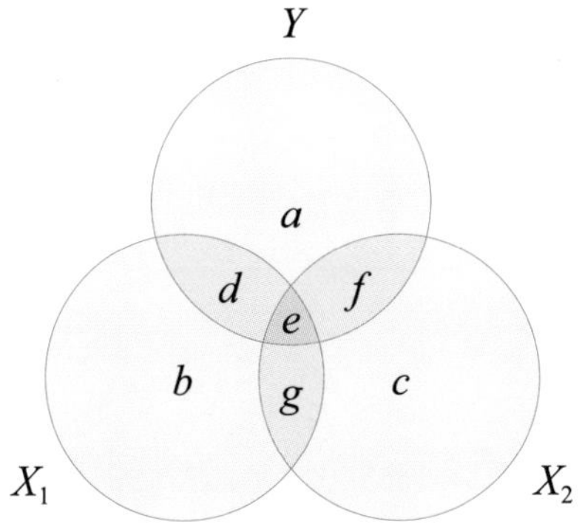

[그림 10-3] 종속변수(Y)와 두 독립변수(X_1, X_2)의 분산의 도식화

X_1과 X_2에 의해서 설명되는 Y의 분산의 부분인 R^2은 다음과 같이 표현될 수 있다.

$$R^2 = \frac{d+e+f}{a+d+e+f}$$

이제 하나의 독립변수에 의하여 설명되는 부분을 구하여 보자. X_1에 의해서만 설명되는 부분은 d이고 X_2에 의해서만 설명되는 부분은 f이다. 그런데 e는 두 변수에 의해 모두 설명되는 부분이다. X_1과 Y, X_2와 Y의 준편상관계수의 제곱들은 다음과 같이 정의된다.

$$sr_1^2 = \frac{d}{a+d+e+f} \qquad sr_2^2 = \frac{f}{a+d+e+f}$$

X_1과 Y, X_2와 Y의 편상관계수의 제곱들은 다음과 같이 정의된다.

$$pr_1^2 = \frac{d}{a+d} \qquad pr_2^2 = \frac{f}{a+f}$$

공식에서 보는 바와 같이 준편상관계수와 편상관계수에서는 한 독립변수의 효과를 제거한 다음, 다른 독립변수와 종속변수와의 상관계수를 보는 방법이다. 예컨대, 충동성의 효과를 제거하였을 때(partial out), 사회적 지지와 자기효능감과의 상관계수를 구하는 것이다. 여기서 유념할 점은 [그림 10-3]의 벤다이어그램에서 e는 사실 사회적 지지에 의하여 설명될 수 있는 부분이지만 (준)편상관계수의 계산에서는 제외된다는 점이다.

편상관계수와 준편상관계수가 다른 점은 X_1을 통제한 다음, X_2와 Y의 상관계수를 구할 때, 준편상관계수는 X_1이 Y에 미치는 효과만을 제거하는데, 편상관계수는 X_1이 Y에 미치는 효과뿐만 아니라 X_1이 X_2에 미치는 효과까지도 제거한다는 것이다. 이러한 특성 때문에 편상관계수가 준편상관계수보다 크거나 같게 된다.

R에서는 ppcor 라이브러리에서 pcor.test와 spcor.test 함수를 이용하면, 편상관계수와 준편상관계수를 구할 수 있다.

```
> library(ppcor)

> pcor.test(intadd$f1,intadd$f2,c(intadd$f3,intadd$f4))

   estimate      p.value statistic    n gp  Method
1 0.3563585 6.387627e-61  17.04382 2000  1 pearson

> spcor.test(intadd$f1,intadd$f2,c(intadd$f3,intadd$f4))
   estimate      p.value statistic    n gp  Method
1 0.2843205 1.747263e-38   13.2526 2000  1 pearson
>
```

6 공선성의 문제

다수의 독립변수를 사용할 때 반드시 고려해야 하는 문제가 다중공선성(multicollinearity)이다. 이는 독립변수들 사이에 높은 상관이 관찰되는 경우를 말하는 것이다. (식 10-1)에서 두 독립변수의 상관계수가 1이면 분모가 0이 되어 기울기가 구해지지 않는다. 이 경우가 공선성이 발생하는 경우이다. 보다 일반적으로 설명하면, 회귀계수 $\hat{\boldsymbol{\beta}}=(\mathbf{X}'\mathbf{X})^{-1}\mathbf{X}'\mathbf{y}$ 에서 $\mathbf{X}'\mathbf{X}$의 판별식(determinant)이 0이 되는 경우이다. 이 경우에는 역행렬이 존재하지 않아서 기울기를 구할 수 없게 된다.

비록 상관이 1이 되거나 판별식이 0이 아니라 하더라도 상관이 1에 가깝거나 판별식이 0에 가까우면, 기울기를 구하는 공식에서 분모가 아주 작아져 분자에서 조금만 변하더라도 기울기는 큰 폭으로 변하게 된다. 이 경우 기울기의 추정치가 불안정하게 된다.

공선성은 다양한 형태로 나타난다. 한 변수와 다른 변수의 상관이 높은 경우뿐만 아니라, 다수의 독립변수들이 한 독립변수들을 예측할 수 있는 경우도 공선성에 해당된다. 다중공선성은 독립변수의 상관계수를 관찰하는 것만으로는 쉽게 찾을 수 없다. 통계패키지에는 공선성에 대한 통계치를 제공하고 있다. 가장 대표적인 것이 분산팽창계수(Variance Inflation Factor: VIF)이다.

$$VIF(b_j) = \frac{1}{1 - R_j^2}$$

여기서 R_j^2는 j번째 독립변수를 제외한 다른 독립변수들을 이용하여 예측하는 회귀분석에서의 결정계수이다. 대체적으로 이 값이 5보다 크면 공선성을 의심해야 되고 10보다 크면 공선성이 있다고 판단할 수 있다. 그러나 5와 10은 절대적인 기준이라기보다는 경험적인 기준이므로 연구자들이 상황에 따라서 판단해야 한다.

R에서는 vif라는 함수를 이용하여 다음과 같이 구할 수 있다. 이 결과에서 모든 vif가 5보다 작으므로 공선성이 없는 것으로 판단할 수 있다.

```
> vif(reg1)
      f1       f2       f3       f4       f5       f7
2.534784 1.647677 2.441421 2.919066 1.836470 2.273290
```

7 단계적 회귀분석

다중회귀분석에서는 여러 개의 독립변수를 사용하게 됨에 따라 단순회귀분석에서 얻을 수 없었던 새로운 정보를 얻을 수 있었다. 또한 새로운 문제들과 이슈

들도 등장하였다. 공선성에서는 상관이 높은 독립변수를 사용할 때 회귀분석의 결과를 불안정하게 만들 수 있다는 문제점이 나타났으며, 준편상관계수와 편상관계수에서는 여러 독립변수들 중에서 한 변수가 독자적으로 종속변수를 얼마나 설명할 수 있는지를 구할 수 있었다.

다중회귀분석에서 여러 개의 독립변수를 사용할 때 또 하나 해결해야 하는 것은 적절한 독립변수를 선택하는 문제이다. 최종적인 모형에서 종속변수를 잘 설명할 수 있는 독립변수는 남겨 두고 종속변수를 설명하는 데 도움이 되지 않는 변수를 제거하면 단순하면서도 자료를 잘 설명할 수 있는 모형이 된다. 변수를 선택하는 문제는 연구방법의 문제, 회귀분석의 문제 등과 함께 고려되어야 할 매우 복잡한 이슈이다. 여기서는 먼저 단계적 회귀분석에 대하여 살펴보기로 하겠다.

단계적 회귀분석(stepwise regression)은 종속변수를 설명하는 데 도움이 되는 독립변수를 통계적으로 찾아내는 것이다. 다음과 같은 상황을 가정하자. 한 연구자가 Y을 예측하는 데 어떤 변수가 영향을 주는지에 대하여 가설을 가지고 있지 않으며 잘 알지 못하는 상태이다. 현재 자신이 가지고 있는 자료에서는 Y와 함께 k개의 변수가 있다. 이를 $X_1, X_2, \cdots, X_k$라 하자. X들 중 Y를 잘 설명할 수 있는 것이 어떤 것인지를 찾는 기법이다.

연구자가 아무런 가설 없이 연구를 시작한다면 사용할 수 있는 방법이기는 하나, 그러한 경우는 거의 없으므로 단계적 회귀분석은 엄격한 사회과학에서는 사용하는 것이 바람직하지 않다. 이 방법의 문제점에 대해서는 뒤에서 다시 다룰 것이다.

자주 사용되는 단계적 회귀분석에는 전방 단계적 회귀분석과 후방 단계적 회귀분석 그리고 최적 집합 단계적 회귀분석의 세 가지 방법이 있다.

(1) 전방 단계적 회귀분석

전방 단계적 분석(forward stepwise regression)은 단계별로 진행된다. 첫 번째 단계에서는 Y에 대하여 하나의 X가 독립변수가 되는 모든 가능한 회귀분석을 실시한다. 즉, k번의 회귀분석을 한다. 그런 다음, R^2이 가장 큰 회귀분석에서 사용된 독립변수를 채택한다. 예컨대, 독립변수 X_3를 채택하는 모형이 가장 높은 R^2을 가진다면, 그 모형은 다음과 같다.

$$\hat{Y} = b_0 + b_1 X_3$$

두 번째 단계에서는 첫 번째 단계에서 채택한 독립변수를 모형에 그대로 둔 채 다른 독립변수를 하나씩 추가적으로 회귀모형에 투입한다. 즉, (X_3, X_1), (X_3, X_2), (X_3, X_4), …, (X_3, X_k)의 $(k-1)$개의 회귀분석을 한 다음, R^2을 구한다. 이 중 R^2이 가장 큰 모형을 두 번째 단계의 모형으로 선택한다.

그다음 단계들에서도 동일한 방식으로 독립변수의 선택이 진행된다. 예컨대, (X_3, X_7)을 독립변수로 가지는 모형이 가장 R^2이 높다고 가정하면 그다음 단계에서는 (X_3, X_7)을 포함하는 세 개의 독립변수를 가지는 모형을 적용시켜 R^2을 계산한다.

이런 방식으로 진행하면 k단계까지 갈 수 있다. 이 단계에 가기 전에 이 절차를 중단해야만 변수가 선택되는 것이다. 그렇지 않으면 모든 변수를 선택하게 된다. 따라서 중단 원칙이 필요한데, 여기에서는 새로운 변수가 투입되더라도 종속변수를 설명하는 양이 증가하지 않으면 그 변수의 투입을 중단한다. 예컨대, 7개의 독립변수를 사용한 R^2이 .40이었는데, 8개의 독립변수를 사용한 R^2도 .40이라면 여덟 번째에 투입한 변수는 R^2을 전혀 증가시키지 못하므로 모형에 포함시킬 이유가 없다. 각 단계에서 R^2의 변화량이 0인지 아닌지를 가설검증하여 영가설을 기각하지 못할 때(즉, 증가량이 0과 다르지 않을 때) 단계적 회귀분석을 멈추고 이전 통계모형을 최종 회귀모형으로 선택한다.

(2) 후방 단계적 회귀분석

후방 단계적 회귀분석(backward stepwise regression)은 전방 단계적 회귀분석과 반대 방향으로 진행된다. 즉, 일단 k개의 모든 변수를 회귀식에 투입한다. 그다음 단계에서 하나씩 변수를 제거하여 $(k-1)$개의 독립변수를 가진 k개의 회귀분석을 하여 R^2을 구한다. 이 중에서 R^2이 가장 높은 것을 선택한다. 바꾸어 말하면, 독립변수 하나를 제거하였을 때 원래의 R^2보다 변화가 가장 작은 모형을 선택한다. 논리는 변수를 제거하더라도 R^2에 영향을 미치지 않는 변수를 제거한다는 것이다. 이러한 방식으로 변수를 하나씩 제거하게 된다.

여기에서도 중단 원칙이 필요하다. 앞과 같이 한 단계의 모형에서 다른 단계의 모형으로 진행될 때 R^2의 변화량을 구한다. 이 변화량이 0이라면, 변수를 제거하더라도 설명량이 줄지 않으므로 변수를 제거한다. 그러나 변화량이 0보다 크면, 한 변수를 제거하면 종속변수를 설명하는 양이 적어지게 된다. 이 경우에는 변수를 제거하는 것은 좋은 생각이 아니다. 정리하여 말하면, 각 단계에서 R^2 변화량이 0이라는 영가설을 기각하면 변수를 제거할 수 없고, 기각하지 않으면 변수를 제거할 수 있다. 따라서 기각되는 시점에서 단계는 멈추게 된다.

(3) 최적 집합 단계적 회귀분석

전방 단계적 회귀분석에서는 독립변수가 일단 포함되면 다음 단계들에서 제거되지 않는다. 또한 후방 단계적 회귀분석에서는 독립변수가 일단 제거되면 다음 단계에서 다시 포함될 수 없다. 이러한 방식 때문에 전방 방법과 후방 방법이 동일한 결과를 산출하지 않는다. 또한 이 방법들에서 정해진 최종 모형이 독립변수가 다섯 개인 모형이라고 가정하면 이 다섯 개의 독립변수는 다섯 독립변수로 구성된 모든 회귀모형 중에서 종속변수를 가장 잘 설명하는 독립변수 집합이 아닐 수 있다. 다음의 예를 들어 보자.

앞에서 제시된 전방 단계적 회귀분석에서 처음에 X_3을 선택하고 두 번째 X_8을 선택하였다고 가정하자. 즉, 두 번째 단계에서 (X_3, X_8)의 독립변수를 가지는 회귀식을 선택하게 된다. 그러나 예컨대, (X_4, X_8)이 (X_3, X_8)보다 더 높은 설명량(R^2)을 가질 수 있다. 모든 독립변수의 상관이 0인 경우에는 이러한 일이 발생하지 않으나 독립변수들 간의 상관이 높을 때는 충분히 발생할 수 있다. 전방과 후방 단계적 회귀분석방법인 경우에는 이 (X_4, X_8)를 찾아내지 못한다. 한번 투입되거나 제거된 변수는 그 이후의 모형에서 계속하여 투입되거나 제거되기 때문이다.

최적 집합 단계적 회귀분석(best set stepwise regression)에서는 j개의 독립변수를 사용하는 경우에 모든 가능한 조합들에 대한 회귀분석을 시행하고 그중 R^2이 가장 높은 독립변수의 집합을 선택한다. 이 경우에 $_kC_j$개만큼의 회귀분석을 해야 되기 때문에 전방이나 후방 단계적 회귀분석보다는 계산량이 많아진다. 사실, 전방과 후방 단계적 회귀분석은 계산 속도가 느린 컴퓨터를 사용하던 시절에 개발된 것이다. 그러나 계산속도가 빨라지고 계산에 대한 비용이 매우 낮은 현대에서 계산량은 크게 문제가 되지 않는다.

(4) 단계적 회귀분석의 문제점

단계적 회귀분석을 사용하는 것은 바람직하지 않다. 피치 못하게 사용하는 경우에는 해석에 매우 주의해야 하며, 추가적인 분석으로 이 결과를 보충하기 전까지는 신뢰할 수 없다. 그 이유는 다음과 같다.

단계적 회귀분석과 같은 분석방법을 소위 자료주도적 분석(data-driven analysis)라 한다. 즉, 자료를 사용하여 통계적 모형을 구하거나 수정해 나가는 방법이다. 이러한 방법은 분석의 결과를 일반화할 수 없게 한다. 일반화란 한 표본을 사용하여 얻어 낸 결론은 다른 표본에도 적용시킬 수 있는 것을 의미하며 이는 과학에서 매우 중요하다.

자료주도적 분석은 현재 표본 자료에 있는 패턴을 잘 끄집어낼 수 있는 방식으로 통계모형을 만들어 낸다. 이렇게 하면 소위 과잉적합(overfitting) 현상이 발생하게 된다. 모집단에서 존재하는 진(眞)패턴보다 더 복잡한 모형을 형성하기 쉽다. 즉, 모집단에 존재하는 패턴뿐만 아니라 현재 다루는 표본에만 독특하게 나타나는 패턴까지도 잡아내게 된다. 이러한 일이 일어날 때 새로운 표본에 이 통계모형을 적용시키면 예측력이 나빠지게 된다.

[그림 10-4]에는 8개의 자료를 설명하기 위한 두 가지 통계모형들이 제시되어 있다. 왼쪽 모형은 8개의 자료를 완벽하게 설명할 수 있는 모형인 반면에, 오른쪽 모형은 자료를 완벽하게 설명할 수는 없지만 상당히 많이 설명할 수 있는 모형이다.

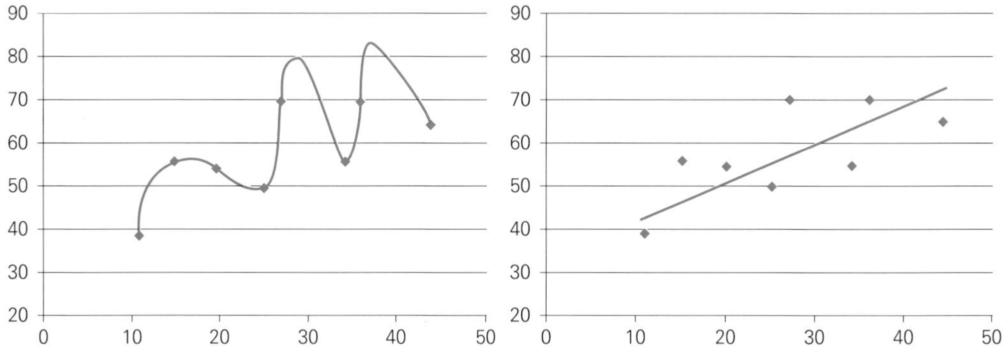

[그림 10-4] 복잡한 모형과 단순한 모형

종속변수를 많이 설명하는 모형을 선택한다면, 둘 중에 왼쪽 모형을 선택할 것이다. 자료주도적 분석을 하면 왼쪽과 같은 회귀식을 찾아내게 된다. 그러나 왼쪽 모형은 원래 자료를 생성하는 진모형이기보다는 주어진 자료에만 있는 독특한 특성을 반영하는 모형일 수도 있다.

새로운 자료를 수집하여 [그림 10-3]의 두 모형을 적용시키면 [그림 10-5]와 같은 결과가 나타난다. 오른쪽의 선형모형은 새로운 자료를 수집하더라도 여전히 자료를 잘 설명하고 있다. 그러나 왼쪽의 모형은 새로운 자료를 전혀 설명하지 못하는 모형이 된다.

사회과학에서 추구하는 것은 표본에 독특한 자료의 특성을 기술하는 것이 아니라 연구에서 관찰되지 않았던 자료에까지 확장시켜서 해석하는 것이다. 따라서

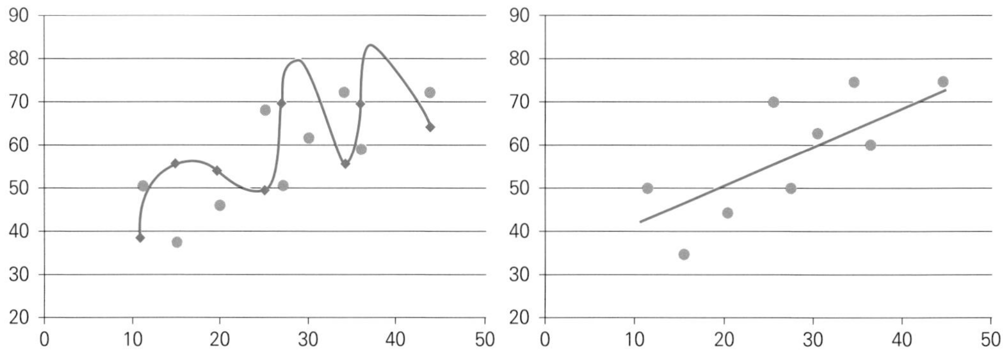

[그림 10-5] 복잡한 모형의 일반화 문제

자료주도적 분석은 현재의 자료를 설명하는 데는 도움을 줄 수 있지만, 사회과학적 자료를 축척하는 데는 도움을 주지 못한다.

다시 한 번 강조하지만, 단계적 회귀분석과 같은 자료주도적 분석은 가능한 한 피해야 된다. 그러나 연구를 막 시작하여 연구가설도 없고 구체적인 아이디어도 없어서 여러 가지 가능성을 탐색해야 하는 경우도 있다. 이때에는 단계적 회귀분석을 하는 것을 피할 수가 없을 것이다. 일단 탐색적으로 단계적 회귀분석을 하고 난 다음, 반드시 새로운 자료를 수집하여 단계적 회귀분석에서 결정한 모형이 새로운 자료에도 적용되는지를 확인해야 한다. 이를 교차타당화(cross-validation)라 한다.

8 R을 이용한 단계적 회귀분석

단계적 회귀분석을 olsrr이라는 라이브러리를 사용하여 분석할 수 있다. 먼저, 회귀식을 lm 함수를 사용하여 정의한 다음, ols_step_forward_p를 이용하여 전방 단계적 회귀분석을, ols_step_backward_p를 이용하여 후방 단계적 회귀분석을, ols_step_best_subset을 이용하여 최적 집합 단계적 회귀분석을 할 수 있다.

```
> library(olsrr)
> reg2<- lm(f7~f1+f2+f3+f4+f5+f6,data=intadd)
```

다음에 제시된 전방 단계적 회귀분석의 결과를 보면, f4, f1, f6, f2의 순서로 독립변수가 투여되었으며 이 네 변수로 최종 회귀모형이 결정되었음을 알 수 있다.

```
> ols_step_forward_p(reg2)
Forward Selection Method
---------------------------

Candidate Terms:

1. f1
2. f2
3. f3
4. f4
5. f5
6. f6

We are selecting variables based on p value...

Variables Entered:

✔ f4
✔ f1
✔ f6
✔ f2

No more variables to be added.

Final Model Output
------------------
                        Model Summary
---------------------------------------------------------------
R                       0.754       RMSE                 7.012
R-Squared               0.568       Coef. Var           13.500
Adj. R-Squared          0.566       MSE                 49.172
Pred R-Squared          0.563       MAE                  5.510
---------------------------------------------------------------
 RMSE: Root Mean Square Error
 MSE: Mean Square Error
 MAE: Mean Absolute Error
```

ANOVA

	Sum of Squares	DF	Mean Square	F	Sig.
Regression	64268.608	4	16067.152	326.752	0.0000
Residual	48926.432	995	49.172		
Total	113195.040	999			

Parameter Estimates

model	Beta	Std. Error	Std. Beta	t	Sig	lower	upper
(Intercept)	10.963	1.289		8.504	0.000	8.433	13.493
f4	0.386	0.028	0.400	13.562	0.000	0.330	0.442
f1	0.327	0.029	0.363	11.423	0.000	0.271	0.383
f6	0.128	0.030	0.129	4.277	0.000	0.069	0.187
f2	-0.062	0.028	-0.062	-2.226	0.026	-0.117	-0.007

Selection Summary

Step	Variable Entered	R-Square	Adj. R-Square	C(p)	AIC	RMSE
1	f4	0.4713	0.4708	219.0326	6935.6531	7.7438
2	f1	0.5596	0.5587	18.1544	6754.9634	7.0713
3	f6	0.5656	0.5643	6.2804	6743.1612	7.0262
4	f2	0.5678	0.5660	3.3349	6740.1949	7.0123

다음에 제시된 후방 단계적 회귀분석의 결과를 보면, 전체 6개의 독립변수에서 f5와 f3가 순서대로 제거되어, 결국 f1, f2, f4, f6의 독립변수로 최종 회귀모형이 결정되었음을 알 수 있다.

```
> ols_step_backward_p(reg2)
Backward Elimination Method
---------------------------
Candidate Terms:

1 . f1
2 . f2
3 . f3
4 . f4
5 . f5
6 . f6

We are eliminating variables based on p value...

Variables Removed:

✖ f5
✖ f3

No more variables satisfy the condition of p value = 0.3

Final Model Output
------------------

                        Model Summary
--------------------------------------------------------------
R                        0.754       RMSE              7.012
R-Squared               0.568       Coef. Var        13.500
Adj. R-Squared          0.566       MSE              49.172
Pred R-Squared          0.563       MAE               5.510
--------------------------------------------------------------
 RMSE: Root Mean Square Error
 MSE: Mean Square Error
 MAE: Mean Absolute Error
```

ANOVA

	Sum of Squares	DF	Mean Square	F	Sig.
Regression	64268.608	4	16067.152	326.752	0.0000
Residual	48926.432	995	49.172		
Total	113195.040	999			

Parameter Estimates

model	Beta	Std. Error	Std. Beta	t	Sig	lower	upper
(Intercept)	10.963	1.289		8.504	0.000	8.433	13.493
f1	0.327	0.029	0.363	11.423	0.000	0.271	0.383
f2	-0.062	0.028	-0.062	-2.226	0.026	-0.117	-0.007
f4	0.386	0.028	0.400	13.562	0.000	0.330	0.442
f6	0.128	0.030	0.129	4.277	0.000	0.069	0.187

Elimination Summary

Step	Variable Removed	R-Square	Adj. R-Square	C(p)	AIC	RMSE
1	f5	0.5679	0.5657	5.0602	6741.9183	7.0149
2	f3	0.5678	0.566	3.3349	6740.1949	7.0123

다음에 최적 집합 단계적 회귀분석의 결과가 제시되어 있다. 이전 결과와는 다르게 최종적인 모형이 제시되어 있지 않다. 이 방식에서는 모형 간의 통계적인 비교가 항상 가능하지 않기 때문에,[1] 결과에 제시된 다양한 통계치를 보고 가

1) 두 모형이 항상 내포된 관계가 아니기 때문에 두 모형의 차이에 대한 통계적 검증이 항상 가능하지는 않다.

장 좋은 모형을 연구자가 결정해야 한다. 여기서 가장 많이 사용되는 것이, AIC, BIC(SBC)인데, 이 지표는 모형의 복잡성을 반영한 것이다. 즉, 모형이 복잡해지면 항상 적합도는 좋아지는데, 복잡한 모형에 대하여 벌점을 주어 적합도와 모형의 복잡성을 고려한 지표이다. 이 지수에서 작을수록 좋은 모형이라고 할 수 있다. 다음의 결과에서 보면, AIC 기준에 따르면 4번 모형이, BIC(SBC) 기준에 따르면 3번 모형이 가장 좋은 모형인 것을 알 수 있다. 연구자의 판단에 따라서 3번 모형과 4번 모형 중에 하나를 선택할 수 있다.

모형이 선택되면, 다시 회귀분석을 실행하여 최종 모형에 대한 분석결과를 얻을 수 있다.

```
> k=ols_step_best_subset(reg2)
> print(k)


   Best Subsets Regression
--------------------------------
Model Index    Predictors
--------------------------------
     1         f4
     2         f1 f4
     3         f1 f4 f6
     4         f1 f2 f4 f6
     5         f1 f2 f3 f4 f6
     6         f1 f2 f3 f4 f5 f6
--------------------------------

                    Subsets Regression Summary
---------------------------------------------------------------------------------------------------------
                 Adj.      Pred
Model  R-Square  R-Square  R-Square  C(p)      AIC        SBIC       SBC        MSEP     FPE      HSP     APC
---------------------------------------------------------------------------------------------------------
1      0.4713    0.4708    0.4692    219.0326  6935.6531  4097.0055  6950.3764  60.0862  60.0860  0.0601  0.5308
2      0.5596    0.5587    0.5567     18.1544  6754.9634  3917.0140  6774.5944  50.1539  50.1534  0.0502  0.4431
3      0.5656    0.5643    0.5618      6.2804  6743.1612  3905.2979  6767.7000  49.5659  49.5650  0.0496  0.4379
4      0.5678    0.5660    0.5631      3.3349  6740.1949  3902.3848  6769.6414  49.4195  49.4182  0.0495  0.4366
```

5	0.5679	0.5657	0.5622	5.0602	6741.9183	3904.1250	6776.2725	49.5054	49.5034	0.0496	0.4373
6	0.5679	0.5653	0.5614	7.0000	6743.8577	3906.0792	6783.1197	49.6022	49.5995	0.0497	0.4382

```
AIC: Akaike Information Criteria
SBIC: Sawa's Bayesian Information Criteria
SBC: Schwarz Bayesian Criteria
MSEP: Estimated error of prediction, assuming multivariate normality
FPE: Final Prediction Error
HSP: Hocking's Sp
APC: Amemiya Prediction Criteria

> plot(k)
```

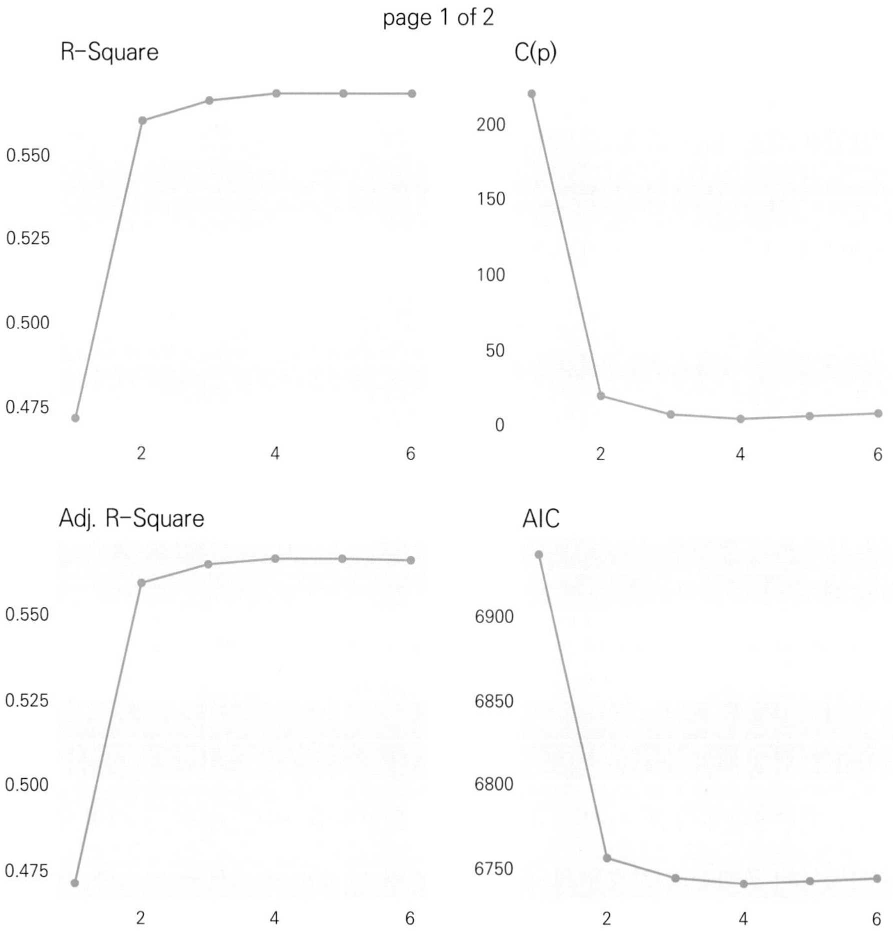

9 위계적 회귀분석

단계적 회귀분석이 가능한 한 피해야 하는 분석방법이라는 점을 강조하였다. 대안으로 위계적 회귀분석(hierarchical regression)을 추천한다. 이 방법은 단계적 회귀분석과 유사하지만, 변수를 선택하는 주체가 연구자인 점에서 다르다.

예컨대, 진보성향이 영향을 미치는 요인들에 대하여 연구한다고 하자. 종속변수는 진보성향 점수가 될 것이고 독립변수로 여러 가지를 생각해 볼 수 있다. 먼저, 개인의 인구 통계학적 변수들이 진보성향에 영향을 미칠 수 있을 것이다. 연령, 성별, 출신지역을 먼저 독립변수로 고려할 수 있다. 그다음으로 수입을 독립변수로 포함시키고, 마지막으로 학력을 독립변수로 포함시키고자 한다.

제1단계:	(종속변수) 진보성향 점수
	(독립변수) 연령, 성별, 출신지역
제2단계:	(종속변수) 진보성향 점수
	(독립변수) 연령, 성별, 출신지역, **수입**
제3단계:	(종속변수) 진보성향 점수
	(독립변수) 연령, 성별, 출신지역, 수입, **학력**

각 단계별로 회귀분석을 실시하고 R^2을 계산한다. 한 단계에서 다음 단계로 진행될 때 R^2의 변화량이 통계적으로 의미가 있는지를 검증한다. 예컨대, 1단계에서 2단계 분석으로 넘어가면 R^2은 증가하게 된다. 이 증가량이 0과 다른지에 대하여 가설검증을 한다. 만약 R^2 차이가 통계적으로 유의미하면, 연령, 성별, 출신지역으로 설명하지 못하는 진보성향의 부분을 수입으로 설명할 수 있다는 것이다. 2단계와 3단계의 R^2 차이가 통계적으로 유의하면, 연령, 성별, 출신지역, 수입이 설명하지 못하는 진보성향의 부분을 학력이 설명할 수 있다는 것이다. 이때 사용된 R^2의 차이는 준편상관계수의 제곱에 해당된다.

R을 이용하여 R^2을 검증하는 절차는 다음과 같다.

```
install.packages("lmSupport")
library(lmSupport)
model1<-lm(f6~f2+f3+f4,data=intadd)
model2<-lm(f6~f2+f3+f4+f1,data=intadd)
modelCompare(model1,model2)
```

분석을 위해서는 lmSupport 라이브러리가 있어야 된다. 이미 설치되어 있지 않으면 설치하고, 설치되어 있으면 library(lmSupport)로 활성화하여야 된다. 여기에서는 f1을 독립변수에 포함하지 않는 모형과 포함한 모형을 modelCompare를 사용하여 비교한다. 그 결과는 다음과 같다.

```
> modelCompare(model1,model2)
SSE (Compact) =  61805.26
SSE (Augmented) =  54664.26
Delta R-Squared =  0.06184133
Partial Eta-Squared (PRE) =  0.1155404
F(1,995) = 129.9807, p = 2.190749e-28
```

두 모형의 R^2의 차이는 .0618이고 p값은 거의 0에 가까워서 P^2=0인 영가설을 기각할 수 있다. 즉, f1은 f2, f3, f4가 설명하지 못하는 f6의 분산을 설명할 수 있다.

위계적 회귀분석은 또한 혼입변수를 통계적으로 통제할 때도 많이 사용된다. 예컨대, 남녀 간에 임금 차이가 있는지를 회귀분석을 통하여 검증하려고 한다. 독립변수를 성별, 종속변수를 임금으로 하여 회귀분석을 하게 된다. 이때 고려되어야 할 점은 남녀 간에 차이 있는 여러 가지 변수들이 존재할 것이고 이 변수들에 의하여 임금의 차이가 나는데 남녀 간의 임금 차이로 보일 수 있는 가능성이 있다는 것이다. 예컨대, 남자들이 여자들보다 근무연한이 높고 초과근무시간이 많다면, 임금 차이는 성별에 따른 차이가 아니고 근무연한과 초과근무시간의 차이 때문일 수 있다. 이때에는 근무연한과 초과근무시간을 통제하였을 때도 남녀 간의 임금 차이가 있는지를 검증해야 한다.

위계적 회귀분석에서 다음과 같이 두 변수를 통제할 수 있다. 1단계에서 근무연한과 초과근무시간을 독립변수로 넣고, 2단계에서 근무연한과 초과근무시간 그리고 성별을 독립변수로 넣어서 회귀분석을 한 다음, 1단계와 2단계의 R^2 차이를 구한다. R^2 차이는 근무연한이나 초과근무시간으로는 설명할 수 없고 오직 성별의 차이로만 설명할 수 있는 분산이 되고 이 분산이 통계적으로 유의하면, 근무연한과 초과근무시간을 통제하였을 때도 성별의 차이가 난다고 해석할 수 있다.

10 범주변수의 처리

지금까지의 회귀분석모형에서는 종속변수와 독립변수가 모두 연속변수인 경우만을 고려하였다. 종속변수는 반드시 연속변수여야 하지만 독립변수는 범주변수여도 회귀분석을 할 수 있다. 범주변수를 더미 코딩(dummy coding)이나 효과 코딩(effect coding)으로 변경하여서 처리하면 된다.

더미 코딩을 하는 방법은 다음과 같다. 예컨대, 독립변수가 집단인데, 우울집단, 편집집단, 충동집단, 그리고 정상집단의 네 개의 수준을 가지고 있다고 하자. 집단 수보다 하나 작은 세 개의 더미 변수 $D1$, $D2$, $D3$를 만든다. 우울집단은 $D1$만 1이고 나머지는 0으로, 편집집단은 $D2$만 1이고 나머지는 0으로, 충동집단은 $D3$만 1이고 나머지는 0으로, 정상집단은 세 변수 모두 0으로 입력한다. 그런 다음 $D1$, $D2$, $D3$를 독립변수로 하여 회귀분석을 한다.

	$D1$	$D2$	$D3$
우울집단	1	0	0
편집집단	0	1	0
충동집단	0	0	1
정상집단	0	0	0

그러면 회귀모형은 다음과 같이 된다.

$$\hat{Y} = b_0 + b_1D_1 + b_2D_2 + b_3D_3$$

이 회귀분석에서 하나의 절편과 세 개의 기울기가 구해질 것이다. 각 집단에 해당하는 $\hat{Y}$은 다음과 같다.

우울집단: $\hat{Y} = b_0 + b_1$
편집집단: $\hat{Y} = b_0 + b_2$
충동집단: $\hat{Y} = b_0 + b_3$
정상집단: $\hat{Y} = b_0$

따라서 절편 b_0는 정상집단의 평균을 나타내며, b_1은 정상집단과 우울집단의 평균 차이, b_2는 정상집단과 편집집단의 평균 차이, b_3은 정상집단과 충동집단의 평균 차이가 된다. 각 기울기가 통계적으로 의미가 있으면, 각 기울기가 의미하는 바대로 해석하면 된다. 또한 세 개의 더미 변수에 의하여 설명되는 분산(R^2)은 집단간 차이에 의해 설명되는 분산으로 해석하면 된다.

효과 코딩은 앞에서 더미 코딩과 동일한데 마지막 집단을 0으로 할당하지 않고 −1로 할당하는 것만 다르다. 그러면 각 집단에 해당하는 $\hat{Y}$은 다음과 같다.

우울집단: $\hat{Y} = b_0 + b_1$

편집집단: $\hat{Y} = b_0 + b_2$

충동집단: $\hat{Y} = b_0 + b_3$

정상집단: $\hat{Y} = b_0 - b_1 - b_2 - b_3$

앞의 네 집단의 $\hat{Y}$의 평균을 구하면 b_0가 된다. 따라서 절편은 전체 평균이고 b_1, b_2, b_3는 각 집단 평균과 전체 평균의 차이가 된다. R^2는 더미 코딩으로 분석한 경우와 동일하다.

11 조절효과

조절효과(moderation effect)란 하나의 독립변수가 종속변수에 미치는 영향의 정도가 다른 독립변수의 크기에 따라 달라지는 것을 말한다. 예컨대, 부모의 사회경제적 지위(SES)가 학생의 성적에 미치는 영향력을 분석할 때, 학생들의 IQ가 낮아지면 SES에 영향력이 커지고, 높아지면 SES에 영향력이 작아질 수 있다. 즉, 학생의 지능수준에 따라 성적을 예측하는 SES의 기울기가 달라진다. 이때 SES가 성적에 미치는 효과를 지능이 조절한다고 이야기한다.

조절효과를 회귀분석을 사용하여 쉽게 분석할 수 있다. 두 개의 독립변수 X_1과 X_2가 있으면, 이 둘을 곱한 값을 회귀식에 포함시키면 된다. 통계패키지를 이용할 때는 실제로 두 변수를 곱한 값을 새로운 변수에 할당시키면 된다. 이때 회귀식은 다음과 같이 된다.

$$\begin{aligned}\hat{Y} &= b_0 + b_1X_1 + b_2X_2 + b_3X_1X_2 \\ &= b_0 + (b_1 + b_3X_2)X_1 + b_2X_2 \\ &= b_0 + b_1X_1 + (b_2 + b_3X_1)X_2\end{aligned}$$

식에서 보는 바와 같이 X_1의 기울기는 $b_1 + b_3X_2$로 X_2의 크기에 따라서 변한다.

마찬가지로 X_2의 기울기는 $b_2+b_3X_1$로 X_1의 크기에 따라서 변한다. 다만, b_3가 0인 경우에는 X_1의 기울기는 b_1, X_2의 기울기는 b_2로 조절효과가 없어진다. 조절효과의 존재를 검증하기 위해서는 b_3가 0인지에 대한 가설검증을 하면 된다. b_3가 통계적으로 유의미하면 조절효과가 있는 것이고 그렇지 않으면 없는 것이다.

12 매개효과

매개효과(mediation effect)란 X가 Y에 영향을 미치는데, M(매개)을 통해서 영향을 미치는 효과이다. 즉, X가 M에 영향을 미치고 M이 다시 Y에 영향을 미쳐서 X가 Y에 영향을 미치는 경우이다. 이 경우에 X가 직접적으로 영향을 미칠 때도 있고 그렇지 않을 때도 있는데, 전자를 부분매개, 후자를 완전매개라 한다. 예를 들면, 스트레스(X)가 불안(M)을 유발하고 불안이 다시 우울(Y)을 유발한다면, 불안(M)은 스트레스(X)가 우울(Y)에 미치는 영향을 매개한다. 이때 스트레스가 우울에 직접적으로 영향을 미치지 않으면 완전 매개가 된다.

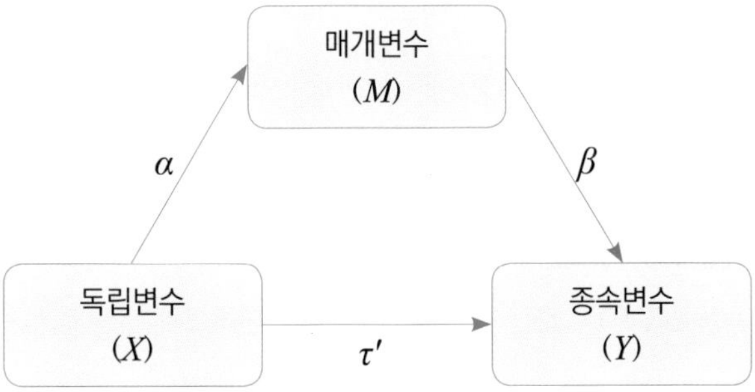

[그림 10-5] 매개효과

이를 분석하는 절차는 다음과 같다. 다음의 두 회귀분석을 수행한다.

$$\hat{Y} = \tau' X + \beta M \quad \text{(식 10-2)}$$

$$\hat{M} = \alpha X \quad \text{(식 10-3)}$$

이때 매개효과는 $\alpha\beta$로 나타낼 수 있고, 이 값이 통계적으로 유의하면 매개효과가 있게 된다. 따라서 $\alpha\beta$의 표준오차만 계산하면, 다음의 공식을 사용하여 Z값을 구하여 p값을 계산하면 된다.

$$Z = \frac{\alpha\beta - 0}{SE(\alpha\beta)}$$

표준오차를 구하는 방식에 따라 다수의 매개효과 검증 방법이 있다. Sobel(1982, 1986), Goodman(1960), Aroian(1947)은 다음과 같은 방식으로 $\alpha\beta$의 분산을 계산하였다.

Sobel	$S_{\alpha\beta}^2 = S_\alpha^2\beta^2 + S_\beta^2\alpha^2$
Goodman	$S_{\alpha\beta}^2 = S_\alpha^2\beta^2 + S_\beta^2\alpha^2 - S_\alpha^2 S_\beta^2$
Aroian	$S_{\alpha\beta}^2 = S_\alpha^2\beta^2 + S_\beta^2\alpha^2 + S_\alpha^2 S_\beta^2$

McGuigan와 Langholtz(1988)는 다소 다른 방식으로 $\alpha\beta$를 구하였다. X로 Y를 예측하는 회귀식 $\hat{Y} = \tau X$를 구한다. 그러면 τ는 다음과 같다.

$$\tau = \frac{Cov(X,Y)}{Var(X)} \quad \text{(식 10-4)}$$

(식 10-2)를 사용하여 X와 Y의 공분산을 계산하면 다음과 같다.

$$Cov(X,Y) = \tau' Var(X) + \beta Cov(X,M)$$

따라서 τ는 다음과 같다.

$$\tau = \frac{Cov(X,Y)}{Var(X)} = \tau' + \alpha\beta$$

따라서 다음과 같은 등식이 성립한다.

$$\tau - \tau' = \alpha\beta$$

즉, $\alpha\beta$ 대신 $\tau - \tau'$를 이용하여 매개효과의 크기를 계산할 수 있다. 이때 $\tau - \tau'$의 분산은 다음과 같다.

$$S_{\tau-\tau'}^2 = S_\tau^2 + S_{\tau'}^2 - 2\rho_{\tau\tau'} S_\tau S_{\tau'}$$

이와 같이 다양한 방법으로 매개효과의 크기에 대한 표준오차를 구하여 통계적 검증이 가능하다. *R*을 사용하여 간단히 매개효과를 분석할 수 있다.

bda 라이브러리에 있는 mediation.test 함수를 사용하면 매개효과를 검증할 수 있다. 이 함수의 첫 번째 인자는 중재변수, 두 번째 인자는 독립변수, 세 번째 인자는 종속변수가 된다. 다음의 예에서 f2(현실구분장애)가 f3(인터넷에 대한 긍정적 기대)를 통하여 f5(가상적인 대인관계 지향성)에 영향을 미치는지를 검증하는 것이다. Sobel, Aroian, Goodman 검증에 대한 z값과 p값이 결과로 제시되어 있다.

```
> intadd<-read.csv("internet.csv")
>
> library(bda)
> mediation.test(intadd$f3,intadd$f2,intadd$f5)
                Sobel        Aroian       Goodman
z.value 1.402759e+01 1.401869e+01 1.403651e+01
p.value 1.056845e-44 1.198115e-44 9.319350e-45
```

이 밖에도 mediation 라이브러리를 이용하여, 매개효과를 검증할 수도 있다. 매개효과와 중재효과에 대한 자세한 논의는 Baron과 Kenny(1986), Frazier, Tix와 Barron(2004), Preacher, Rucker와 Hayes(2007)를 참조하라.

제11장 회귀분석의 가정과 잔차의 분석

1. 회귀분석의 가정
2. 극단값의 처리
3. 영향점의 처리
4. R을 이용한 회귀분석 가정의 검증과 영향점 분석

1 회귀분석의 가정

다음의 회귀분석모형에서 분포를 가지는 무선변수는 e_i밖에 없다. 물론 e_i가 무선변수이기 때문에 y_i도 무선변수이다. 여기서 기울기 b들은 모두 고정된 값이다.

$$y_i = b_0 + b_1 x_{i1} + b_2 x_{i2} + \ldots + b_k x_{ik} + e_i$$

따라서 회귀분석에 대한 가정은 e_i에 대한 가정이다. 회귀분석에 대한 가정은 다음과 같이 나타낼 수 있다.

$$e_1, e_2, e_3, \ldots, e_n \overset{iid}{\sim} N(0, \sigma^2)$$

이를 풀어 쓰면 다음과 같다. 첫째, 잔차는 모두 평균이 0이고 표준편차가 σ^2인 분포를 따른다. 잔차의 분산이 동일한데 이를 등분산성(homosceasticity)이라 부른다. 둘째, 모든 잔차는 독립이다. 또한 잔차들은 정규분포를 따르므로 잔차들의 상관은 0이 된다. 셋째, 분포와 관련 없지만 회귀분석의 또 하나의 가정이라고 할 수 있는 것, 선형(linearity) 가정이다. 즉, 종속변수를 독립변수들의 선형함수로 예측한다는 것이다.

1) 선형 가정

회귀분석은 선형모형을 다루고 있다. 만약에 선형모형을 따르지 않는다면 회귀식을 구하는 것이나 R^2을 해석하는 것이 무의미해진다. 예컨대, [그림 11-1]과 같이 자료가 2차식의 형태를 가지고 있는데 선형회귀분석을 적용시키면, 기울기가 0인 직선이 되고 R^2은 0이 될 것이다.

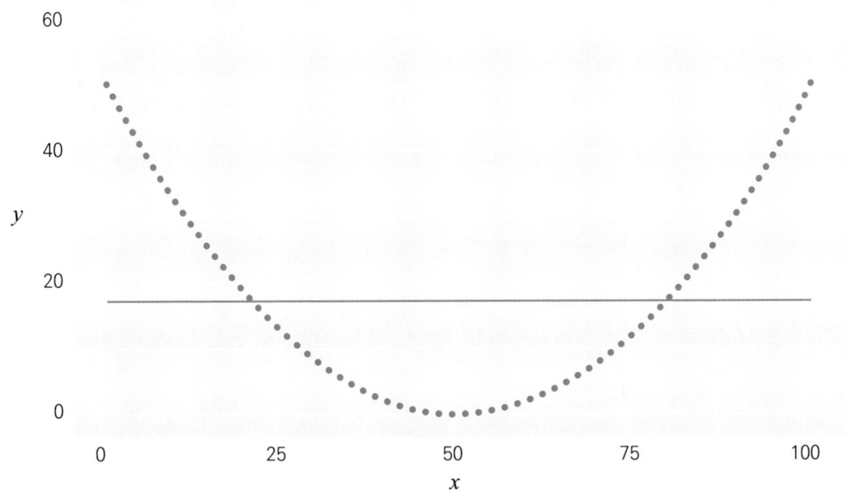

[그림 11-1] 비선형모형의 R^2

이러한 경우에는 소위 비선형회귀분석을 적용시켜야 한다.

자료가 선형의 모양을 따르는지는 잔차를 관찰해 보면 알 수 있다. [그림 11-2]에서 x축은 독립변수의 값, y축은 잔차의 크기를 나타낸다. 어떤 특별한 패턴은 발견되지 않고 띠 모양을 띠고 있다. 아주 전형적인 선형모형을 따르는 경우이다.

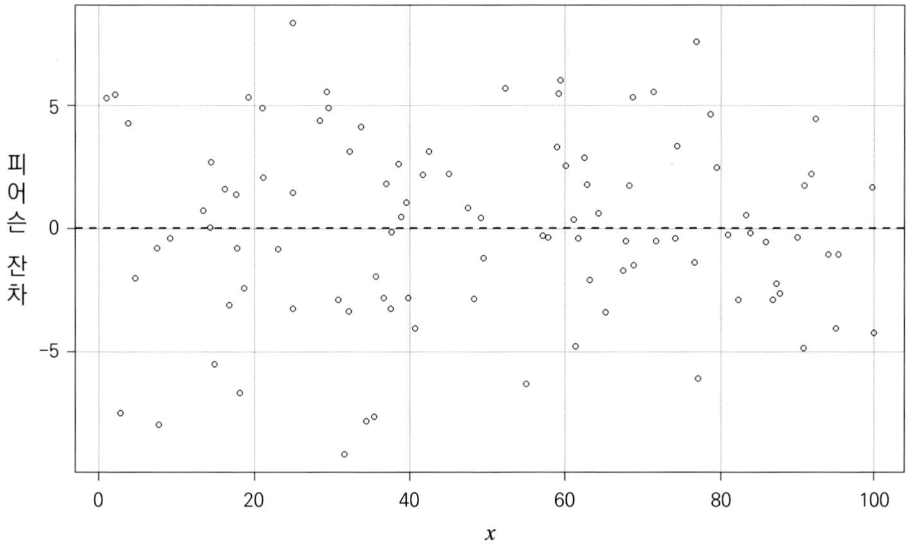

[그림 11-2] 회귀분석의 가정을 만족하는 잔차의 대표적인 예 1

반면, [그림 11-3]에서는 잔차에 특별한 패턴이 발견된다. 이러한 경우에는 선형을 따른다고 할 수 없다.

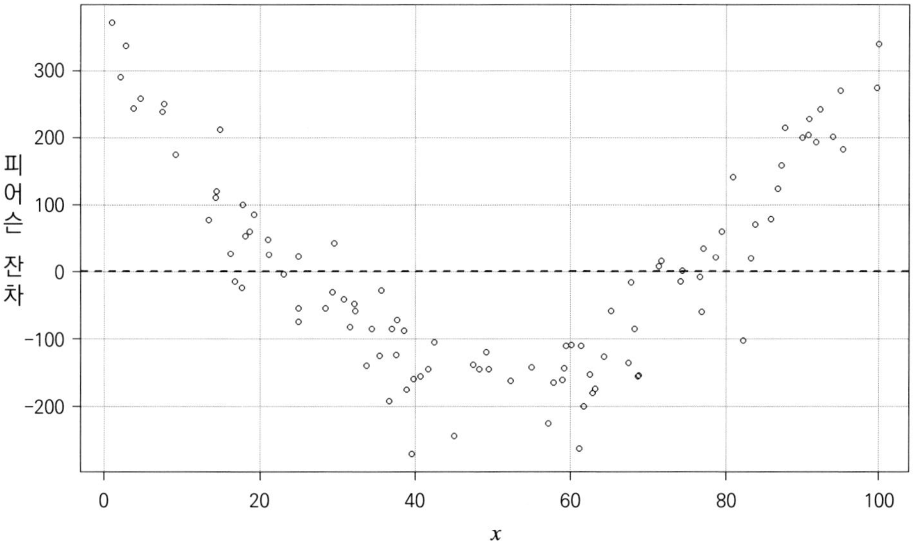

[그림 11-3] 회귀분석의 선형성 가정을 만족하지 못하는 예

선형 가정이 위배될 때는 비선형회귀를 적용하여 분석하면 된다. 비선형회귀는 이 책이 다루는 범위 밖에 있으므로, 선형회귀를 사용하여 비선형적인 패턴을 가지는 자료를 분석하는 방법에 대하여 살펴볼 것이다. 잔차에 대한 그래프를 그려 보면 독립변수와 종속변수가 어떤 패턴을 가지는지 알 수 있다. 예컨대, [그림 11-3]의 경우는 2차 함수의 패턴을 따른다는 것을 알 수 있다. 이 경우에는 다음과 같은 회귀식이 필요하다.

$$y_i = b_0 + b_1 x_i + b_2 x_i^2 + e_i$$

주어진 자료는 x_i와 y_i이지만, x_i를 제곱하여 x_i^2도 만들 수 있다. 이 경우, x_i와 x_i^2을 독립변수로, y_i를 종속변수로 하는 선형회귀를 사용하여 분석할 수 있다. 종속변수와 독립변수의 관계가 3차식의 형태 혹은 4차식의 형태를 따른다면 3차식의 경우는 x_i, x_i^2, x_i^3을, 4차식의 경우는 x_i, x_i^2, x_i^3, x_i^4을 독립변수에 투입하면 된다. 일반적인 k차 다항회귀식(polynomial regression equation)은 다음과 같은 형태를 띤다.

$$y_i = b_0 + b_1 x_i + b_2 x_i^2 + \cdots + e_k x_i^k + e_i$$

다항식 이외에도 다양한 비선형관계가 있다. 이러한 경우에는 x를 변환시켜 투입하면 된다. 예컨대, x와 y가 대수함수(logarithm)라면 x에 log를 취한 값을 독립변수로 투입하면 다음과 같이 된다. 다만, 이 경우에는 x_i가 0이 될 수 없다는 점에 유의하여야 한다.

$$y_i = b_0 + b_1 \log(x_i) + e_i$$

그 밖에 지수함수, 멱함수, 역함수 등도 이러한 방식으로 선형회귀분석을 사용하여 비선형 패턴을 분석할 수 있다.

2) 정규성 가정

정규성 가정, 즉 잔차가 정규분포를 따른다는 가정은 잔차에 대한 히스토그램이나 rankit plot를 사용하여 확인할 수 있다. 잔차의 히스토그램이 정규분포곡선과 유사한지를 검토하면 된다. 예컨대, 잔차의 분포가 [그림 11-4]와 같으면 정규분포를 따른다고 판단할 수 있고, [그림 11-5]와 같으면 정규분포를 따르지 않는다고 판단할 수 있다.

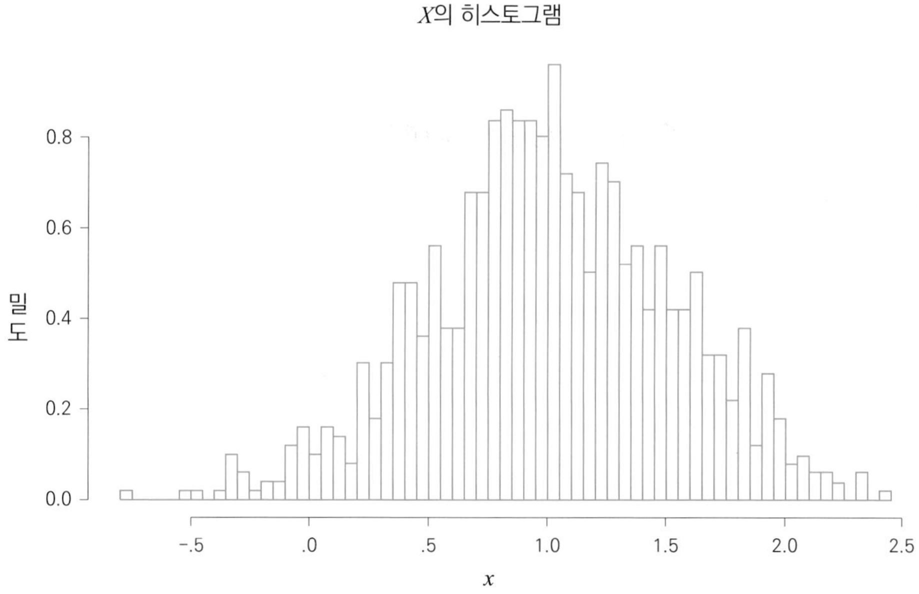

[그림 11-4] 잔차의 분포(정규분포)

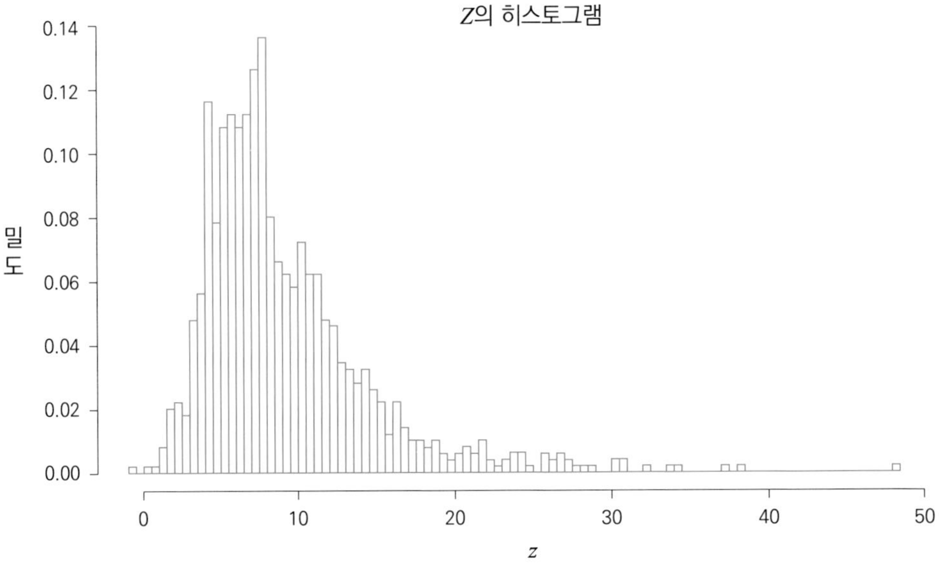

[그림 11-5] 잔차의 분포(정적으로 편포된 분포)

보다 손쉽게 정규성 가정을 검토하는 기법으로 Q-Q plot이 있다. 이는 다음과 같은 절차에 의하여 구해진다. 먼저, 잔차를 크기 순서로 배열한다. 이 값들이 정규분포를 따른다는 가정하에서 서열에 해당하는 표준점수(Z)를 계산할 수 있다. 예컨대, 잔차 20이 상위 2.5%에 해당한다면 정규분포상에서 Z 점수는 1.96이 된다. 또한 표본에서 20에 해당하는 Z 점수를 구할 수 있다. 이 두 점수가 일치하면 정규분포를 따르는 것이고 그렇지 않으면 따르지 않는 것이다.

예를 들어, 표본의 평균이 10이고 표준편차가 4라면 표본에서 20점에 해당하는 Z 점수는 2.5가 된다($Z = \frac{20-10}{4} = 2.5$). 즉, 정규분포에 따를 때는 1.96이 되어야 하는데, 표본의 Z 점수는 2.5가 되므로 정규분포에서 멀어져 있음을 알 수 있다. 모든 잔차에 대하여 이러한 관계를 나타내는 그래프가 Q-Q plot이다.

[그림 11-6]에서 X축은 정규분포상에서 예측되는 잔차의 Z 점수이고, Y축은 표본의 잔차 점수이다. 잔차의 평균이 a이고 표준편차가 b라면, Y 점수는 $a+bZ$로 표현될 수 있다. 따라서 정규분포를 따른다면 Q-Q plot에서 모든 자료는 $Y=a+bZ$의 선상에 놓여야 한다. [그림 11-6]의 잔차들은 직선에서 그리 많이 벗어나 있지 않으므로 정규분포를 따르는 것으로 판단할 수 있다. 반면, [그림 11-5]에서 제

시된 잔차는 정규분포로 보기 힘들다. 이를 Q-Q plot으로 나타내면 [그림 11-7]과 같다. Q-Q plot에서는 제시된 직선은 정규분포를 따를 때 예측하는 잔차인데, 표본의 잔차가 이 직선에서 상당히 떨어져 있으므로 정규분포에서 벗어나 있다는 것을 알 수 있다.

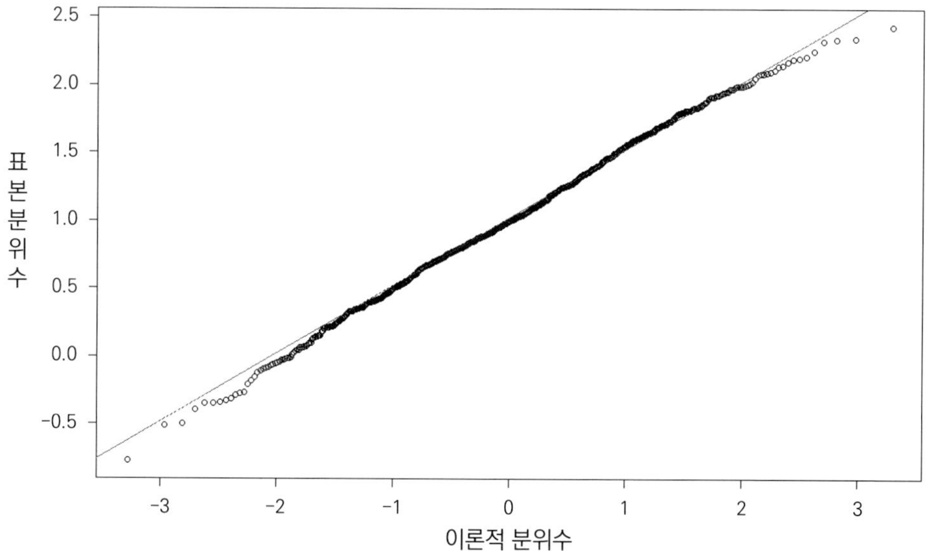

[그림 11-6] 정규분포를 따르는 잔차의 Q-Q plot

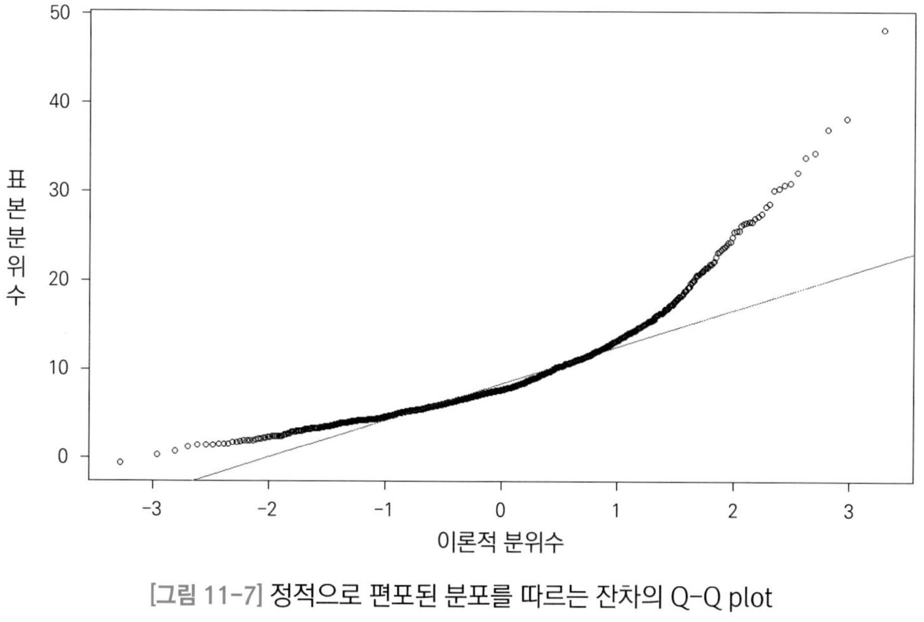

[그림 11-7] 정적으로 편포된 분포를 따르는 잔차의 Q-Q plot

정규성 가정을 위반할 때는 정규성을 가정하지 않는 통계적 기법을 사용하거나, *Y*를 변환하여 정규분포를 따르는 *Y**를 생성한 다음, *Y**에 대하여 회귀분석을 하면 된다. 전자의 경우는 여기서 다루는 범위를 넘는다. 후자의 경우는 이 장의 마지막에서 다시 논의할 것이다.

3) 등분산성 가정

등분산성(homoscedasticity) 가정을 만족하면 *y*에 따라 잔차의 분산이 변하지 않는다. [그림 11-2]는 등분산성이 유지되는 경우에 나타나는 잔차도이다. 만약 잔차도가 [그림 11-8]과 같이 나타난다면, 이는 등분산성이 유지된다고 볼 수 없다. *Y*가 커짐에 따라서 잔차의 크기도 더 커지는 경우이다. 이 이외에도 등분산성을 만족하지 않는 다양한 형태가 있을 수 있다.

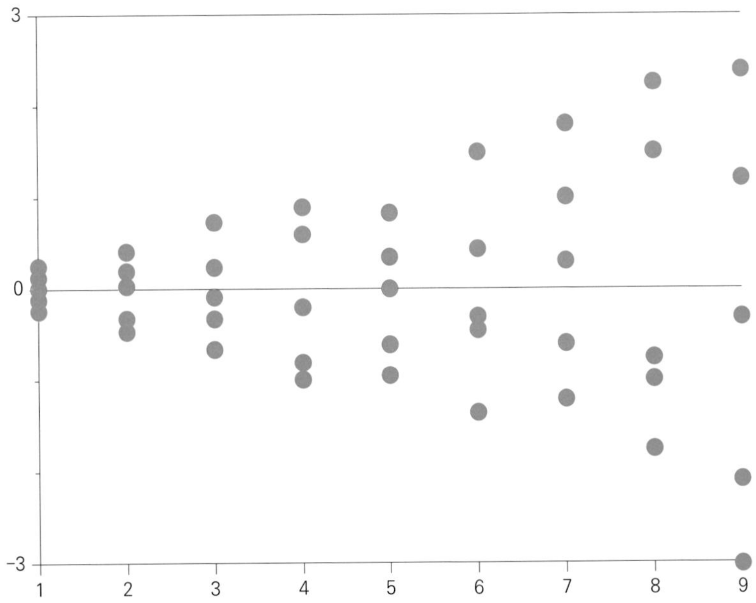

[그림 11-8] 등분산성이 위반될 때의 잔차도

등분산성에 대한 통계적 검증으로는 Browne-Forsythe, Breusch-Pagan, Cook-Weisberg 검사가 있다. Browne-Forsythe 검사는 [그림 11-9]와 같이 x의 범위를 몇 개 정한다. 이 경우에는 7개의 구역으로 정하였다. 각 구역에 대하여 잔차의 절대값을 계산한 다음, 이 잔차의 절대값을 이용하여 일원분산분석을 한다. 만약 7개의 집단에서 잔차의 절대값의 평균 차이가 있다면 등분산성 가정을 만족하지 못하는 것으로 해석한다(분산분석에 대해서는 13장을 참조하라).

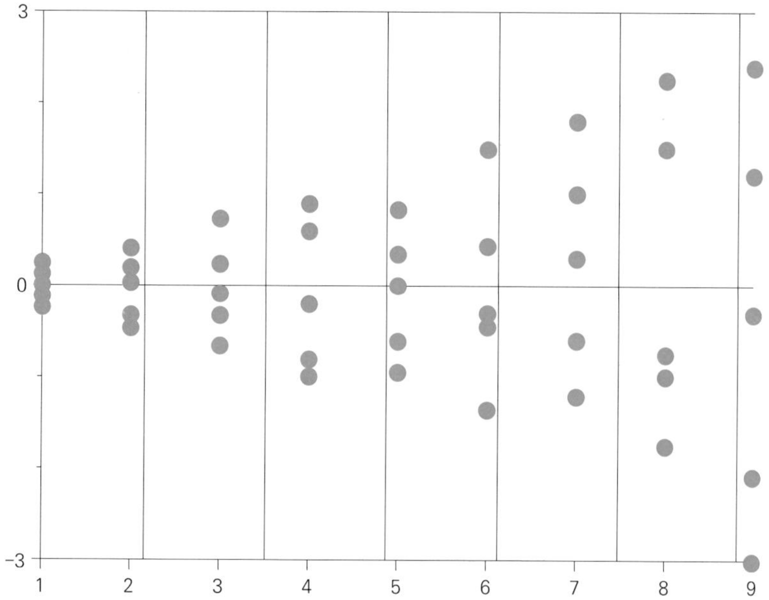

[그림 11-9] Brown-Forsythe 검사에서 나눈 구간의 예

Breusch-Pagan 혹은 Cook-Weisberg 검사에서는 잔차의 제곱이 x 변수에 의하여 예측될 수 있는지에 대한 모형을 형성한다.

$$e^2 = \lambda_0 + \lambda_1 x + \nu$$

여기서 ν는 잔차에 해당한다. 이 모형에서 독립변수가 통계적으로 유의하게 e^2을 예측할 수 있으면 등분산성 가정을 충족하지 못하는 경우이다.

등분산성 가정이 어긋나는 경우에 이를 해결하는 방식은 크게 두 가지가 있다. 하나는 가중 최소제곱법(Weighted Least Square: WLS) 방식을 사용하는 것이다.

$$L = \sum_{i=1}^{n} w_i (y - \hat{y})^2 = (\mathbf{y} - \mathbf{X\beta})' \mathbf{W} (\mathbf{y} - \mathbf{X\beta})$$

WLS 중 분산행렬의 역행렬로 가중치를 주는 방식은 일반화된 최소제곱법(generalized least square)이라 한다. 이때 손실함수와 회귀계수는 다음과 같다.

$$L = (\mathbf{y} - \mathbf{X\beta})' \mathbf{S}^{-1} (\mathbf{y} - \mathbf{X\beta})$$
$$\boldsymbol{\beta} = (\mathbf{X}'\mathbf{S}^{-1}\mathbf{X})^{-1} \mathbf{X}'\mathbf{S}^{-1}\mathbf{y}$$

GLS 방식의 회귀분석은 이분산성을 가정한 방법이므로 등분산성을 만족하지 않는다 하더라도 사용할 수 있다.

그다음 방법으로 Y를 변환하는 방법이 있다. 상황에 따라 다양한 변환이 있을 수 있는데 많이 사용하는 변환은 〈표 11-1〉과 같다.

〈표 11-1〉 종속변수의 변환

변환 방식	적용
$\sqrt{y}$	• 잔차의 분산이 Y 기대값에 비례하는 경우에 적용. 포아송분포가 그 예에 해당함. • 0이나 아주 작은 값들이 존재할 때는 $\sqrt{Y} + \sqrt{Y+1}$을 사용함.
log(Y)	• 잔차의 분산이 Y 기대값의 제곱에 비례하는 경우에 적용 • Y가 모두 양수이고, 값들이 매우 넓은 범위에 퍼져 있는 경우 • Y값에 0이 있어서 log(Y)가 정의되지 않으면 log(Y+1)로 변환함.
$\frac{1}{Y}$	• 잔차의 분산이 Y의 기대값의 4제곱에 비례하는 경우에 적용 • 대부분 값들이 매우 작은 값이고 몇몇 큰 값이 있는 경우 • Y값에 0이 존재한다면 $\frac{1}{Y+1}$로 변환함.
$\sin^{-1}(\sqrt{Y})$	• 잔차의 분산이 Y의 기대값과 (1−Y의 기대값)에 비례함. 이항분포인 경우임. • 비율이기 때문에 Y는 0과 1 사이의 값을 가짐.

이 밖에도 Box−Cox 변환을 사용할 수도 있다. Box와 Cox(1964)는 Y에 대한 멱함수(power function) 집합으로부터 적절한 변환식을 찾아내는 절차를 개발하였다.

$$y^* = \begin{cases} \dfrac{y^\lambda}{\lambda} & \lambda \neq 0 \\ \log y & \lambda = 0 \end{cases}$$

이 절차를 이용하여 정규분포의 가정을 만족시키는 λ를 찾아내게 된다. 항상 λ를 찾아낼 수 있는 것은 아니지만, 변환된 변수는 대부분의 경우에 정규분포의 가정에 근접하는 분포를 따르게 된다. 특히 다음의 경우에 이 변환은 유용하다.

- 오차분포가 한쪽으로 치우쳐 있을 때
- 비동질적인 잔차 분산
- 회귀함수가 비선형적인 경우

4) 잔차의 독립성

잔차의 독립성은 잔차도를 살펴보아서 확인하기 쉽지 않다. 자료를 생성하는 기제가 무엇인지를 생각하여 찾아낼 수밖에 없다. 잔차의 독립성을 만족하지 못하는 가장 대표적인 경우가 시계열 자료이다. 독립변수가 시간인 경우에는 i번째 시간의 자료는 이전의 자료에 의하여 결정될 수도 있고, 인접 시간의 자료에 의하여 결정될 수도 있다. 전자는 자기상관모형(autoregressive model: AR)으로, 후자는 이동평균모형(moving average model: MA)으로 불린다. 이때에는 인접 시간 자료와 상관이 존재하게 된다. Durbin−Watson 검사는 잔차에 이러한 자기상관이 존재하는지를 검증하는 것이다.

$$D = \frac{\sum_{i=2}^{n}(e_i - e_{i-1})^2}{\sum_{i=1}^{n} e_i^2}$$

여기서 e_i는 i번째 잔차를 나타낸다.

2 극단값의 처리

극단값(outlier)이란 잔차도에서 잔차가 형성한 구름에서 벗어나 있는 자료를 말한다. [그림 11-10]의 잔차도에서 세 자료가 다른 잔차에 비해서 매우 크거나 작다는 것을 발견할 수 있다.

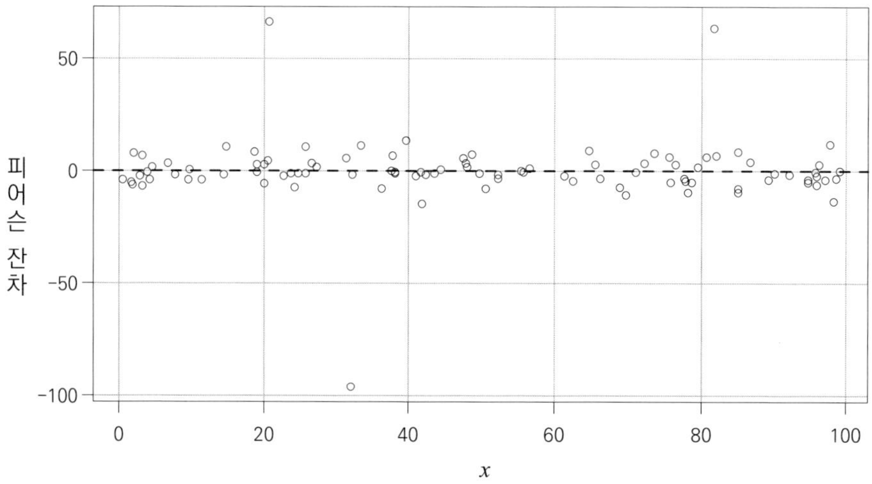

[그림 11-10] 잔차를 검토하여 극단값 찾기

극단값은 잘못된 자료일 경우가 많다. 기계에서 수치를 읽었을 경우에는 기계의 오류 때문에, 사람이 자료를 입력하였을 때는 입력오류 때문에 발생하였을 가능성이 높다. 극단값이 발생하면 이 값이 어떠한 이유 때문에 발생하였는지에 대하여 확인하여야 한다.

극단값을 찾기 위해서는 특정한 기준을 잡아서 극단값을 설정하고 그 극단값을 찾아내는 절차가 필요하다. 스튜던트화된 잔차(studentized residual)는 잔차의 표준점수 값이다. 이 값을 이용하여 3 표준편차 혹은 2 표준편차 높은 값들을 극단값으로 취급할 수 있다. 이 잔차의 문제점은 극단값이 표준편차를 크게 하여 스튜던트화된 잔차에 영향을 크게 미치게 된다는 것이다. 이를 방지하기 위하여 y_i가 극단값인지를 판단하고자 y_i를 제외하고 회귀분석을 한 다음, 스튜던트화된 잔차를 구할 수 있다. 이를 스튜던트화된 삭제 잔차(studentized deleted residual)라 한다.

잔차를 처리하는 방법은 자료가 잘못되었으면 수정하고, 그렇지 않으면 자료에 삭제하는 것이다. 일반적으로 극단값을 방치하는 것보다 삭제하는 것이 자료에 내재하는 패턴을 찾아내는 데 더 효율적이다.

3 영향점의 처리

영향점(influential data point)이란 그 자료의 포함 여부에 따라서 추정된 회귀모형을 상당한 정도로 변화시키는 자료를 말한다. [그림 11-11]에 제시된 자료를 검토해 보면 잘 알 수 있다. 극단값이 없는 정상적인 자료에서 회귀분석을 한 결과가 [그림 11-11] 중 첫 번째 그림에 나타나 있다. 회귀분석에서 기울기는 .96이었다. 이 자료에 극단값이 하나 포함된 것이 [그림 11-11] 중 두 번째 그림이다. 이한 극단점으로 인하여 회귀식의 기울기가 −.78으로 변하였다. 이러한 점수를 영향점이라 부른다. 이 극단점의 존재를 무시하고 분석결과를 해석한다면 두 변수 간의 양적 상관관계를 부적 상관관계로 해석할 수 있다.

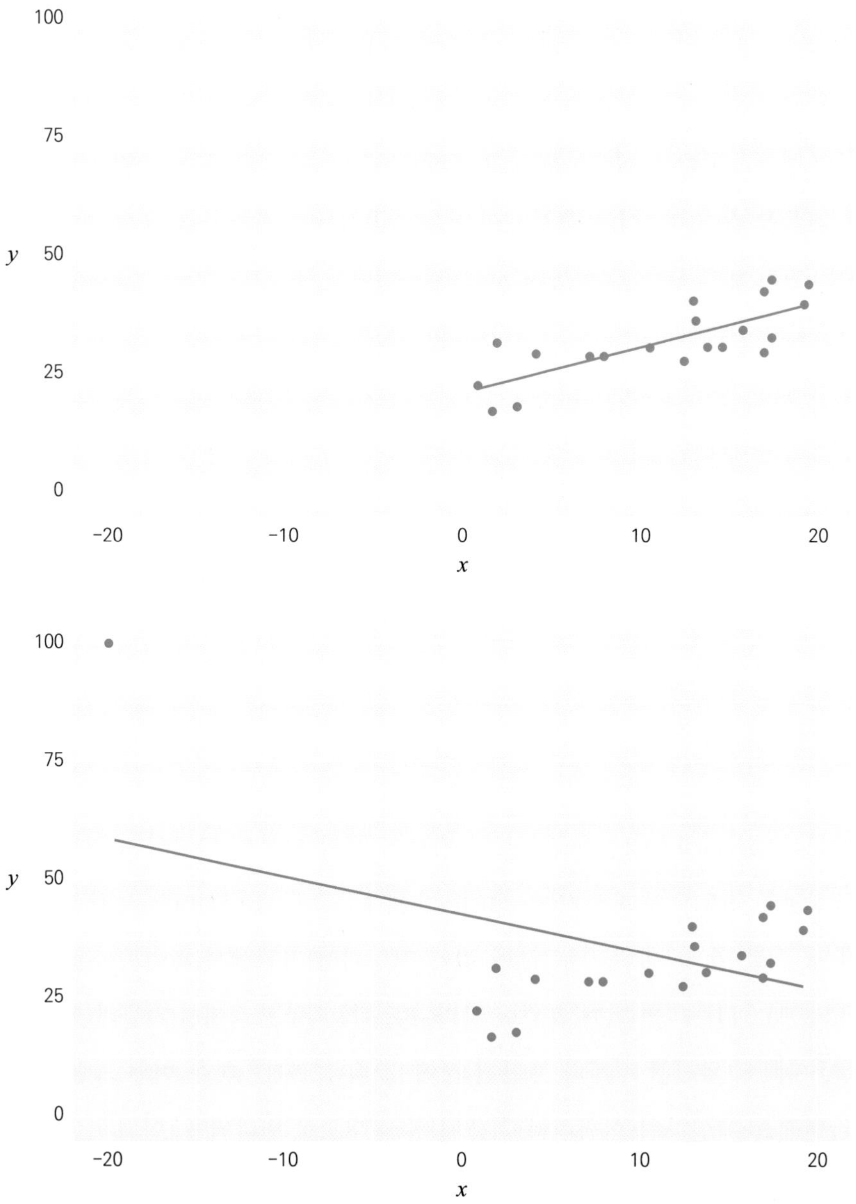

[그림 11-11] 영향점을 포함할 때의 회귀식 변화

1) **H** 행렬

영향점을 탐지할 때 **H** 행렬이 많이 사용되므로 이에 대한 이해가 필요하다. 회귀분석모형($\hat{y}$)에 영향을 주는 자료(y)가 영향점이다. $\hat{y}$은 다음과 같이 표현될 수 있다.

$$\hat{\mathbf{y}} = \mathbf{X}\hat{\boldsymbol{\beta}} = \mathbf{X}(\mathbf{X}'\mathbf{X})^{-1}\mathbf{X}'\mathbf{y} = \mathbf{H}\mathbf{y}$$
$$\mathbf{H} = \mathbf{X}(\mathbf{X}'\mathbf{X})^{-1}\mathbf{X}'$$

이 수식에서 y는 **H**를 통하여 $\hat{y}$에 영향을 주게 되므로 **H**가 큰 값이면 $\hat{y}$에 큰 영향을, 작은 값이면 작은 영향을 주게 된다. 즉, 지렛대의 역할을 하게 된다. 따라서 **H**가 영향점인지를 결정하는 데 중요한 요소가 되는데 개별 자료 y_i가 $\hat{y}_i$에 영향을 미치는 것을 결정하는 것은 h_{ii}이다. 이는 **H** 행렬의 i번째 행의 i번째 열에 해당하는데 다음과 같이 표현할 수 있다.

$$h_{ii} = \frac{1}{n} + \frac{(X_i - \bar{X})^2}{SS_X}$$

이 식에서 알 수 있듯이 X의 평균에서 멀어져 있을수록 자료가 회귀분석모형에 주는 영향력이 큰 것을 알 수 있다.

2) 쿡 거리

영향점을 탐지하는 데 널리 사용되는 통계치로 쿡 거리(Cook's distance)가 있다. 이 통계값은 개념적으로 i번째 사례를 삭제한 회귀분석의 회귀계수들과 삭제하지 않은 회귀분석의 회귀계수들 간의 거리를 반영한다.

$$D = \frac{\sum_{j=1}^{n}(\hat{y}_j - \hat{y}_{j(i)})}{(k+1)MSE}$$

k: 독립변수의 수

$\hat{y}_{j(i)}$: i번째 사례를 제거하였을 때의 j번째 사례에 대한 예측값

이 거리는 잔차의 크기와 모형을 변화시킬 수 있는 지렛대(leverage)에 의하여 결정되는데, 흔히 1 이상이면 영향점으로 본다.

4 R을 이용한 회귀분석 가정의 검증과 영향점 분석

R에서는 회귀분석의 가정과 관련된 다양한 함수를 제공한다.

```
> library(Hmisc)
> library(car)
> intadd<-read.csv("internet.csv")
> reg1<-lm(f6~f1+f2+f3+f4+f5+f7,data=intadd)
```

일단 회귀분석을 한 다음, 그 결과를 reg1에 저장하였다. reg1에 residualPlots라는 함수를 적용시키면 각 독립변수의 크기에 따라 발생하는 잔차에 따른 그래프를 그려 준다.

```
> residualPlots(reg1)
           Test stat Pr(>|Test stat|)
f1            2.5567         0.010715 *
f2            1.5230         0.128089
f3            0.7059         0.480407
f4            1.7841         0.074707 .
f5           -2.0379         0.041827 *
f7            1.7080         0.087943 .
Tukey test    2.9329         0.003359 **
---
Signif. codes:  0 '***' 0.001 '**' 0.01 '*' 0.05 '.' 0.1 ' ' 1
```

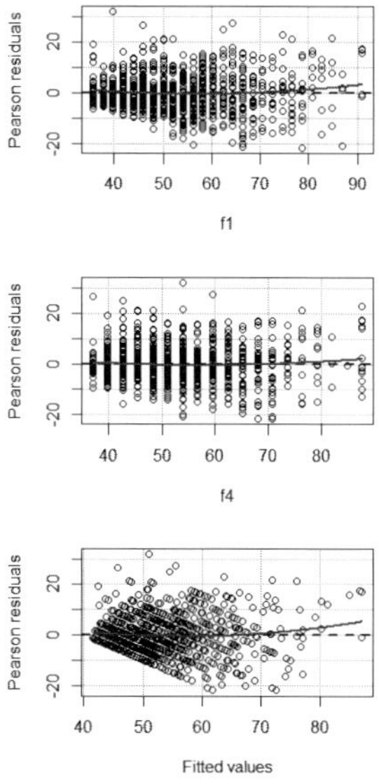

Q-Q plot은 qqplot이라는 함수를 사용하여 그릴 수 있다. 다음의 그래프에 정규분포에서 벗어나는 사례의 사례 번호도 제시되어 있다.

```
> qqPlot(reg1,main="QQplot")
```

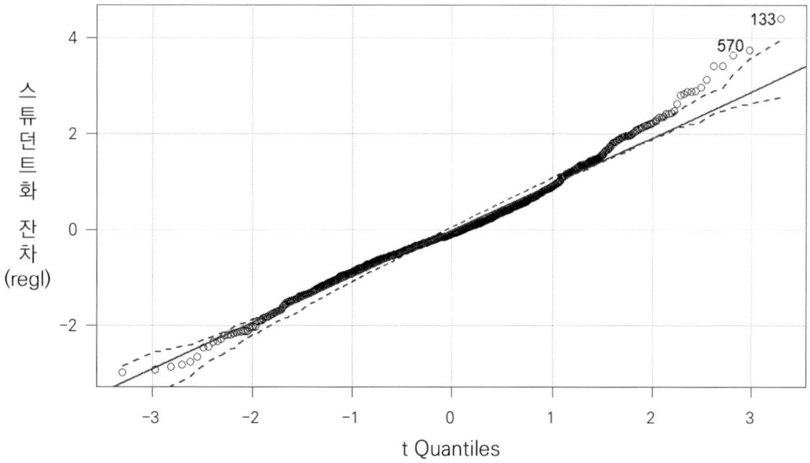

Durbin−Watson 검증도 durbinWatsonTest라는 함수를 이용하여 할 수 있다. 다음의 결과에서 보면 자기상관이 0이라는 영가설을 기각하지 못한다. 따라서 가정에 벗어나지 않는 것으로 간주한다.

```
durbinWatsonTest(reg1)
 lag Autocorrelation D-W Statistic p-value
   1     0.003246039      1.991919    0.92
 Alternative hypothesis: rho != 0
```

Breusch−Pagan 혹은 Cook−Weisberg 검사는 ncvTest 함수를 사용하여 계산할 수 있다. 다음의 결과에서 보면 p값이 .05보다 작으므로, 등분산성 가정에 위배되는 것으로 판단된다.

```
> ncvTest(reg1)
Non-constant Variance Score Test
Variance formula: ~ fitted.values
Chisquare = 139.209    Df = 1     p = 3.964563e-32
```

Box−Cox 변환은 powerTransform이라는 함수를 이용하면 된다.

$$y^* = \begin{cases} \dfrac{y^\lambda}{\lambda} & \lambda \neq 0 \\ \log y & \lambda = 0 \end{cases}$$

다음의 분석결과에 따르면 추정된 $\lambda=-.9339$이다. 또한 $\lambda=1$이라는 영가설을 기각하고(p=.00000e+00), $\lambda=0$이라는 영가설도 기각한다(p=9.20134e−11). $\lambda=1$인 경우에는 변환이 일어나지 않는 경우이므로, 이 결과에 따르면 변환이 필요한 것으로 해석할 수 있다.

```
> pp<-powerTransform(reg1)
> summary(pp)
bcPower Transformation to Normality
   Est Power Rounded Pwr Wald Lwr bnd Wald Upr Bnd
Y1   -0.9339          -1      -1.2293      -0.6385

Likelihood ratio tests about transformation parameters
                            LRT df         pval
LR test, lambda = (0)  41.98421  1 9.20134e-11
LR test, lambda = (1) 198.25358  1 0.00000e+00
```

지금까지는 회귀분석에 대한 가정들에 대하여 조사하였는데, 극단값과 영향점을 처리하는 방법을 살펴보자.

극단값을 탐지하는 명령어는 outlierTest이다.다음의 결과를 보면, 133번째 자료가 극단값으로 탐지된다. 극단값의 기준에서 스튜던트화된 t값인데, cutoff=.01을 함수에 추가하면 p=.05에 해당하는 절단점에서 .01로 수정할 수 있다.

```
> outlierTest(reg1) # Bonferonni p-value for most extreme obs
    rstudent unadjusted p-value Bonferonni p
133 4.399018          1.205e-05      0.01205
```

hat라는 함수를 이용하면, H 행렬의 대각원소를 계산할 수 있고 이를 그래프로 나타내려면, leveragePlot를 사용하면 된다.

```
> lev = hat(model.matrix(reg1))
> leveragePlots(reg1)
```

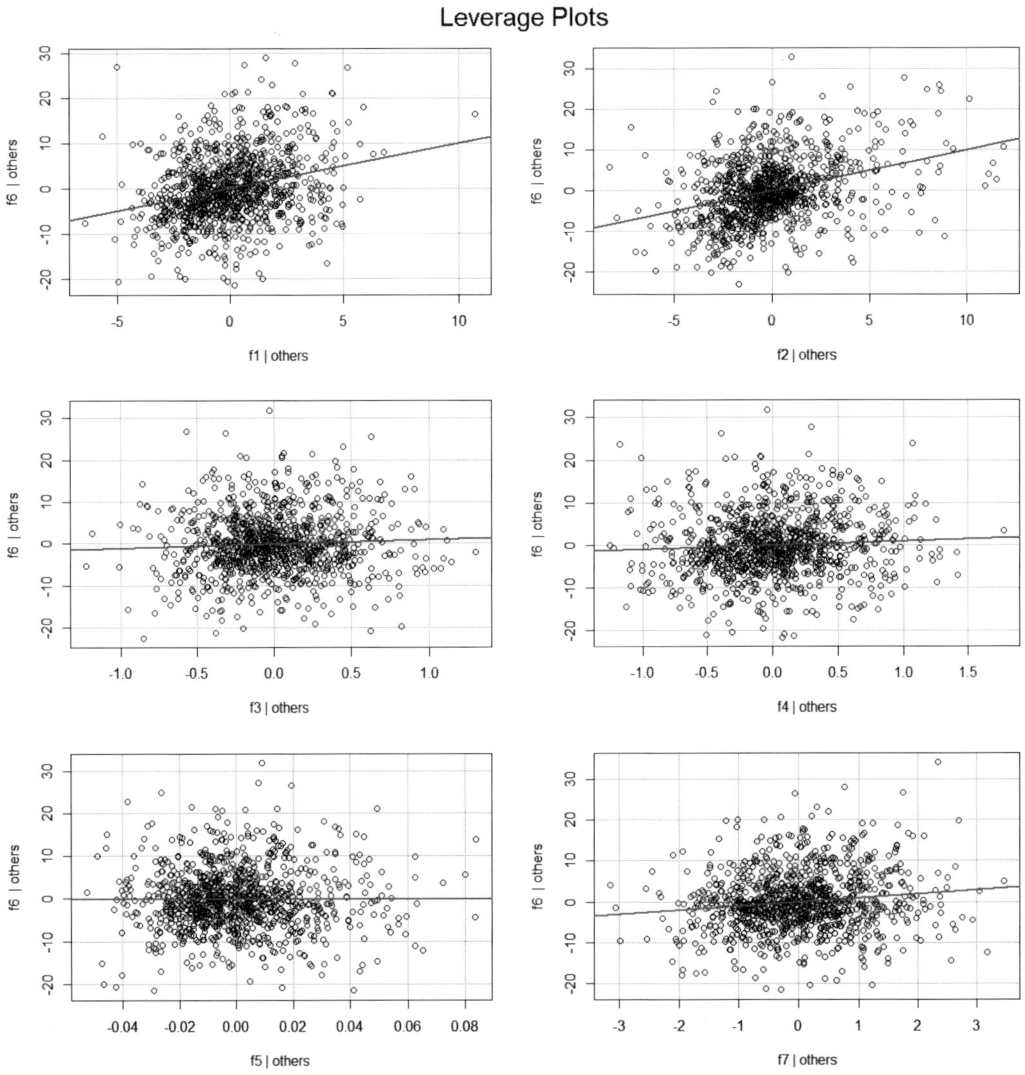

영향점을 찾기 위해서는 influencePlot 함수를 이용하면 된다. 결과에서 보면 영향점으로 판단되는 자료의 스튜던트화 잔차, h_{ii}의 값, 쿡 거리의 값이 제시되어 있다.

```
> influencePlot(reg1, id.n=3)
        StudRes         Hat        CookD
65    3.1429545 0.022776267 0.0325987566
133   4.3990181 0.009473488 0.0259599855
460  -0.3245452 0.029608183 0.0004595243
520   3.4259134 0.013005371 0.0218570750
570   3.7553983 0.007284238 0.0145908302
632   0.7946907 0.032121006 0.0029952111
783   3.6495861 0.004357843 0.0082262629
937  -0.1636573 0.035407277 0.0001405876
```

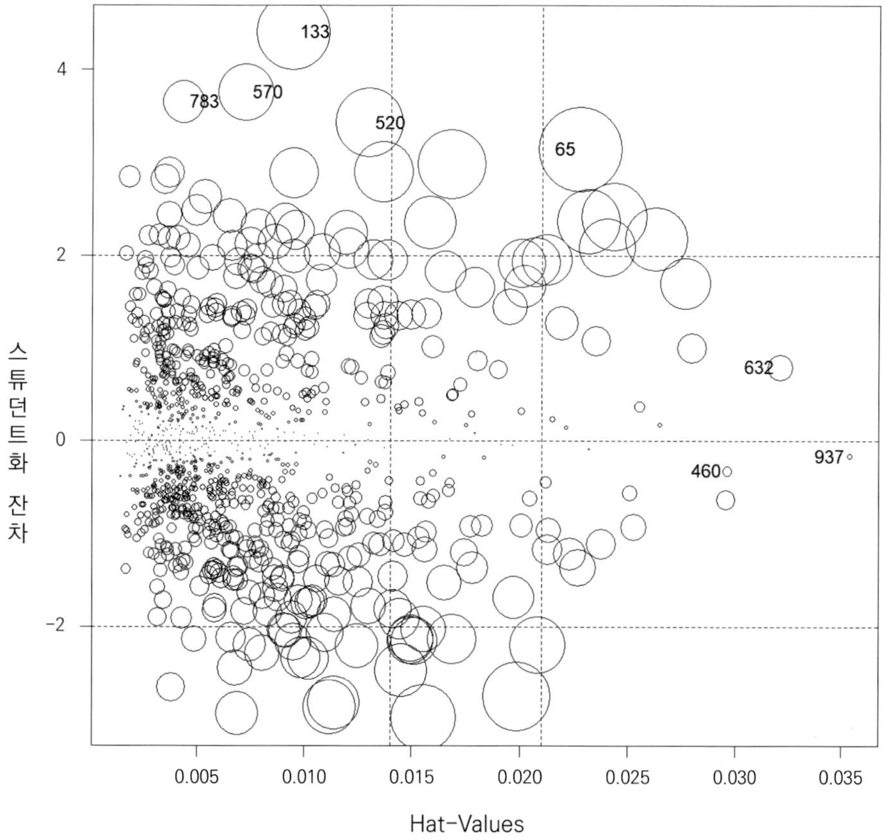

앞의 그래프에서 가로축은 h_{ii}의 값, 세로축은 잔차의 값을 나타낸다. 각 자료가 회귀식에 영향을 주는 정도는 두 값에 의하여 결정되는데, 각 자료의 영향력이 원의 크기로 표시되어 있다.

영향점을 탐지하는 데 사용되는 쿡 거리는 cooks.distance로 계산될 수 있고, 이를 plot할 수 있다.

```
> cook = cooks.distance(reg1)
> plot(cook,ylab="Cooks distances")
```

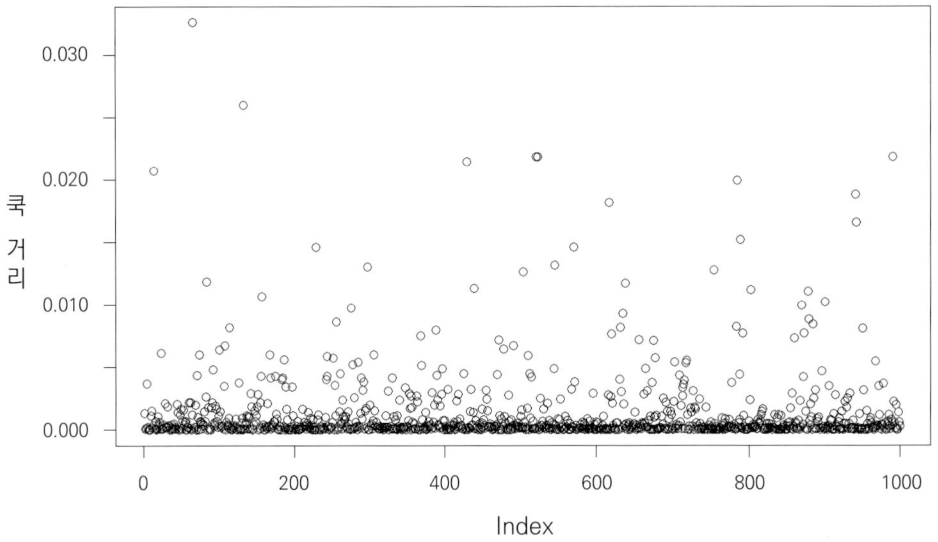

앞의 그래프에서 보면, 쿡 거리가 .025보다 큰 사례가 두 개가 있는 것으로 보인다. 이를 다음의 함수를 사용하여 어느 사례인지를 찾을 수 있다.

```
> t=which(cook>0.025)
> t
 65 133
 65 133
> cook[t]
        65        133
0.03259876 0.02595999
```

제12장 로지스틱 회귀분석

1. 로지스틱 회귀분석의 논리
2. 프로빗 모형
3. 로지스틱 모형
4. 로지스틱 회귀계수의 해석
5. 다항 로지스틱 회귀분석
6. R을 이용한 로지스틱 회귀분석

1 로지스틱 회귀분석의 논리

로지스틱(logistic) 회귀분석은 종속변수가 범주변수일 때 사용되는 분석법이다. 예컨대, A와 B 상품 중에 어느 상품을 선택하는지를, 개인의 수입, 나이, 교육수준 등을 이용하여 예측할 때 사용할 수 있는 분석법이다.

종속변수가 정규분포를 따르지 않기 때문에 회귀분석모형을 적용시키는 것은 불가능하다. $\hat{y} = b_0 + b_1 x$의 회귀분석모형을 적용시키면 y는 범주변수인데 예측하는 값을 범주의 값으로 한정할 수 없다. 다른 방법으로 선택 확률을 종속변수로 하여 $\hat{p} = b_0 + b_1 x$의 모형을 적용시키는 방법도 생각해 볼 수 있는데, 이 역시도 확률은 0과 1 사이의 값을 가져야 되기 때문에 가능한 모형이 아니다.

2 프로빗 모형

이러한 경우에 사용할 수 있는 전략은 먼저 연속변수인 잠재변수를 가정하고, 잠재변수를 예측하는 회귀모형을 구성한 다음 잠재변수와 범주 종속변수 사이의 함수를 가정하는 방법을 사용할 수 있다. 이때 이 함수를 연결함수(link function)라 부른다. A와 B 상품 중 A를 선택하는 경우를 1, B를 선택하는 경우를 0으로 코딩된 종속변수를 생각해 보자, 이때 A 상품의 선호도와 B 상품의 선호도의 차이에 의해서 두 상품을 선택하는 비율이 결정된다고 가정할 수 있다.

A와 B 상품에 대한 선호도를 u_A와 u_B라 하면 $u_A - u_B$가 A를 선택하는 확률을 결정짓는다. $u_A - u_B$는 연속변수이고 관찰되지 않는 잠재변수이다. 예컨대, 나이(x)가 선호도를 예측할 수 있다고 가정하면 u_A와 u_B는 다음과 같이 표현될 수 있다.

$$u_A = b_{0A} + b_{1A}x + e_A$$
$$u_B = b_{0B} + b_{1B}x + e_B$$

A의 선호도가 B의 선호도보다 클 때 A를 선택할 것이므로 A를 선택할 확률은 $u_A - u_B$라는 잠재변수에 의해 결정된다. 이 변수의 값이 커질수록 A를 택할 확률이 커지게 되고, $u_A - u_B > 0$일 때 A를 택할 것이므로 A를 택할 확률은 다음과 같은 과정을 거쳐서 결정될 수 있다.

$$u_A > u_B$$
$$b_{0A} + b_{1A}x + e_A > b_{0B} + b_{1B}x + e_B$$
$$e_B - e_A < (b_{0A} - b_{0B}) + (b_{1A} - b_{1B})x$$

$b_{0A} - b_{0B}$를 β_0, $b_{1A} - b_{1B}$를 β_1으로 표기하고, 두 잔차의 차이가 정규분포를 따른다고 가정하면, 다음과 같은 분포에서 $\beta_0 + \beta_1 x$보다 작은 영역의 면적이 A를 선택할 확률 p_A이 된다.

$$p_A = p(A; \beta_0, \beta_1) = \int_{-\infty}^{\beta_0 + \beta_1 x} \varphi(x)dx \quad \text{(식 12-1)}$$

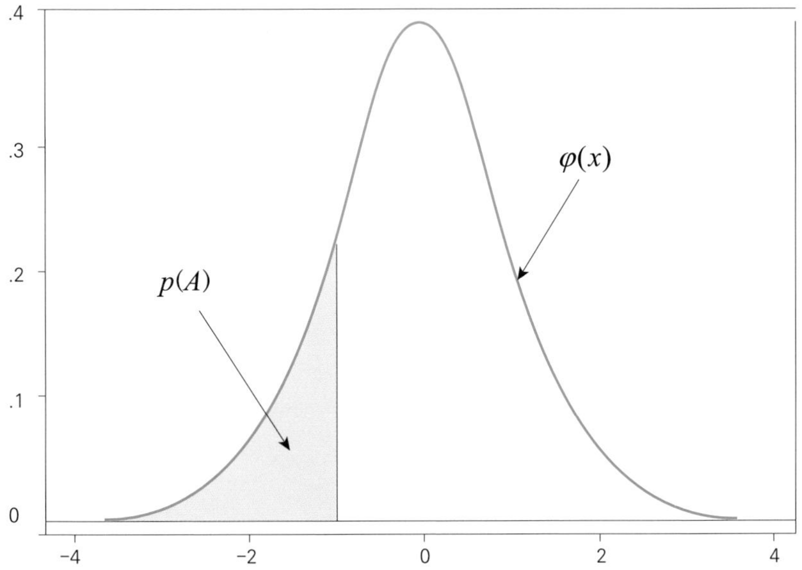

[그림 12-1] 프로빗 모형에서의 확률

여기서 $\varphi(x)$는 정규분포의 확률밀도함수이다. 누적분포함수 $\phi(X)$는 다음과 같이 정의된다.

$$\phi(X) = \int_{-\infty}^{X} \varphi(x)dx$$
$$p_A = \phi(\beta_0 + \beta_1 x)$$

누적정규분포로 잠재변수에서 확률로 변환시키는 연결함수를 사용하는 것이 프로빗(probit) 모형이다. 다음과 같이 누적정규분포의 역함수를 확률에 적용시키면, 선형함수가 되는 것을 알 수 있다. 즉, 선형회귀와 같은 형태를 띤다.

$$\phi^{-1}(p_A) = \beta_0 + \beta_1 x$$

β_0와 β_1는 최대우도법에 의하여 구한다. 각 자료는 1(A)과 0(B)으로 코딩을 하면, 1이 발생할 확률은 $\phi(X)$이고 0이 발생할 확률은 $1-\phi(X)$이다. 프로빗 모형의 로그우도함수는 다음과 같이 정의된다.

$$\ln L(\beta_0, \beta_1) = \sum_{i=1}^{n}[y_i \ln \phi(\beta_0 + \beta_1 x_i) + (1 - y_i)\ln\{1 - \phi(\beta_0 + \beta_1 x_i)\}]$$

여기서 y_i는 0과 1의 값을 가지는 결과변수로 $y_i = 1$일 때는 로그우도가 $\ln \phi(\beta_0 + \beta_1 x_i)$가 되고, $y_i = 0$일 때는 로그우도가 $\ln\{1 - \phi(\beta_0 + \beta_1 x_i)\}$가 되는 것을 알 수 있다.

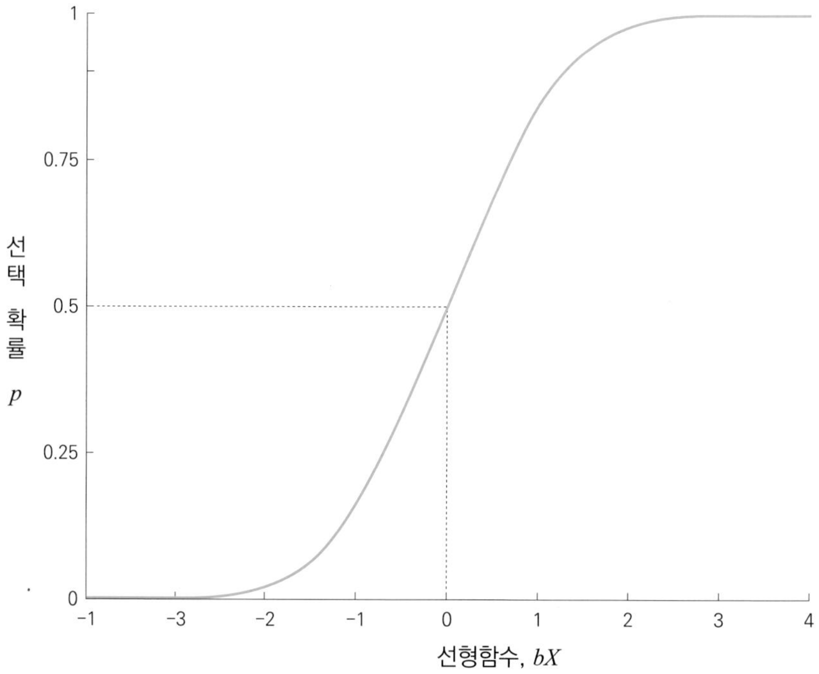

[그림 12-2] 누적정규분포함수

3 로지스틱 모형

Duncan Luce(1959, 1977)의 선택 공리에 따르면 n개의 선택지 중에서 k를 선택할 확률은 다음과 같다.

$$p(k) = \frac{w_k}{\sum_{i=1}^{n} w_i}$$

여기서 w는 선택지의 가중치에 해당된다. 선택지가 A와 B 두 개인 경우에 A를 선택할 확률은 다음과 같이 정해진다.

$$p(A) = \frac{w_A}{w_A + w_B}$$

만약 가중치가 선호도의 지수함수의 형태를 띤다고 가정하면, A와 B 두 선택지 중에서 A를 선택할 확률은 다음과 같다.

$$p(A) = \frac{e^{u_A}}{e^{u_A} + e^{u_B}}$$

$$p(B) = \frac{e^{u_B}}{e^{u_A} + e^{u_B}}$$

$$\frac{p(A)}{p(B)} = \frac{p(A)}{1 - p(A)} = \frac{e^{u_A}}{e^{u_B}}$$

앞의 식에 로그를 취하면 다음과 같이 된다.

$$\ln\left(\frac{p(A)}{1 - p(A)}\right) = u_A - u_B$$

A와 B 중에서 A를 선택하는 것이 두 선호도의 차이에 의하여 설명된다고 가정하면, 다음과 같은 모형을 설정할 수 있다.

$$u_A - u_B = \beta_0 + \beta_1 x$$

$\frac{p(A)}{1 - p(A)}$는 승산비(odd ratio)에 해당하고 이에 로그를 취한 값$\left(\ln\frac{p(A)}{1 - p(A)}\right)$을 로짓(logit)이라 하는데, 따라서 다음과 같은 모형이 성립한다.

$$\mathrm{logit}(A) = \mathrm{logit}(x) = \ln\left(\frac{p(A)}{1-p(A)}\right) = \beta_0 + \beta_1 x$$

이 식에서 잠재변수를 확률로 바꾸는 연결함수가 로짓함수의 역함수임을 알 수 있다.

*A*를 선택할 확률은 앞 함수의 역함수를 취하여 구하는데, 다음과 같다.

$$p(A) = \frac{e^{\mathrm{logit}(A)}}{1+e^{\mathrm{logit}(A)}}$$

동일한 방법으로 *B*를 선택할 확률은 다음과 같다.

$$p(B) = \frac{1}{1+e^{\mathrm{logit}(A)}}$$

회귀분석의 맥락 속에서 다시 표현하면, logit은 $\beta_0+\beta_1 x$에 의해 예측되므로, 다음과 같이 나타낼 수 있다.

$$p(A) = \frac{e^{\beta_0+\beta_1 x}}{1+e^{\beta_0+\beta_1 x}} \qquad p(B) = \frac{1}{1+e^{\beta_0+\beta_1 x}}$$

로지스틱 모형의 연결함수는 앞과 같은 로지스틱함수(logistic function)가 됨을 알 수 있다.

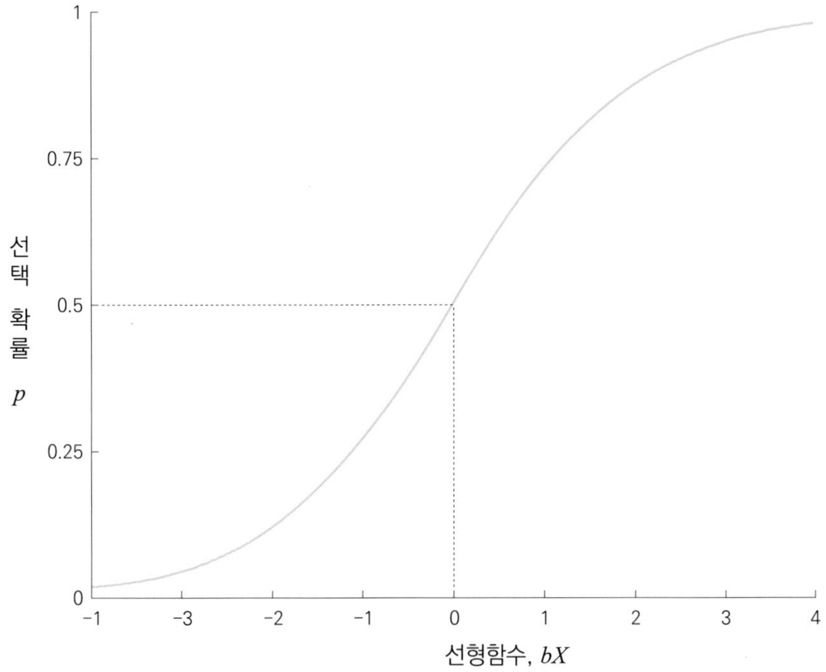

[그림 12-3] 로지스틱함수

따라서 로그우도함수는 다음과 같이 된다.

$$\ln L(\beta_0, \beta_1) = \sum_{i=1}^{n} \left[y_i \left(\ln \frac{e^{\beta_0 + \beta_1 x}}{1 + e^{\beta_0 + \beta_1 x}} \right) + (1 - y_i) \ln \left(\frac{1}{1 + e^{\beta_0 + \beta_1 x}} \right) \right]$$

이 함수를 최대화하는 방식으로 β_0와 β_1을 구하면 최대우도 추정치가 된다.

종속변수가 범주변수(이분변수)인 경우에 프로빗 모형에서는 누적정규분포함수를, 로짓 모형에서는 로지스틱함수를 연결함수로 이용하였다. [그림 12-4]에서 보는 바와 같이 두 함수의 모양은 상당히 비슷하다. 대략적으로 로짓 모형의 계수가 프로빗 모형의 계수보다 약 1.6배 크다.

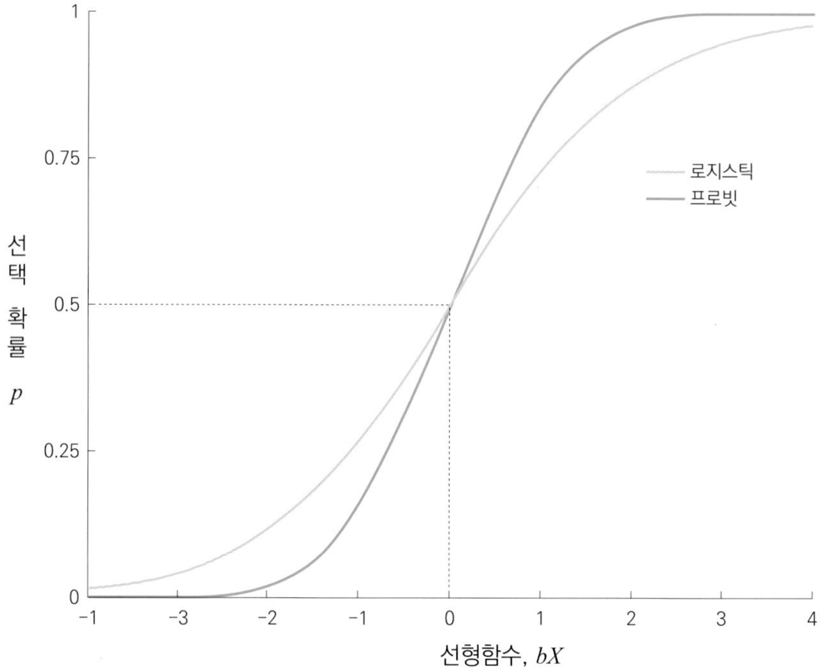

[그림12-4] 프로빗함수와 로지스틱함수

4 로지스틱 회귀계수의 해석

로지스틱 회귀분석에서는 독립변수와 종속변수의 관계가 비선형적이기 때문에 기울기를 해석하기가 쉽지 않다. 예컨대, 로지스틱 회귀분석이 다음과 같은 결과를 얻었다고 하자.

$$\text{logit} = \ln\left(\frac{p(A)}{1-p(A)}\right) = 1 + 0.5X$$

이 결과에 따르면 X가 1점 증가할 때 logit은 0.5점 증가한다. 이러한 해석은 이해하기 쉽지 않고, X가 1점 증가할 때 A를 선택할 확률이 얼마나 증가하는지로 기술해야 직관적으로 이해하기 쉽다. 이를 위해서는 연결함수를 적용시켜 확률을 계산해야 된다. 그러나 이 확률도 X의 크기에 따라 다르게 증가된다. 즉, X가 .5일 때와 .6일 때 X가 1점 증가할 때의 확률의 증가량이 달라진다. 덜 직관적이지만 승산비에 대한 함수로 설명하면 규칙성을 발견할 수 있다. 즉, 승산1에서 다음과 같은 공식을 따른다.

$$승산1 = \frac{P}{1-p} = e^{1+0.5X}$$

X가 1점 증가하면 다음과 같이 된다.

$$승산2 = \frac{P}{1-p} = e^{1+0.5(X+1)} = e^{1+0.5X}e^{0.5} = 승산1 \times 1.648$$

이 결과에서 X가 1점 증가하면 logit은 .5만큼 증가하고, 승산은 1.648($e^{0.5}$)배 만큼 증가한다.

프로빗 모형은 확률로 변환하여 설명할 수밖에 없으며, 승산과 같은 규칙성을 발견하기는 힘들다.

5 다항 로지스틱 회귀분석

지금까지의 로지스틱 회귀분석은 종속변수가 두 개의 값을 가지는 이분변수였다. 다항 로지스틱 회귀분석(multinomial logistic regression)은 종속변수의 범주가 2개 이상인 경우에 적용할 수 있는 모형이다. 예컨대, A 상품과 B 상품 중에 하나를 선택하는 것이 아니고 세 개의 외국 상품(A, B, C)과 하나의 국산 상품(D) 중 하나의 상품을 선택하는 경우에 적용시킬 수 있는 모형이다.

다항 로지스틱 모형은 이항 로지스틱 모형의 확장으로 이해하면 된다. 앞과 같이 네 가지 범주가 있을 때, 하나의 기준 범주를 설정하고 이 범주와 각각의 다른 범주 중에서 선택하는 모형을 설정하면 된다. 예컨대, D를 기준 범주로 설정하면,

A와 D 중 하나를 선택하는 모형과 B와 D 중 하나를 선택하는 모형, C와 D 중 하나를 선택하는 모형을 만들면 된다.

$$\text{logit}(\text{A, D}) = \ln\left(\frac{p(\text{A})}{p(\text{D})}\right) = \beta_{0\text{A}} + \beta_{1\text{A}} x$$

$$\text{logit}(\text{B, D}) = \ln\left(\frac{p(\text{B})}{p(\text{D})}\right) = \beta_{0\text{B}} + \beta_{1\text{B}} x$$

$$\text{logit}(\text{C, D}) = \ln\left(\frac{p(\text{C})}{p(\text{D})}\right) = \beta_{0\text{C}} + \beta_{1\text{C}} x$$

최대우도법으로 $\beta_{0\text{A}}, \beta_{0\text{B}}, \beta_{0\text{C}}, \beta_{1\text{A}}, \beta_{1\text{B}}, \beta_{1\text{C}}$를 구할 수 있다. 각각의 파라미터는 각각의 이분 선택에 해당하는 파라미터이다. 예컨대, x가 1점 증가하면 A와 D 중에서 A를 선택할 승산비가 $e^{\beta_{1\text{A}}}$만큼 증가하고, B와 D 중에서 B를 선택할 승산비가 $e^{\beta_{1\text{B}}}$만큼 증가하며, C와 D 중에서 C를 선택할 승산비가 $e^{\beta_{1\text{C}}}$만큼 증가하게 된다.

6 R을 이용한 로지스틱 회귀분석

이분 로지스틱 분석을 위해서 인터넷 중독 척도 자료에서 self_diag(본인은 '인터넷 중독'이라고 생각됩니까?)를 selfdiag2로 재코딩하여 3, 4(③ 그렇다 ④ 정말 그렇다)이면 1로, 1, 2(① 전혀 아니다 ② 아니다)는 0으로 변환하였다.

```
> intadd<-read.csv("internet.csv")
> cat1<-which(intadd[,"self_diag"]>=3)
> cat2<-which(intadd[,"self_diag"]<3)
> intadd$selfdiag2<-0
> intadd$selfdiag2[cat1]<-1
```

로지스틱 분석은 glm 함수에서 family=binomial의 옵션을 설정하여 실행할 수 있다. family=binomial(link="probit")로 설정하면 프로빗을 연결함수로, family=binomial(link="logit")로 설정하면 로짓을 연결함수로 설정하게 된다.

다음은 f1, f2, f3, f4, f5, f6, f7를 이용하여 selfdiag2를 예측하는 모형이다.

```
> o_probit <- glm(selfdiag2 ~ f1+f2+f3+f4+f5+f6+f7, family = binomial(link =
"probit"), data = intadd)
> summary(o_probit)

Call:
glm(formula = selfdiag2 ~ f1 + f2 + f3 + f4 + f5 + f6 + f7, family = binomial(link =
"probit"),
    data = intadd)

Deviance Residuals:
    Min       1Q   Median       3Q      Max
-2.5551  -0.8085  -0.4837   0.9034   2.5299

Coefficients:
             Estimate Std. Error z value Pr(>|z|)
(Intercept) -4.115546   0.309276 -13.307  < 2e-16 ***
f1           0.027437   0.006098   4.499 6.83e-06 ***
f2          -0.008427   0.005671  -1.486   0.1373
f3           0.002121   0.006175   0.344   0.7312
f4           0.016065   0.006778   2.370   0.0178 *
f5           0.007230   0.005146   1.405   0.1600
f6          -0.013256   0.006029  -2.199   0.0279 *
f7           0.040444   0.006277   6.444 1.17e-10 ***
---
Signif. codes:  0 '***' 0.001 '**' 0.01 '*' 0.05 '.' 0.1 ' ' 1

(Dispersion parameter for binomial family taken to be 1)

    Null deviance: 1330.1  on 999  degrees of freedom
Residual deviance: 1052.0  on 992  degrees of freedom
```

```
AIC: 1068

Number of Fisher Scoring iterations: 4

> o_logit <- glm(selfdiag2 ~ f1+f2+f3+f4+f5+f6+f7, family = binomial(link =
"logit"), data = intadd)
> summary(o_logit)

Call:
glm(formula = selfdiag2 ~ f1 + f2 + f3 + f4 + f5 + f6 + f7, family = binomial(link =
"logit"),
    data = intadd)

Deviance Residuals:
    Min       1Q   Median       3Q      Max
-2.4906  -0.8032  -0.4930   0.8851   2.4380

Coefficients:
             Estimate Std. Error z value Pr(>|z|)
(Intercept) -6.895807   0.550886 -12.518  < 2e-16 ***
f1           0.045665   0.010331   4.420 9.87e-06 ***
f2          -0.015311   0.009517  -1.609   0.1077
f3           0.005344   0.010418   0.513   0.6080
f4           0.027141   0.011440   2.372   0.0177 *
f5           0.011229   0.008713   1.289   0.1975
f6          -0.022573   0.010205  -2.212   0.0270 *
f7           0.068776   0.010657   6.454 1.09e-10 ***
---
Signif. codes:  0 '***' 0.001 '**' 0.01 '*' 0.05 '.' 0.1 ' ' 1

(Dispersion parameter for binomial family taken to be 1)

    Null deviance: 1330.1  on 999  degrees of freedom
Residual deviance: 1052.4  on 992  degrees of freedom
AIC: 1068.4

Number of Fisher Scoring iterations: 4
```

프로빗 모형이나 로지스틱 모형 모두에서 f1, f4, f6, f7의 기울기가 통계적으로 유의미하다는 것을 알 수 있다. 그러나 기울기는 두 모형에서 차이가 남을 알 수 있다. 로짓을 사용한 결과를 좀 더 살펴보면, 일상생활장애(f1) 점수가 1점 높아지면 중독자기지각 승산, 즉 $\frac{\text{중독이라 생각하는 사람의 빈도}}{\text{중독이 아니라고 생각하는 사람의 수}}$는 $e^{.046} = 1.047$배 증가한다. 반면, 일탈(f6) 점수가 1점 높아지면 중독자기지각 승산은 $e^{-0.023} = .977$배 증가한다. 즉, 감소하는 것을 알 수 있다. 회귀계수가 0보다 크면 증가를, 0보다 작으면 감소를 나타낸다.

다항 로지스틱 모형은 nnet 라이브러리에 있는 multinom 함수를 이용하면 된다. 다음의 예는 4개의 범주를 가지는 self_diag를 예측하는 분석이다. relevel(intadd$self_diag, ref = "1") 함수를 이용하면 기준이 되는 범주를 1(전혀 아니다)로 삼았다. 그리고 multinom 함수를 이용하여 다항 로지스틱 분석을 실행하였다.

```
> library(nnet)
> intadd$self_diag<-as.factor(intadd$self_diag)
> intadd$self_diag <- relevel(intadd$self_diag, ref = "1")
> res<-multinom(self_diag~f1+f2+f3+f4+f5+f6+f7,data = intadd)
# weights:  36 (24 variable)
initial  value 1386.294361
iter  10 value 1163.531949
iter  20 value 1101.606459
iter  30 value 984.886970
final  value 984.859730
converged
> summary(res)
Call:
multinom(formula = self_diag ~ f1 + f2 + f3 + f4 + f5 + f6 +
    f7, data = intadd)
```

```
Coefficients:
  (Intercept)          f1          f2           f3         f4           f5          f6         f7
4  -15.178946 0.12520531 -0.04610538 -0.006563207 0.10227139 -0.001824626 -0.08107656 0.16931161
2   -1.867419 0.06594085 -0.05262866 -0.011741585 0.04162368 -0.011690895 -0.01901736 0.05367681
3   -7.561520 0.09878293 -0.06192095 -0.004094889 0.05747113  0.002132113 -0.03356386 0.10738760

Std. Errors:
  (Intercept)         f1         f2         f3         f4         f5         f6         f7
4   1.3646171 0.02453798 0.01992337 0.02326038 0.02655737 0.01986566 0.02270607 0.02607030
2   0.7239570 0.01675288 0.01524914 0.01519051 0.01761044 0.01177991 0.01553602 0.01636216
3   0.8282865 0.01795079 0.01587752 0.01654413 0.01899331 0.01309281 0.01680502 0.01778722

Residual Deviance: 1969.719
AIC: 2017.719
```

결과 coefficient 부분을 보면 4, 2, 3에 대한 회귀계수가 제시되어 있다. 4는 1과 4 간의 선택, 3은 1과 3 간의 선택에 대한 결과이다. 4와 1 간의 선택에 대한 결과는 다음과 같다.

$$\text{logit} = -15.18 + .125f1 - .046f2 - .007f3 + .102f4 - .002f5 \\ -.081f6 + .169f7$$

앞선 결과의 coefficient에서 standard error를 나누면 z 점수가 되고 이 값이 1.96보다 큰지 2.54보다 큰지에 따라서 .05와 .01 수준에서 회귀계수가 0이라는 영가설을 기각할 수 있다. 다음의 코드를 사용하면 간단하게 z 점수를 구할 수 있다.

```
> summary(res)$coefficients/summary(res)$standard.errors

  (Intercept)        f1        f2         f3       f4          f5        f6       f7
4  -11.123227 5.102510 -2.314136 -0.2821625 3.850961 -0.09184821 -3.570700 6.494425
2   -2.579462 3.936092 -3.451254 -0.7729555 2.363581 -0.99244377 -1.224082 3.280545
3   -9.129111 5.502984 -3.899914 -0.2475131 3.025862  0.16284615 -1.997252 6.037345
```

제13장 분산분석(일원분산분석)

1. 분산분석의 논리
2. 일원분산분석
3. 계획된 비교와 사후검증
4. 효과크기와 검증력
5. 분산분석의 가정

1 분산분석의 논리

분산분석(analysis of variance: ANOVA)은 평균들의 차이에 대한 가설검증 기법이다. 분산분석은 t 검증과는 다음과 같은 점에서 다르다. 첫째, 두 개 이상의 평균에 대한 비교가 가능하다. 둘째, t 검증에서는 하나의 독립변수만을 이용하여 분석하는 데 반해, 분산분석에서는 두 개 이상의 독립변수를 동시에 분석하는 것이 가능하다. 셋째, 분산분석에서는 한 독립변수가 종속변수에 미치는 효과의 크기가 다른 독립변수에 의하여 변하는지를 분석할 수 있다. 이를 상호작용효과라 부르는데 뒤에 자세히 설명할 것이다. 앞의 차이점에서 보는 바와 같이 분산분석은 t 검증을 포함하는 상위분석법이다. 분산분석에서 독립변수가 하나이고 두 평균을 비교하는 경우는 t 검증과 동일하게 된다.

분산분석을 두 집단의 평균을 비교하는 t 검증과 비교하여 설명해 보자. t 검증의 공식을 살펴보면, 분자는 두 평균의 차이로 구성되어 있고, 분모는 동일한 집단(조건)에 있는 구성원들의 표준편차로 구성되어 있다. 이 공식에서는 집단 평균이 다른 정도를 두 평균의 차이로 계산하고 있다. 그러나 평균이 세 개 이상인 경우에는 차이를 하나의 수치로 표현할 수 없다. 굳이 t 검증을 이용하여 세 집단 평균을 비교하고자 한다면, 세 번의 t 검증을 하여 이 결과를 통합할 수밖에 없다. 물론 이 경우에는 다수의 가설검증 시행으로 일종오류의 크기가 증가하게 된다.

그러면 어떤 방식으로 집단 수가 세 개 이상인 경우에 평균들의 차이를 통계적으로 표현할 수 있을까? 한 가지 방법은 평균들의 분산으로 표현하는 것이다. 평균들이 모두 동일할 때 분산은 0이 되며, 평균들의 차이가 커지면 분산도 커지게 된다. 분산분석에서는 평균들의 분산을 이용하여 분석하게 된다. 보다 정확히 표현하면, 집단(조건) 평균들의 분산과 동일 집단(조건)에 속하는 구성원 자료들 사이의 분산을 비교하는 것이다. 전자의 분산을 분자로 두고, 후자의 분산을 분모로 두는 통계량을 계산하면, 이는 두 분산의 비이므로 F 분포를 따르게 된다. F값은 집단 평균들의 분산이 동일집단에 속하는 값들의 분산보다 커지면 증가한다. 기본적으로 t 검증과 유사한 논리이다.

분산분석은 독립변수가 하나인지 두 개 이상인지 독립변수가 집단을 나타내는지, 그렇지 않으면 동일한 개인의 서로 다른 조건을 나타내는지에 따라 다양한 형태를 띤다. 먼저, 독립변수가 하나이고 그 변수가 집단을 나타내는 경우부터 살펴볼 것이다.

혼동하기 쉬운 용어 설명

- 요인(factor): 독립변수를 말한다. 예컨대, 대도시/중소도시/농어촌의 세 집단을 표시하는 지역이라는 독립변수가 있다면 지역을 요인이라 부른다. 분산분석의 특징상 요인은 범주변수이다.
- 수준(level): 요인이 취할 수 있는 값의 수를 말한다. 예컨대, 앞의 예에서 지역은 세 가지 값을 취할 수 있다. 따라서 지역이라는 요인의 수준은 3이다.

2 일원분산분석

일원분산분석(One-way ANOVA)은 독립변수, 즉 요인이 하나인 분석법을 말한다. 다음과 같은 실험설계를 생각하여 보자. 연구자가 새롭게 개발한 훈련 프로그램인 C와 D가 기존의 프로그램인 A와 B보다 우수하다는 것을 검증하고자 한다.

더 나아가서 C와 D 프로그램 중 어느 프로그램이 효과적인지에 대해서도 관심이 있다. 이를 위하여 네 집단을 무선적으로 추출하여 각각 A, B, C, D 방식으로 교육을 시킨 후에 그 성취도를 평가하였다. 이 설계에서 종속변수는 성취도이고 요인 (독립변수)은 집단이고 이 집단 요인의 수준은 4이다.

성취도 점수가 다음과 같다고 하자. 네 집단의 표본 평균은 15, 13, 19, 27로, C, D의 훈련방식이 A, B보다 나은 것으로 보인다. 일원분산분석을 통하여 먼저 이 네 집단에 대한 모집단의 평균들이 서로 다른지를 검증하여 보자. 기본적인 생각은 집단 간 평균의 분산(여기에서는 15, 13, 19, 27의 분산)과 집단 내 분산을 비교하는 데 있다.

	집단 A	집단 B	집단 C	집단 D
	12	14	19	24
	18	12	17	27
	15	13	21	30
집단 평균	15	13	19	27
전체 평균	18.5			

분산분석은 전체 분산을 집단 간 평균의 차이에 의해 설명되는 분산(집단 간 분산)과 동일집단의 구성원들의 점수가 동일하지 않기 때문에 발생하는 분산(집단 내 분산)으로 분해함으로써 가능하다. 분산의 공식을 살펴보면 분자는 각 점수에서 평균을 뺀 항들의 제곱들의 합으로 구성되어 있고, 분모는 표본의 크기인 N으로 구성되어 있으며 불편추정치로 만들기 위하여 N이 조정되기도 한다. 단일 표본의 분산의 경우 $N-1$이었다. 분자에 해당하는 항을 제곱합(Sum of Squares: SS)이라 한다.

집단 i의 j번째 자료를 Y_{ij}로, 집단 i의 평균을 $\overline{Y}_i$로 전체 평균을 $\overline{Y}$로 표시하면, 집단에 관계없이 각 점수들이 전체 평균에서 얼마나 벗어나 있는지를 나타내는 전체 SS는 다음과 같다. [여기서 g는 집단의 수, n_i는 i번째 집단의 n수(사례수)이다.]

$$전체\ SS : SS_T = \sum_{i=1}^{g}\sum_{j=1}^{n_i}(Y_{ij} - \overline{Y})^2$$

이 전체 *SS*는 집단 간 *SS*와 집단 내 *SS*로 다음과 같이 분해된다.

$$\begin{aligned}
\Sigma\Sigma(Y_{ij} - \overline{Y})^2 &= \Sigma\Sigma(Y_{ij} - \overline{Y}_i + \overline{Y}_i - \overline{Y})^2 \\
&= \Sigma\Sigma(Y_{ij} - \overline{Y})^2 + \Sigma\Sigma(\overline{Y}_i - \overline{Y})^2 + 2\Sigma\Sigma(Y_{ij} - \overline{Y}_i)(\overline{Y}_i - \overline{Y}) \\
&= \Sigma\Sigma(Y_{ij} - \overline{Y}_i)^2 + \Sigma\Sigma(\overline{Y}_i - \overline{Y})^2 \\
&= \Sigma\Sigma(Y_{ij} - \overline{Y}_i)^2 + \Sigma n_i(\overline{Y}_i - \overline{Y})^2
\end{aligned}$$

여기서 $\Sigma\Sigma(Y_{ij} - \overline{Y}_i)(\overline{Y}_i - \overline{Y})$는 계산하면 0이 된다. 집단 간 *SS*는 다음과 같다.

$$집단\ 간\ SS : SS_b = \sum_{i=1}^{g}\sum_{j=1}^{n_i}(\overline{Y}_i - \overline{Y})^2 = \sum_{i=1}^{g}n_i(\overline{Y}_i - \overline{Y})^2$$

집단 간 *SS*는 각 집단의 자료가 모두 그 집단의 평균치를 취하고 있다고 가정했을 때의 *SS*를 나타낸다. 따라서 이는 집단 간의 평균 차이에 의하여 설명되는 *SS*이다.

$$집단\ 내\ SS : SS_w = \sum_{i=1}^{g}\sum_{j=1}^{n_i}(Y_{ij} - \overline{Y}_i)^2$$

집단 내 *SS*는 각 자료가 그 자료가 속한 집단의 평균에서 이탈되어 있는 정도를 나타내고 있다. 따라서 각 집단에 속한 개인의 자료가 모두 동일하면 집단 내 *SS*는 0이 되고, 차이가 많이 나면 집단 내 *SS*는 커지게 된다.

집단 간 평균 차이가 통계적으로 유의미하려면, 전체 *SS* 중에서 집단 간 *SS*가 차지하는 비중이 높아야 한다. 이는 또한 집단 간 *SS*가 집단 내 *SS*보다 더 커야 됨을 의미한다.

1) 분산의 분포

분산분석에서는 두 개의 제곱합 혹은 분산을 비교하여 집단 간의 평균 차이가 통계적으로 의미 있는지를 검증한다. 제곱합을 모집단의 분산으로 나눈 값은 카이제곱분포를 따른다는 것을 알고 있다.

$$\frac{SS_b}{\sigma^2} \sim \chi^2(df_b)$$

각 분포의 자유도는 독립적인 z값이 몇 개 더해져 있느냐에 의해 결정된다.

만약 두 분포의 σ^2이 동일하다면, 각 통계량을 자유도로 나눈 뒤 비를 구하면 F 분포를 따른다.

$$\frac{SS_b / df_b}{SS_w / df_w} \sim F(df_b, df_w)$$

영가설에서 다시 설명하겠지만, 분산분석의 영가설이 참이면, 두 집단 간 분산의 σ^2과 집단 내 분산의 분포의 σ^2이 동일하다.

2) 카이제곱과 F 분포에서의 자유도

서로 독립인 Z의 제곱이 k개 더해졌을 때 그 통계량은 자유도가 k인 카이제곱분포를 따르며 제약이 가해지면 자유도에서 제약의 수를 뺀 것이 자유도가 된다. 즉, 자유도는 자료 수에서 의존성(제약)의 개수를 뺀 값으로 정의될 수 있다.

집단 내 SS를 계산할 때는 집단 수만큼의 평균을 이용하게 되므로 제약의 수는 집단 평균의 개수와 동일하게 된다. 따라서 자유도는 전체 자료의 수에서 제약의 수를 뺀 $N-g$가 된다. 집단 간 SS는 g개의 $\overline{Y}_i$에서 전체 평균을 빼서 제곱한 것이다. 따라서 자료의 수는 g개이다. 그리고 집단의 평균을 더해서 집단 수로 나누면 전체 평균이 되므로 여기에 제약이 하나 존재하게 된다. 따라서 이때의 자유도는 $g-1$이다.

3) 영가설

일원분산분석의 영가설은 각 집단의 모집단 평균이 동일하다는 것이다.

$$H_0 : \mu_1 = \mu_2 = \cdots = \mu_g$$
$$H_1 : not\ H_0$$

모집단의 평균이 동일한 경우에는 위에 F값의 기대값이 1이 된다. 따라서 통계적으로 F값이 1보다 큰 값을 가지면 영가설을 기각할 수 있다.

4) 검증통계량

분산분석에서 사용하는 검증통계량은 F로 흔히 F비(F-ratio)라 불린다. 이미 위의 분포에서 본 바와 같이 분산을 자유도로 나눈 값들의 비이다. 이를 정리하면 다음과 같다.

- 제곱합(Sum of Squares: *SS*): 제곱합은 집단 간 제곱합과 집단 내 제곱합이 있다. 이를 각각 SS_b와 SS_w로 나타냈다. 전자는 집단 간 평균이 전체 평균에서 벗어난 정도에 대한 정보를 가지고 있으며, 후자는 동일집단 내의 점수들이 집단 평균에서 벗어난 정도에 대한 정보를 가지고 있다.
- 평균제곱합(Mean Square: *MS*): 평균제곱합은 제곱합을 자유도로 나눈 값으로 집단 간 평균제곱합과 집단 내 평균제곱합이 있다. 이를 각각 MS_b와 MS_w로 나타냈다.
- F 비: MS_b를 MS_w로 나눈 값으로 이는 F 분포를 따른다. 이때 자유도는 $(g-1, N-g)$이다. [여기서 g는 집단의 수이다.]

5) 적용의 예

앞에서 예로 든 네 집단의 성취도 점수 평균의 차이에 대한 가설검증 절차를 살펴보자. 영가설은 네 집단이 모두 평균이 동일한 집단에서 나왔다는 것이다. α 수준을 .05로 설정하자.

이때 F를 구하는 절차는 다음과 같다. 집단 간 SS는 각 집단 평균에서 전체 평균을 뺀 다음 제곱하여 더한 값이다.

$$SS_b = (15-18.5)^2 + (13-18.5)^2 + (19-18.5)^2 + (27-18.5)^2 = 345$$

집단 내 SS는 각 점수에서 집단 평균을 뺀 다음 제곱하여 더한 값이다.

$$SS_w = (12-15)^2 + (18-15)^2 + \cdots + (27-27)^2 + (30-27)^2 = 46$$

자유도는 집단 간의 경우 4−1=3, 집단 내의 경우 12−4=8이므로 SS를 자유도로 나눈 값인 MS값은 각각 115와 5.75이다. 마지막으로, F값은 집단 간 MS에서 집단 내 MS를 나눈 값이므로 F=20.00이 된다. 이를 F 분포표에서 찾으면 p값은 .0004487이 된다.

ANOVA					
Source	*SS*	*df*	*MS*	*F*	*p*
Between Groups	345.00	3	115.00	20.00	.0004487
Within Groups	46.00	8	5.75		
Total	391.00	11			

[그림 13-1] 분산분석 결과를 정리한 분산분석표

p값이 α값인 .05보다 작으므로 영가설을 기각할 수 있다. 결론적으로 네 집단이 동일한 평균을 가지는 분포에서 나왔다는 영가설을 기각한다. 따라서 네 집단은

평균이 서로 다른 분포에서 나왔을 것이라고 결론을 내릴 수 있다.

개념정리

평균의 차이에 대한 세 가지 분석: t 검증, 분산분석, 회귀분석

회귀분석에서 집단 간 평균 차이를 더미 코딩을 이용하여 다루었다. 분산분석도 집단 간 평균 차이에 대한 검증이므로 이 두 분석은 논리적으로 동일하다. 사실 이 분석은 수학적으로도 동일하다. 회귀분석에서 R^2에 대한 가설검증의 F값과 p값은 분산분석에서 F값, p값과 일치한다.
집단이 두 개인 경우 t 검증과 분산분석도 논리적 · 수학적으로 동일한 검증이다. 동일한 자료를 이용하여 분석하였다면 동일한 p값을 산출한다. 분산분석의 F값은 t값의 제곱과 일치하며, F의 분모 자유도와 t의 자유도도 일치하게 된다.

3 계획된 비교와 사후검증

앞의 ANOVA에서는 네 집단 평균이 모두 동일하다는 영가설에 대하여 검증하였다. 영가설이 기각되면, 모든 집단의 평균이 동일하다는 가설을 기각하는 것이다. 영가설이 기각되는 경우는 다양하다. 예를 들면, 세 집단의 평균이 모두 동일하고 한 집단이 나머지 집단과 달라도 기각되고, 네 집단의 평균이 모두 다 달라도 기각된다. 연구자는 많은 경우에 네 집단의 평균이 동일하지 않은지에 관심을 가지기보다는 특정한 집단들의 평균이 다른 집단과 다른지에 대하여 관심을 가지는 경우가 많다. 계획된 비교와 사후검증은 어떤 집단들 간의 차이가 있는지를 검증하는 방법이다. 이 두 방법은 유사한 절차를 사용하지만, 연구설계와 가설검증 절차에서 전혀 다른 논리에 근거하고 있다.

다음과 같은 실험설계를 생각하여 보자. 한 연구자가 정상 남자, 정상 여자, 우울증 남자, 우울증 여자의 휴대전화 사용시간을 조사 중이다. 연구자는 정상 집단과 우울증 집단의 차이에 대하여 관심을 가지고 있을 뿐만 아니라 정상 집단과 우울증 집단에서 각각 남녀 차이가 있는지에 대해서도 관심을 가지고 있다. 이 경우에 연구자는 집단 간 비교에 대한 명확한 계획을 가지고 있고 이 이외의 다른 비교에 대해서는 관심이 없다. 이 경우에 계획된 비교(planned comparison)를 사용할 수 있다.

또 다른 경우에 연구자는 사전에 이러한 비교에 대하여 특별한 생각을 가지고 있지 않을 수 있다(물론 바람직한 경우는 아니다). 이때에는 어느 집단과 어느 집단을 비교하여야 할지에 대한 사전 계획이 없기 때문에 모든 가능한 조합을 비교하여 통계적으로 유의미한 차이를 탐지할 수 있다. 이를 사후비교(post-hoc comparison)라 한다.

얼핏 보면 사후검증에서 비교하는 것이 계획된 비교에서 비교하는 것을 모두 포함하고 있으므로, 연구자가 예상하지 않은 차이도 탐지할 수 있는 사후검증이 바람직한 방법으로 보인다. 그러나 공짜는 없다. 사후검증의 경우 많은 가설검증을 하게 되고 가설검증을 할 때마다 일종오류가 발생할 수 있으므로 일종오류의 크기는 집단의 수에 따라 기하급수적으로 증가한다.

1) 누적알파와 개별알파

알파는 가설검증을 한 번 실시할 때 저지를 수 있는 일종오류의 크기이다. 가설검증을 k번 할 때, 한 번이라도 일종오류를 저지를 확률을 누적알파(family-wise alpha)라 한다. 이 확률은 1에서 k번 모두 오류를 저지르지 않을 확률을 빼면 된다.

$$\alpha_{fw} = 1 - (1 - \alpha_{pc})^k$$

여기서 α_{fw}는 누적알파, α_{pc}는 개별 가설검증에서 설정한 알파를 말한다. 개별알파가 .05, .01, .001일 때 가설검증의 수가 증가함에 따라 변화하는 누적알파의 양이 〈표 13-1〉에 제시되어 있다.

〈표 13-1〉 개별알파와 비교 수에 따른 누적알파의 수준

비교 수	개별알파		
	.0500	.0100	.0010
1	.0500	.0100	.0010
2	.0975	.0199	.0020
3	.1426	.0297	.0030
4	.1855	.0394	.0040
5	.2262	.0490	.0050
10	.4013	.0956	.0100
20	.6415	.1821	.0198
30	.7854	.2603	.0296
40	.8715	.3310	.0392
50	.9231	.3950	.0488
100	.9941	.6340	.0952
200	1.0000	.8660	.1814

사후검증과 같이 가설검증을 여러 번 하는 경우에는 누적알파를 사용해야 한다. 따라서 누적알파를 .05 수준이 되게 하기 위해서는 개별알파수준이 .05보다 작은 값이어야 된다. 앞의 공식의 역함수를 구하면 다음과 같다.

$$\alpha_{pc} = 1 - (1 - \alpha_{fw})^{1/k}$$

〈표 13-2〉 특정한 누적알파수준을 유지하기 위해 필요한 개별알파의 수준

비교 수	누적알파		
	.1000	.0500	.0100
1	.1000	.0500	.0100
2	.0513	.0253	.0050
3	.0345	.0170	.0033
4	.0260	.0127	.0025
5	.0209	.0102	.0020

10	.0105	.0051	.0010
20	.0053	.0026	.0005
30	.0035	.0017	.0003
40	.0026	.0013	.0003
50	.0021	.0010	.0002
100	.0011	.0005	.0001
200	.0005	.0003	.0001

여기서 주목할 점은 비교 수가 증가함에 따라 고정된 누적알파수준을 유지하기 위해서 개별알파수준이 낮아져야 된다는 것이다. 예컨대, 비교 수가 20인 경우에 누적알파 .05 수준을 유지하기 위해서 개별알파는 .0026으로 설정해야 한다. 따라서 영가설을 기각할 수 있는 확률이 낮아지게 된다.

알파수준을 낮게 설정하는 것은 엄격한 기준을 적용하는 것처럼 보이나, 이는 오직 일종오류만 고려하는 것이다. 반면, 이종오류는 알파수준이 감소함에 따라 증가한다. 따라서 비교 수를 많이 하면, 많은 경우에 연구자들이 목표로 하는 결과, 즉 영가설이 거짓일 때 영가설을 기각하는 결과를 얻지 못하게 된다.

2) 계획된 비교

계획된 비교는 연구자가 관심이 있는 집단 간 비교만을 실행하는 방법이다. 따라서 사후비교와는 달리 일종오류를 크게 증가시키는 것을 방지할 수 있다. 계획된 비교는 소위 대비(contrast)를 통하여 표현된다. 앞의 예에는 네 집단이 있고 첫 번째 비교하고자 하는 것은 정상집단과 우울집단이었다. 집단을 *G*1, *G*2, *G*2, *G*4로 나타내고, *G*1과 *G*2 대 *G*3와 *G*4를 비교하고자 하면, 이에 해당하는 대비는 (1 1 −1 −1)이다. 이는 다음과 같은 영가설을 의미한다.

$$H_0 : 1\mu_1 + 1\mu_2 - 1\mu_3 - 1\mu_4 = 0$$
$$H_0 : \mu_1 + \mu_2 = \mu_3 + \mu_4$$

즉, 첫 번째 집단의 평균과 두 번째 집단의 평균을 더한 것과 세 번째 집단의 평균과 네 번째 집단의 평균을 더한 값이 동일하다는 것이다. 이에 대한 통계량은 다음과 같다.

$$\Psi_1 = \overline{Y}_1 + \overline{Y}_2 - \overline{Y}_3 - \overline{Y}_4$$

Ψ는 대비의 각 계수에 평균을 곱한 다음, 이를 모두 더한 값으로 정의된다.

$$\Psi = C_1\overline{Y}_1 + C_2\overline{Y}_2 + C_3\overline{Y}_3 + C_4\overline{Y}_4 = \sum_i C_i Y_i$$

예컨대, 대비가 (½ ½ −½ −½)라면 Ψ는 $\frac{1}{2}\overline{Y}_1 + \frac{1}{2}\overline{Y}_2 - \frac{1}{2}\overline{Y}_3 - \frac{1}{2}\overline{Y}_4$가 된다. 앞에서 제시된 시나리오에 대한 세 가지 대비는 〈표 13-3〉과 같다.

〈표 13-3〉 대비의 예

G1	G2	G3	G4		
1	1	−1	−1	→	Ψ_1
1	−1	0	0		Ψ_2
0	0	1	−1		Ψ_3

즉, 첫 번째 대비는 정상집단과 우울집단의 비교, 두 번째 대비는 정상남자집단과 정상여자집단의 비교, 세 번째 대비는 우울남자집단과 우울여자집단의 비교이다.

대비와 관련하여 몇 가지 기억해야 할 점이 있다. 첫째, (1 1 −1 −1)과 (100 100 −100 −100), (½ ½ −½ −½)는 동일한 대비라는 것이다. (½ ½ −½ −½)에 대한 영가설은 G1과 G2 평균들의 평균과 G3와 G4 평균들의 평균이 같다는 것이다. 이는 (1 1 −1 −1)에서 G1과 G2 평균들의 합과 G3와 G4 평균들의 합이 같다는 것과 동일하다. 둘째, 대비를 이루는 성분의 합은 반드시 0이 되어야 한다는 것이다. 대비를 구성하는 논리상 필수적인 것이다.

각 비교는 사실 두 집단의 평균을 비교하는 것이다. 앞의 첫 번째 비교의 경우 첫 번째 집단과 두 번째 집단을 합쳐서 정상집단을 만들고 세 번째 집단과 네 번째 집단을 합쳐서 우울집단을 만들면 두 집단에 대한 비교가 된다. 이때 집단 간 *SS*는 다음과 같이 계산될 수 있다.

$$SS_{comparison} = 2n\left(\frac{(\bar{Y}_1+\bar{Y}_2)}{2}-\bar{Y}\right)^2 + 2n\left(\frac{(\bar{Y}_3+\bar{Y}_4)}{2}-\bar{Y}\right)^2$$
$$= n\frac{(\bar{Y}_1+\bar{Y}_2-\bar{Y}_3-\bar{Y}_4)^2}{4}$$

즉, 첫 번째 집단의 평균에서 전체 평균을 빼서 제곱하고 두 번째 집단의 평균에서 전체 평균을 빼서 제곱하여 더한 값이다. 앞의 식은 모든 집단의 표본크기는 *n*으로 동일한 경우를 다룬다. 두 집단을 합친 경우이므로 표본크기는 2*n*이 된다. 앞에서 정의한 Ψ_1을 사용하여 다시 공식을 정의하면, 다음과 같이 된다.

$$SS_{comparison} = n\frac{\psi_1^2}{4}$$

*SS*는 Ψ를 이용하여 계산될 수 있다. 그런데 동일한 비교라 하더라도, (1 1 −1 −1)과 (½ ½ −½ −½)를 사용하였을 때, *SS*값이 다르게 된다. 이를 보정한 *SS* 공식은 다음과 같다.

$$SS_{comparison} = \frac{n\psi^2}{\sum_i C_1^2}$$

여기에서 *C*는 대비의 계수를 나타내고 *C*의 크기가 증가하면 Ψ의 크기가 증가하지만 분모의 *C*제곱합의 항이 이를 상쇄시켜 *C*의 크기에 상관없이 동일한 대비는 동일한 *SS*값을 산출한다.

대비에서 비교는 항상 두 집단 사이에서 이루어지므로 자유도는 1이 되어 *MS*와 *SS*가 일치하게 된다. 집단 내 *SS*, *MS*는 원래의 ANOVA(overall ANOVA)에서 사용한 MS를 사용하면 된다. 즉, F값은 다음과 같다.

$$F = \frac{SS_{comparison}/1}{MS_{within}}$$

◆ 직교대비(orthogonal contrast)

연구자의 관심에 따라 다양한 대비를 형성하여 비교를 할 수 있다. 비교들 중에서 어떤 비교들은 서로 중첩되고 어떤 비교들은 독립적이다. 예컨대, 앞의 예에서 정상집단과 우울집단의 비교와 정상남자집단과 우울남자집단의 비교는 중첩된다. 정상집단과 우울집단이 차이가 나면, 정상남자집단과 우울남자집단이 차이가 날 확률이 높아지게 된다. 이러한 경우에는 서로 독립적인 비교가 아니다. 반면, 정상집단과 우울집단의 비교와 남자집단과 여자집단의 비교는 독립적인 비교가 된다.

두 대비가 직교하면, 두 비교는 독립적이다. 직교대비는 대비계수들로 구성된 두 선형함수가 직교하는 경우로 이는 수리적으로 다음과 같이 표현된다.

$$\sum C_i D_i = 0$$

여기서 C_i, D_i는 각각 대비계수를 나타낸다. 〈표 13-4〉의 왼쪽 표에서 첫 번째 대비와 두 번째 대비가 직교인지 아닌지를 검증하면 다음과 같이 두 계수들의 곱의 합이 0이 되어 직교한다.

$$1 \times 1 + 1 \times (-1) + (-1) \times 0 + (-1) \times 0 = 0$$

〈표 13-4〉의 오른쪽 표에서 첫 번째 대비와 세 번째 대비를 동일한 방법으로 계수들의 곱의 합을 구하면 0이 되지 않아서 직교가 되지 않는다.

〈표 13-4〉 직교대비와 비직교대비의 예

〈직교대비의 예〉 VS 〈비직교대비의 예〉

C_1	C_2	C_3	C_4
1	1	−1	−1
1	−1	0	0
0	0	1	−1

VS

C_1	C_2	C_3	C_4
1	1	1	−3
1	−1	0	0
0	0	1	−1

〈표 13-4〉의 직교대비의 예는 세 개의 대비가 서로서로 직교하는 경우이며, 비직교대비의 예는 그렇지 않은 경우이다. 서로 다른 직교대비의 최대 개수는 자유도와 일치한다. 앞의 경우에 네 집단을 비교하는 것이므로 자유도가 4−1=3이고 따라서 서로 직교하는 대비는 세 개의 세트가 존재한다.

이렇게 직교하는 대비들을 사용하여 ANOVA를 하면 집단 간 *SS*를 분해하게 된다. 앞의 예에서 세 대비에 대한 *SS*의 합은 집단 간 *SS*와 동일하게 된다. 즉, 집단 간 차이는 세 개의 비교로 분해될 수 있다. 이 비교들을 합하면 집단 간 차이가 된다. 직교대비에 의한 분석은 집단 간 *SS*를 분해하는 것이므로 새로운 ANOVA를 시행한 것으로 보지 않아서 누적알파에 의한 개별알파의 수정을 하지 않는 것이 일반적이다. 이러한 이유로 많은 연구자들이 직교대비를 선호하게 된다.

〈표 13-5〉 대비를 포함하고 있는 분산분석표

ANOVA					
Source	*SS*	*df*	*MS*	*F*	Sig.
Between Groups	□ =	3	$MS_{between}$	$F_{between}$	
Comp1	○	1	MS_{comp1}	F_{comp1}	
Comp2	+○	1	MS_{comp2}	F_{comp2}	
Comp3	+○	1	MS_{comp3}	F_{comp3}	
Within Groups	△	d	MS_{within}		
Total	□ + △	3+d			

집단이 많아지면 직교대비를 구성하거나 확인하는 것이 용이하지 않기 때문에, 쉽게 직교대비를 구성하고 확인하는 방법을 소개하고자 한다. 먼저, 각 집단의 이름을 적당한 간격을 두고 종이에 쓴 다음, 비교하고자 하는 두 집단으로 나누고 동일한 집단을 타원을 그려 묶는다. 다음의 예에서 집단 1, 2와 집단 3, 4, 5를 비교하는 것이다.

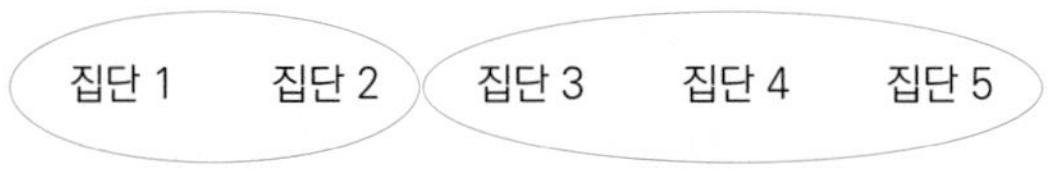

그런 다음, 다음 대비를 구성한다. 예컨대, 다음 대비가 집단 3, 4와 집단 5를 비교하는 것이라면 다음과 같이 된다.

이때 이미 그려진 타원들과 가로지르지 않게 새로운 집단들을 그리면 새로운 대비는 이전 대비와 직교하게 된다. 앞의 경우는 직교하는 대비이지만, 다음의 두 대비는 직교하지 않는다.

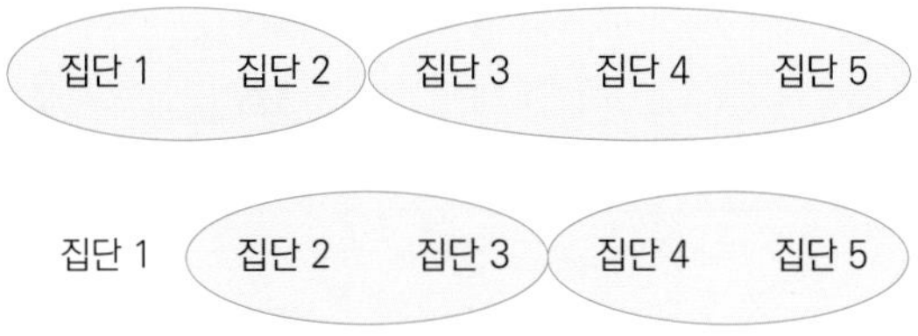

여기에서는 두 번째 대비의 집단 2와 집단 3을 묶는 타원을 그리기 위해 첫 번째 대비의 타원을 가로질러서 그려야 된다.

이 방식을 이용하여 직교하는 대비들을 계속 그리면 다음과 같이 될 수 있다.

즉, 〈표 13-6〉과 같은 서로 직교하는 네 개의 대비를 구성할 수 있다.

〈표 13-6〉 5개 집단 직교대비의 예

대비	C_1	C_2	C_3	C_4	C_4
1	$\frac{1}{2}$	$\frac{1}{2}$	$-\frac{1}{3}$	$-\frac{1}{3}$	$-\frac{1}{3}$
2	0	0	$\frac{1}{2}$	$\frac{1}{2}$	−1
3	1	−1	0	0	0
4	0	0	1	−1	0

3) 사후비교

사후비교는 분산분석에서 집단 간 차이가 난 것을 가설검증을 통하여 확인한 후 어떤 집단들이 차이가 나는지를 사후에 비교하는 것이다. 이는 연구자가 집단 간 차이에 대한 특정한 가설을 가지고 있지 않을 때 적용하는 방법으로, 매우 다양한 사후비교 방법이 개발되어 있다. 이 기법들에서는 누적알파의 수준을 고정할 때 (예: $\alpha = .05$), 개별알파가 어떤 수준이 되어야 하는지를 찾아내고, 개별알파수준을 이용하여 비교의 통계적 유의성을 결정한다.

(1) Scheffé 검사

Scheffé 검사는 모든 가능한 비교에 대하여 모두 가설검증을 해 본다는 가정하에서 개별알파를 설정하는 방식이다. 예컨대, 세 집단이 있는 경우에는 〈표 13-7〉과 같은 비교가 가능하다.

〈표 13-7〉 Scheffé 검사에서 비교하는 대비

대비	C_1	C_2	C_3
1	2	−1	−1
2	1	−1	0
3	1	0	−1
4	1	−2	1
5	1	1	−2
6	0	1	−1

(2) Tukey 검사

Tukey 검사에서는 두 집단 간 평균 차이만을 비교한다는 가정하에 개별알파를 계산하는 방식이다. 세 집단이 있는 경우에 〈표 13-8〉과 같은 비교가 가능하다.

〈표 13-8〉 Tukey 검사에서 비교하는 대비

대비	C_1	C_2	C_3
1	1	1	0
2	1	0	−1
3	0	1	−1

Scheffé 검사와 Tukey 검사를 비교하면, 전자가 더 많은 비교를 가정하고 있으므로 일정한 누적알파에 해당하는 개별알파의 수준은 Scheffé 검사가 Tukey 검사보다 더 낮다. 즉, Scheffé 검사가 Tukey 검사보다 더 영가설을 기각하기 힘들게 만든다. 동일한 평균 차이에 대하여 Scheffé 검사에서는 통계적으로 유의미하지 않지만 Tukey 검사에서는 통계적으로 유의미할 수 있다. 따라서 연구자가 원하는

비교에 따라 적절한 방법을 선택해야 한다.

다시 한 번 강조하지만, 개별알파수준을 낮게 하는 것이 반드시 가설검증으로 인한 판단오류를 줄이는 것은 아니다. 일종오류는 줄일 수 있지만 이종오류는 증가하게 된다. 이러한 의미에서 Scheffé 검사가 엄격한 검사라고 주장하는 것은 무리가 있다.

다른 비교 방법들에 대해 여기에서 다루지 않을 것이다. 그 이유는 가능한 한 사후비교를 하지 않는 것이 좋으며, 사용하는 경우에 이 두 가지 방법이 가장 많이 사용되기 때문이다.

4 효과크기와 검증력

지금까지 분산분석의 결과에서 초점을 맞춘 것은 집단 간에 평균 차이가 존재하는지에 대한 것이었다. 집단 간 차이가 통계적으로 유의미하다는 것은 집단 간의 평균 차이가 0이 아니라는 것이다. 집단 간 평균 차이가 날 때, 그 차이가 얼마나 큰지를 나타내는 통계치가 효과크기이다. 두 집단의 평균을 비교하는 경우 두 평균의 차이가 효과크기가 될 수 있다. 분산분석의 경우에는 평균 차이에 의하여 나타내는 것이 가능하지 않으므로, 집단 간 분산과 전체 분산을 사용하여 나타낸다.

가장 많이 사용하고 직관적으로 이해하기 쉬운 것이 η^2(eta 제곱)이다. 이는 자료의 전체 변산 중에서 집단 간 차이에 의해서 설명되는 변산의 비율을 나타낸다. 여기서 변산은 SS를 의미한다. η^2의 값이 .80이라는 의미는 자료의 전체 변산 중 80%가 집단 간 차이에 의하여 설명될 수 있다는 것이다.

$$\eta^2 = \frac{SS_{between}}{SS_{total}}$$

이는 회귀분석에서 사용되는 R^2과 동일한 통계치이다. 이 통계치는 집단이 증가함에 따라 과잉 추정되는 편중추정치이므로 불편추정치가 되도록 보정한 통계치가 $\hat{\varepsilon}^2$이다. 이는 회귀분석에서 축소된 R 제곱(shrinkage R-square)에 해당한다.

$$\varepsilon^2 = \frac{SS_{between} - (\alpha - 1)MS_{within}}{SS_{total}}$$

여기서 α는 집단의 수를 나타낸다. 효과크기는 전체 분산 중 집단에 의해 설명되는 분산의 비율로도 구해질 수 있는데 ω^2이 그 통계치에 해당한다.

$$\hat{\omega}^2 = \frac{\hat{\sigma}^2_{between}}{\hat{\sigma}^2_{total}}$$

물론 두 분산의 모수치를 알지 못하므로 추정치를 사용해야 한다. 그런데 $MS_{between}$과 MS_{total}은 $\hat{\sigma}^2_{between}$과 $\hat{\sigma}^2_{total}$의 편향추정치이므로 불편추정치가 되도록 교정한 $\hat{\omega}^2$은 다음과 같다.

$$\hat{\omega}^2 = \frac{SS_{between} - (\alpha - 1)MS_{within}}{SS_{total} + MS_{within}}$$

검증력은 대립가설이 참일 때, 즉 영가설이 거짓일 때 영가설을 기각하여 대립가설을 받아들이는 확률이다. 이는 연구자가 주장하고자 하는 가설이 참일 때 이를 지지하는 확률이므로 연구자에게는 매우 중요하다. 검증력은 효과크기, 표본크기, 알파수준에 의해서 결정된다. 분산분석에서 검증력을 계산하는 방식은 이 책이 다루는 범위를 넘어선다. 보다 자세한 내용은 Cohen(1988)을 참조하기 바란다. 다양한 통계패키지들이 검증력에 대한 계산을 제공하고 있으며, 온라인에서 쉽게 구할 수 있다. 가장 대표적인 것이 G*Power 프로그램이다(Faul, Erdfelder, Lang, & Buchner, 2007).

5 분산분석의 가정

분산분석의 가정은 t 검증의 가정과 동일하다. 첫째, 각 집단의 표집분포는 정규분포를 따라야 한다(정규성 가정). 둘째, 집단들의 자료는 서로 독립이어야 한다(독립성 가정). 그리고 동일한 집단들의 분산은 동일해야 한다(등분산성 가정). 이는 t 검증과 회귀분석에서 이미 다룬 내용이다.

제14장 다원분산분석

1. 이원분산분석
2. 다원분산분석
3. 제곱합의 유형
4. R을 이용한 분석

1 이원분산분석

앞에서 다룬 분산분석은 독립변수가 하나인 일원분산분석(one-way ANOVA)이었다. 분산분석은 둘 이상의 독립변수에 대해서도 적용시킬 수 있다. 즉, 이원분산분석, 삼원분산분석, 그리고 다원분산분석이 가능하다.

이원분산분석을 사용하는 연구의 예를 하나 제시해 보자. 종속변수는 자신이 컴퓨터 보안을 얼마나 잘 통제할 수 있는지에 대한 자신의 평가 점수(자기효능감 점수)이고, 요인은 성별과 컴퓨터의 백업 빈도이다. 후자는 최근에 컴퓨터를 백업한 시기가 한 달 이내, 1년 이내, 1년 이상의 세 수준으로 구성되어 있다. 이는 〈표 14-1〉과 같은 자료 구조를 띠고 있다.

〈표 14-1〉 이원분산분석 자료 구조

요인 A: 성별	요인 B: 백업 빈도		
	한 달 이내	1년 이내	1년 이상
남	Y_{11k}	Y_{12k}	Y_{13k}
여	Y_{21k}	Y_{22k}	Y_{23k}

컴퓨터 보안 조치의 수준(백업 빈도)과 성별에 따라서 자기효능감 점수가 달라

지는지를 검증하기 위한 분산분석을 할 때 먼저 생각해 볼 수 있는 것이 각 요인에 대하여 따로 분산분석을 실시하는 것이다. 즉, 일원분산분석을 두 번 시행하는 것이다. 그러나 이원분산분석을 실시하면, 두 개의 일원분산분석에서 얻을 수 없는 정보를 얻을 수 있다. 예컨대, 컴퓨터 백업 빈도가 자기효능감 점수에는 영향을 주는데, 그 효과크기가 성별에 따라 달라질 수 있다. 남자의 경우는 백업 빈도가 영향을 주지만, 여자의 경우에는 백업 빈도가 영향을 주지 않을 수 있다. 이원분산분석에서는 이러한 효과, 즉 상호작용효과를 검증할 수 있다.

다원분산분석과 관련된 용어를 정의하여 보자.

- 주효과(main effect): 각 요인에서 수준에 따라서 종속변수의 평균들이 차이가 나는 효과이다. 앞의 예에서 백업 빈도에 따라서 자기효능감의 평균에 차이가 있는지, 성별에 따라서 자기효능감의 평균에 차이가 있는지가 주효과에 해당된다. 주효과는 요인의 수만큼 존재하게 된다.
- 상호작용효과(interaction effect): 상호작용효과는 2원, 3원, 4원, …, 다원 상호작용효과 등이 있을 수 있다.
  - 2원 상호작용효과는 두 요인들 간의 상호작용효과로, 한 요인의 주효과가 다른 요인의 수준에 의하여 달라지는 것을 지칭한다. 앞의 예에서 백업 빈도의 효과가 성별의 수준, 즉 남녀에 따라서 달라지는 것이 상호작용효과에 해당된다.
  - 3원 상호작용효과는 세 요인들 간의 상호작용효과로, 이원 상호작용효과가 제3의 요인의 수준에 의하여 달라지는 경우이다.
  - 4원 상호작용효과는 네 요인들 간의 상호작용효과로, 삼원 상호작용효과가 제4의 요인의 수준에 의하여 달라지는 경우이다.

1) 이원분산분석 통계 모형

이원분산분석은 두 개의 요인이 있는 경우이다(편의상 두 요인을 A와 B라 하자).

두 개의 주효과(A 주효과, B 주효과)와 하나의 상호작용효과($A \times B$ 상호작용효과)가 존재한다. 전체 분산은 두 개의 주효과에 의해서 설명되는 분산과 하나의 상호작용에 의해서 설명되는 분산 그리고 동일집단의 구성원들의 점수가 다르기 때문에 발생하는 분산(집단 내 분산)으로 분해될 수 있다.

이원분산분석 모형에서 전체 변산(Sum of Square: SS)은 다음과 같이 분해될 수 있다.

$$\sum_i \sum_j \sum_k \left(Y_{ijk} - \overline{Y}\right)^2$$
$$= \sum_i \sum_j \sum_k \left\{\left(Y_{ijk} - \overline{Y}_{ij}\right) + \left(\overline{Y}_{i\cdot} - \overline{Y}\right) + \left(\overline{Y}_{\cdot j} - \overline{Y}\right) + \left(\overline{Y}_{ij} + \overline{Y} - \overline{Y}_{i\cdot} - \overline{Y}_{\cdot j}\right)\right\}^2$$
$$= \sum_i \sum_j \sum_k \left(Y_{ijk} - \overline{Y}_{ij}\right)^2 + \sum_i \sum_j \sum_k \left(\overline{Y}_{i\cdot} - \overline{Y}\right)^2 + \sum_i \sum_j \sum_k \left(\overline{Y}_{\cdot j} - \overline{Y}\right)^2$$
$$+ \sum_i \sum_j \sum_k \left[\overline{Y}_{ij} - \left\{\overline{Y} + \left(\overline{Y}_{i\cdot} - \overline{Y}\right) + \left(\overline{Y}_{\cdot j} - \overline{Y}\right)\right\}\right]^2$$

여기서 각 변수는 다음과 같다.

- Y_{ijk}: 요인 A의 i번째 수준에 해당하고 요인 B의 j번째 수준에 해당하는 집단에서 k번째 개인의 점수
- $\overline{Y}_{i\cdot}$: 요인 A의 i번째 수준에 해당하는 집단 평균
- $\overline{Y}_{\cdot j}$: 요인 B의 j번째 수준에 해당하는 집단 평균
- $\overline{Y}_{ij}$: 요인 A의 i번째 수준에 해당하고 요인 B의 j번째 수준에 해당하는 집단평균
- $\overline{Y}$: 전체 평균

다음의 식은 첫 번째 요인에서 각 수준의 평균이 전체 평균에서 얼마나 떨어져 있는지를 나타낸다.

$$\sum_i \sum_j \sum_k \left(\overline{Y}_i. - \overline{Y}\right)^2$$

즉, 요인 *A*의 주효과이다. 앞의 예에서 남녀에 따라 평균이 얼마나 다른지를 나타낸다.

다음의 식은 두 번째 요인에서 각 수준의 평균이 전체 평균에서 얼마나 떨어져 있는지를 나타낸다.

$$\sum_i \sum_j \sum_k \left(\overline{Y}._j - \overline{Y}\right)^2$$

즉, 백업 빈도가 각각 한 달 이내, 1년 이내, 1년 이상인 세 집단의 평균이 얼마나 다른지를 나타내고, 요인 *B*의 주효과이다.

다음의 식은 가장 세분화된 집단(요인 *A*의 *i*번째 수준, 요인 B의 *j*번째 수준의 집단) 평균에서 각 개인의 점수가 얼마나 벗어나 있는지를 나타내는 것으로 집단 내 *SS*가 된다.

$$\sum_i \sum_j \sum_k \left(\overline{Y}_{ijk} - \overline{Y}_{ij}\right)^2$$

마지막으로, 다음의 식은 상호작용효과를 나타낸다.

$$\sum_i \sum_j \sum_k \left[\overline{Y}_{ij} - \left\{\overline{Y} + \left(\overline{Y}_i. - \overline{Y}\right) + \left(\overline{Y}._j - \overline{Y}\right)\right\}\right]^2$$

이는 두 주효과로 설명되지 않는 효과, 즉 상호작용효과를 나타낸다. 〈표 14-2〉에 제시되는 평균표들을 통하여 이 수식을 이해하여 보자.

〈표 14-2〉 성별과 백업 빈도에 따른 집단 평균

성별	백업 빈도			평균
	저	중	고	
남	45	65	40	50
여	43	69	44	52
평균	44	67	42	51

$(\overline{Y}_{i\cdot} - \overline{Y})$는 요인 A에서 i번째 집단의 평균이 전체 평균보다 얼마나 떨어져 있는지를 나타낸다. 예에서 남자집단 평균(50)과 여자집단 평균(52)이 전체 평균 51에서 얼마나 떨어져 있는지를 나타낸다. $(\overline{Y}_{\cdot j} - \overline{Y})$는 저빈도(44), 중빈도(67), 고빈도(42) 집단의 평균이 전체 평균(51)에서 얼마나 떨어져 있는지를 나타낸다.

식 $\sum_i \sum_j \sum_k \left[\overline{Y}_{ij} - \left\{\overline{Y} + \left(\overline{Y}_{i\cdot} - \overline{Y}\right) + \left(\overline{Y}_{\cdot j} - \overline{Y}\right)\right\}\right]^2$에 대하여 보다 자세히 살펴보자. $\left(\overline{Y}_{i\cdot} - \overline{Y}\right) + \left(\overline{Y}_{\cdot j} - \overline{Y}\right)$는 성별 i와 전체 평균의 차이와 백업 빈도 j와 전체 평균의 차이의 합이다. 〈표 14-3〉에서 여자/백업 빈도 중 집단은 (52−51)+(67−51)이 된다. 이 집단의 평균은 여자이기 때문에 전체 평균보다 1점 높고, 중 집단이기 때문에 전체 평균보다 16점 높아야 된다. 따라서 전체 집단보다 17점이 높게 된다. 따라서 여자/중 집단의 평균의 전체 평균보다 17점 높은 51+17=68점이 된다. 즉, $\overline{Y} + \left(\overline{Y}_{2\cdot} - \overline{Y}\right) + \left(\overline{Y}_{\cdot 2} - \overline{Y}\right) = 68$이 된다. 이러한 방식으로, 즉 남녀 간의 평균 차이, 백업 빈도 간의 평균차이로만 여섯 개 집단의 평균을 예상하여 보면 〈표 14-3〉과 같다.

〈표 14-3〉 성별과 백업 빈도 평균으로 예측되는 집단별 평균

성별	백업 빈도			평균
	저	중	고	
남	51−8=43	51+15=66	51−10=41	50
여	51−6=45	51+17=68	51−8=43	52
평균	44	67	42	51

성별 평균과 백업 빈도에 의해서 예측된 평균은 관찰된 평균과 일치하지 않는다. 예컨대, 남자이면서 저 백업 빈도의 실제 평균은 45인데, 앞에서 예측된 평균은 43이다. 이 차이는 성별과 백업 빈도에 의하여 설명되지 않는 부분이고 이 차이의 제곱합이 상호작용효과를 나타낸다.

2) 검증통계량

이원분산분석에서는 두 개의 주효과, 하나의 상호작용효과에 대한 검증통계량이 있는데, 일원분산분석과 마찬가지로 F값이다. 세 개의 효과에 대한 SS, df, MS를 계산할 수 있고 집단 내 효과에 대한 SS, df, MS도 계산할 수 있다. 각 효과를 집단 내 효과의 MS로 나누면 F값이 된다.

$$MS_A = \frac{SS_A}{df_A} \qquad F_A = \frac{MS_A}{MS_{within}}$$

$$MS_B = \frac{SS_B}{df_B} \qquad F_B = \frac{MS_B}{MS_{within}}$$

$$MS_{A\times B} = \frac{SS_{A\times B}}{df_{A\times B}} \qquad F_{A\times B} = \frac{MS_{A\times B}}{MS_{within}}$$

그리고 A 주효과에 대한 자유도는 a−1=(A의 수준−1)이고 B 주효과에 대한 자유도는 $b-1$=(B의 수준−1)이고 $A\times B$ 상호작용에 대한 자유도는 $(a-1)(b-1)$이다. 그리고 집단 내(within) 요인의 자유도는 전체의 자료 수에서 집단의 수를 뺀 값, 즉 $N-ab$(N은 전체 사례 수)이다. 각 집단마다 s명의 사람이 있다고 하면 각 집단마다 1개의 자유도를 잃게 됨으로써 자유도는 $ab(s-1)[N-ab=sab-ab=ab(s-1)]$이 된다. 이러한 통계치를 요약하여 분산분석표로 나타내면 〈표 14-4〉와 같다.

〈표 14-4〉 이원분산분석표

ANOVA					
Source	SS	df	MS	F	p-value
A	SS_A	$a-1$	MS_A	F_A	
B	SS_B	$b-1$	MS_B	F_B	
$A\times B$	$SS_{A\times B}$	$(a-1)(b-1)$	$MS_{A\times B}$	$F_{A\times B}$	
within	SS_{within}	$N-ab$	MS_{within}		
Total	SS_{total}	$N-1$			

F값에 해당하는 p값이 .05보다 작으면 영가설을 기각하면 된다. 주효과에 대한 영가설은 모든 평균이 동일하다는 것이고, 상호작용에 대한 영가설은 상호작용효과가 없다는 것이다. 따라서 주효과가 통계적으로 유의하면 각 요인의 모든 수준의 평균값이 동일하지 않다는 것을 의미하고, 상호작용효과가 유의하면 상호작용효과가 존재한다는 것이다.

개념정리

내포된 요인(Nested Factor)

분산분석은 주효과, 상호작용효과, 집단내효과 등이 사용되는데, 이 중 집단내효과는 동일한 조건(수준)에 속한 개인들의 차이를 설명하고 있다. 예컨대, 이원분산분석에서 A, B의 두 요인이 있다고 하면, A, B의 주효과, $A\times B$ 상호작용효과와 개인들 차이의 효과인 S로 나눌 수 있다. 이때 S는 개인(subject)을 나타낸다. 그러나 S의 효과는 A의 효과와 B의 효과에 내포되어 있다. 즉, A의 수준과 B의 수준이 정해져야지 S가 결정된다. 다음의 표에서 보면 $A1B1$의 $S1$과 $A1B2$의 $S1$이 동일한 개인이 아니다. 여기서 네 가지 조건에 각각 다른 피험자를 할당하였기 때문이다. 따라서 $A1B2$의 $S1$은 엄격히 말하면 11번째 피험자인 $S11$로 표기하는 것이 더 타당할 것이다.

이러한 내포적인 관계를 표현하기 위하여 분산분석에서는 집단 내 효과를 S/A, S/AB, S/ABC와 같이 나타낸다. S/A는 일원분산분석에서 A 요인에 S가 내포되어 있는 것이고 S/AB는 이원분산분석에서 S가 A와 B 요인에 의해 내포되어 있는 것이다.

A 수준	B 수준	S 수준
$A1$	$B1$	$S1$ $S2$ $S3$ $S4$ $S5$ $S6$ $S7$ $S8$ $S9$ $S10$
$A1$	$B2$	$S1$ $S2$ $S3$ $S4$ $S5$ $S6$ $S7$ $S8$ $S9$ $S10$
$A2$	$B1$	$S1$ $S2$ $S3$ $S4$ $S5$ $S6$ $S7$ $S8$ $S9$ $S10$
$A2$	$B2$	$S1$ $S2$ $S3$ $S4$ $S5$ $S6$ $S7$ $S8$ $S9$ $S10$

S/AB와 같은 표현은 논문과 교과서에서 흔히 나타나므로 이를 이해하는 것이 필요하다. 반면, 뒤에서 다룰 피험자 내 설계 분산분석에서는 S 요인이 다른 요인에 내포되어 있지 않다.

3) 상호작용효과

상호작용효과에 대하여 보다 자세히 살펴보자. 상호작용효과가 존재하지 않는다면 주효과로만 자료의 패턴을 설명할 수 있다는 것이다. [그림 14-1]은 상호작용효과가 없는 대표적인 예이다.

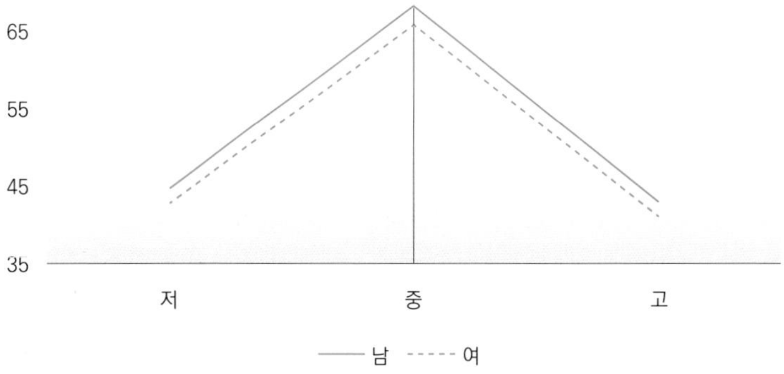

[그림 14-1] 상호작용이 없는 평균 형태

남녀의 차이가 저/중/고에 상관없이 동일하며, 저/중/고의 차이는 남녀에 상관없이 동일하다. 이 그래프는 사실 〈표 14-3〉과 같이 상호작용이 전혀 없을 때와 일치한다. 즉, 모든 i, j에 대하여 다음의 등식이 성립하는 경우이다.

$$\overline{Y}_{ij} = \left\{\overline{Y} + \left(\overline{Y}_{i}. - \overline{Y}\right) + \left(\overline{Y}._{j} - \overline{Y}\right)\right\}$$

즉, 6개 집단의 평균은 남녀의 평균과 저/중/고의 평균에 의하여 예측되는 값과 동일하다. 이때에는 [그림 14-1]과 같이 선이 평행을 유지하게 된다.

이해를 돕기 위하여 상호작용의 예를 들어보자. 서울과 지방의 남녀 학생의 학점을 조사하였다고 하자. 상호작용 효과가 있는 경우를 하나씩 살펴보자.

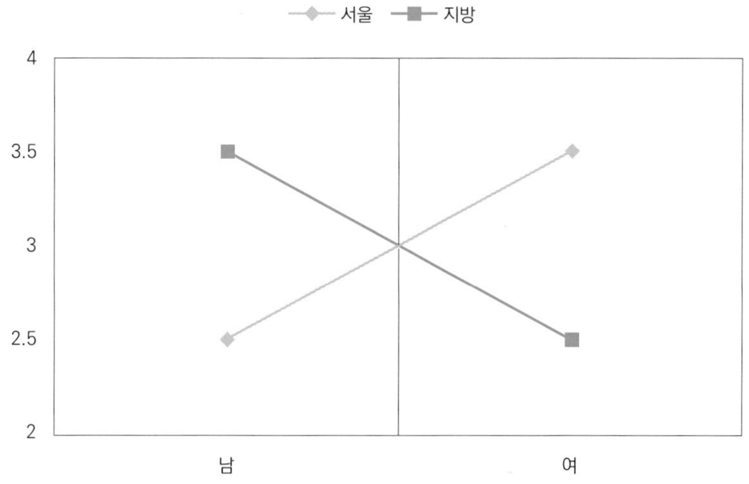

[그림 14-2] 상호작용 유형 1

[그림 14-2]의 그래프는 먼저 두 직선이 평행이 아니다. 서울의 경우는 여학생의 학점이 남학생보다, 지방의 경우는 남학생의 학점이 여학생보다 높다. 그러나 남녀를 고려하지 않고 서울학생과 지방학생을 비교하면 차이가 없으며, 반대로 지역을 고려하지 않고 남여를 비교하면 차이가 없다. 즉, 상호작용은 있지만 두 개의 주효과는 통계적으로 유의하지 않은 경우이다.

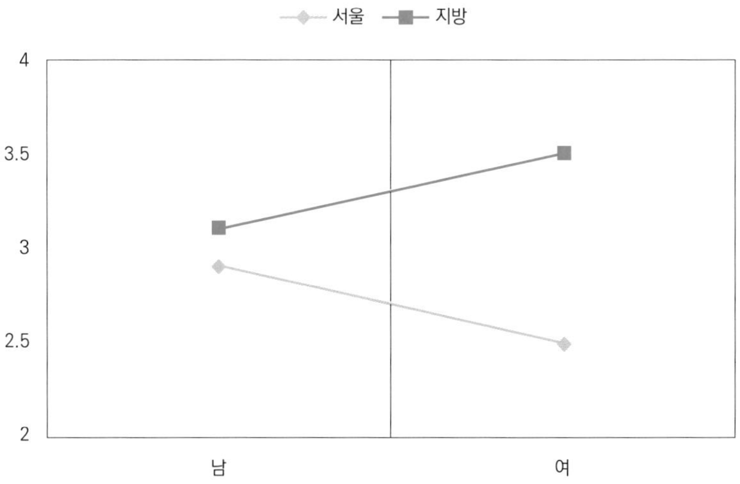

[그림 14-3] 상호작용 유형 2

[그림 14-3]의 그래프에서도 상호작용이 존재한다. 서울의 경우는 남자가 여자보다, 지방의 경우는 여자가 남자보다 학점이 더 높다. 또한 남자의 경우는 서울과 지방의 차이가 나지 않는데, 여자의 경우는 서울과 지방의 차이가 난다. 지역을 무시하였을 때 남녀 간의 차이는 없지만, 남녀를 무시하였을 때는 지방이 서울보다 학점이 높다. 이 경우에는 상호작용효과가 있고, 남녀의 주효과는 없지만, 서울과 지방의 차이는 통계적으로 유의미하다.

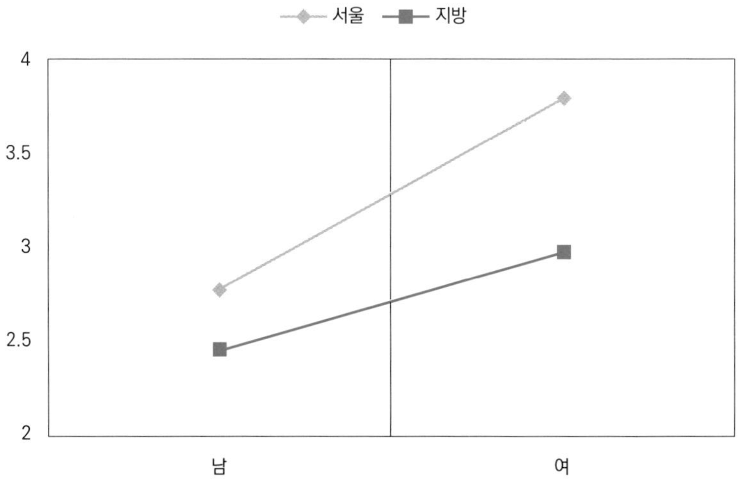

[그림 14-4] 상호작용 유형 3

[그림 14-4]의 그래프는 상호작용과 서울/지방의 주효과와 남녀의 주효과가 모두 존재하는 경우이다. 여자의 평균이 남자의 평균보다 높으며, 서울의 평균이 지방의 평균보다 높다. 그러나 지방의 남녀 차이보다 서울의 남녀 차이가 크기 때문에 상호작용이 있게 된다.

그래프에서 평행을 이루지 않으면 상호작용이 존재하고 다양한 형태의 상호작용이 있다. 그래프를 그려서 상호작용을 적절히 해석해야 한다. 한 가지 유의할 점은 상호작용이 존재할 때, 주효과에 대한 해석은 상호작용효과의 맥락 속에서 이루어져야 한다는 것이다.

[그림 14-2]의 '상호작용 유형 1'에서 주효과만을 해석하면 성별에 따라, 지역에 따라 성적에서 차이가 나지 않는다고 해석해야 되는데 이는 올바른 해석이 아니다. 성별에 따라 차이가 나지만 지역에 따라 그 방향이 바뀌는 것이다. [그림 14-3]의 '상호작용 유형 2'에서는 주효과만을 해석하면 남녀에 따라 차이가 없다고 해석할 수 있으나, 서울과 지방 모두에서 남녀의 차이가 나는 경우이다. 또한 지역의 주효과에서 지방이 서울보다 점수가 높다고 해석할 수 있으나 보다 정확한 해석은 남자의 경우는 서울과 지방의 유의미한 차이가 없으나, 여자의 경우는 지방이 서울보다 높다고 해석하여야 한다.

이원분산분석에서 해석을 하는 방법을 정리하면 다음과 같다. 상호작용효과가 없으면, 두 개의 주효과를 해석하면 된다. 상호작용효과가 있으면 주효과를 해석하기 전에 상호작용효과를 해석해야 한다. 주효과는 상호작용효과의 해석 속에서 자연스럽게 설명될 수 있다.

상호작용을 해석하기 위한 통계적 분석으로 단순효과(simple effect) 분석을 수행할 수 있다. [그림 14-4]의 '상호작용 유형 3'에서 지방의 경우는 남녀 차이가 통계적으로 유의하지 않은데, 서울의 경우는 남녀 차이가 통계적으로 유의할 수 있다. 이때 지역(서울/지방) 각각에 대하여 남녀 차이를 검증하는 것이 단순효과이다.

4) 비교

두 개의 요인 각각에 대하여 일원분산분석과 동일한 방식으로 비교를 할 수 있다. 학력(중졸/고졸/대졸)과 지역(서울/중소도시/농어촌)의 이원분산분석의 예를 살펴보자.

학력에 대하여 대졸인지 아닌지로 대비를 구성하면 (1 1 −2)가 된다. 서울과 지방으로 대비를 구성하면 (2 −1 −1)이 된다. 두 대비에 대하여 주효과를 일원분산분석과 동일하게 구할 수 있고 동일하게 해석하면 된다.

이때 각 비교에 대한 주효과, 즉 대졸인지 아닌지에 대한 차이, 서울과 지방의 차이에 대한 가설검증이 가능하고 이들 간의 상호작용효과에 대한 가설검증도 가능하다. 상호작용효과가 통계적으로 유의미하면, 서울과 지방의 차이가 대졸인 집단과 그렇지 않은 집단에서 차이가 난다고 해석할 수 있다.

〈표 14−5〉는 A 요인에 대한 두 개의 대비를 설정할 때의 분산분석표이다. 각 비교에 대한 자유도는 1이다. 그리고 두 개의 대비가 직교하면, 비교 1의 SS와 비교 2의 SS를 합하면 A에 대한 SS가 된다.

〈표 14−5〉 비교를 포함한 분산분석표

ANOVA					
Source	SS	df	MS	F	p
A	$SS_{between}$	2	$MS_{between}$		
비교 1	SS_{comp1}	1	MS_{comp1}		
비교 2	SS_{comp2}	1	MS_{comp2}		
B	SS_B	2	MS_B		
$A \times B$	$SS_{A \times B}$	4	$MS_{A \times B}$		
S/AB	$SS_{S/AB}$		$MS_{S/AB}$		
Total	SS_T				

5) 효과크기

일원분산분석의 경우는 요인이 하나이므로 효과크기 통계량이 하나만 있었다. 이원분산분석의 경우는 두 개의 주효과와 한 개의 상호작용효과가 존재하므로 세 개의 효과크기 통계량이 있다.

두 개의 요인을 A, B라 하면 다음과 같이 η^2가 정의된다(여기서 SS_T는 전체 SS이다).

$$\eta_A^2 = \frac{SS_A}{SS_T}$$
$$\eta_B^2 = \frac{SS_B}{SS_T}$$
$$\eta_{A\times B}^2 = \frac{SS_{A\times B}}{SS_T}$$

두 개의 요인과 상호작용이 직교하면, 전체 SS_T는 다음과 같다.

$$SS_T = SS_A + SS_B + SS_{A\times B} + SS_{S/AB}$$

따라서 η^2를 구하면 다음과 같다.

$$\eta_A^2 = \frac{SS_A}{SS_T} = \frac{SS_A}{SS_A + SS_B + SS_{A\times B} + SS_{S/AB}}$$

이원분산분석에서 η^2의 분모는 A 효과, B 효과, $A\times B$ 효과의 SS와 집단 내 SS로 구성되어 있다. η^2를 구할 때, 분모에 전체 SS를 사용하지 않고, 해당 효과의 SS와 오차 SS의 합으로 둘 수 있다. 이를 부분 η^2(partial eta square)라 한다.

$$\eta^2_A = \frac{SS_A}{SS_A + SS_{S/AB}}$$

$$\eta^2_B = \frac{SS_B}{SS_B + SS_{S/AB}}$$

$$\eta^2_{A\times B} = \frac{SS_{A\times B}}{SS_{A\times B} + SS_{S/AB}}$$

공식에서도 알 수 있지만, 부분 η^2는 η^2보다 큰 값을 가진다. 마찬가지로 ω^2(omega square)와 부분 ω^2도 〈표 14-6〉과 같이 정의될 수 있다.

〈표 14-6〉 효과크기(ω^2)

효과	ω^2	부분 ω^2
A	$\omega^2_A = \frac{\hat{\sigma}^2_A}{\hat{\sigma}^2_T}$	$\omega^2_A = \frac{\hat{\sigma}^2_A}{\hat{\sigma}^2_A + \hat{\sigma}^2_{S/AB}}$
B	$\omega^2_B = \frac{\hat{\sigma}^2_A}{\hat{\sigma}^2_T}$	$\omega^2_B = \frac{\hat{\sigma}^2_B}{\hat{\sigma}^2_B + \hat{\sigma}^2_{S/AB}}$
$A\times B$	$\omega^2_{A\times B} = \frac{\hat{\sigma}^2_{A\times B}}{\hat{\sigma}^2_T}$	$\omega^2_{A\times B} = \frac{\hat{\sigma}^2_{A\times B}}{\hat{\sigma}^2_{A\times B} + \hat{\sigma}^2_{S/AB}}$

2 다원분산분석

이원분산분석에 비해서 세 개 이상의 요인을 가지는 분산분석은 다양한 형태의 상호작용효과가 발생한다. 삼원분산분석을 사용하는 연구의 예를 하나 제시해 보자. 이원분산분석의 예를 확장시켜, 종속변수는 자신이 컴퓨터 보안을 얼마나 잘 통제할 수 있는지(자기효능감)에 대한 자신의 평가 점수이고, 요인은 성별과 컴퓨터 백업 빈도, 학력의 세 가지이다. 이 자료의 구조는 〈표 14-7〉과 같다.

〈표 14-7〉 삼원분산분석의 자료 구조

요인 A: 학력	요인 B: 성별	요인 C: 백업 빈도		
		한 달 이내	1년 이내	1년 이상
고졸	남	Y_{111s}	Y_{112s}	Y_{113s}
	여	Y_{121s}	Y_{122s}	Y_{123s}
대졸	남	Y_{211s}	Y_{212s}	Y_{213s}
	여	Y_{221s}	Y_{222s}	Y_{223s}

주: 각 셀에 다수의 자료가 있다. 즉, $s=1, 2, 3, 4, \cdots, S$

삼원분산분석에서는 학력, 성별, 백업 빈도의 세 가지 주효과가 있고, 학력×성별, 학력×백업 빈도, 성별×백업 빈도의 세 가지 이원 상호작용이 있고, 학력×성별×백업 빈도의 삼원 상호작용이 있다. 여기에서 두 요인 사이의 상호작용을 이원 상호작용, 세 요인 사이의 상호작용을 삼원 상호작용이라 한다. 이 모든 효과를 포함하는 분석분석표는 〈표 14-8〉과 같다.

〈표 14-8〉 삼원분산분석표

ANOVA					
Source	SS	Df	MS	F	P
A	SS_A	$a-1$	MS_A	F_A	
B	SS_B	$b-1$	MS_B	F_B	
C	SS_C	$c-1$	MS_C	F_C	
$A \times B$	$SS_{A \times B}$	$(a-1)(b-1)$	$MS_{A \times B}$	$F_{A \times B}$	
$A \times C$	$SS_{A \times C}$	$(a-1)(c-1)$	$MS_{A \times C}$	$F_{A \times C}$	
$B \times C$	$SS_{B \times C}$	$(b-1)(c-1)$	$MS_{B \times C}$	$F_{B \times C}$	
$A \times B \times C$	$SS_{A \times B \times C}$	$(a-1)(b-1)(c-1)$	$MS_{A \times B \times C}$	$F_{A \times B \times C}$	
S/ABC	$SS_{S/ABC}$	$(s-1)(abc)$	$MS_{S/ABC}$		
Total	SS_{Total}				

주효과와 이원 상호작용효과는 이원분산분석과 동일한 원리이고 동일하게 해석할 수 있다. 삼원 상호작용은 하나의 요인 수준에 따라서 다른 두 요인의 상호

작용효과가 달라지는 것이다. 앞의 예에서 학력이 고졸일 때와 대졸일 때, 성별과 백업 빈도의 상호작용효과가 달라지면 삼원 상호작용이 있게 된다. 몇 가지 예를 살펴보자.

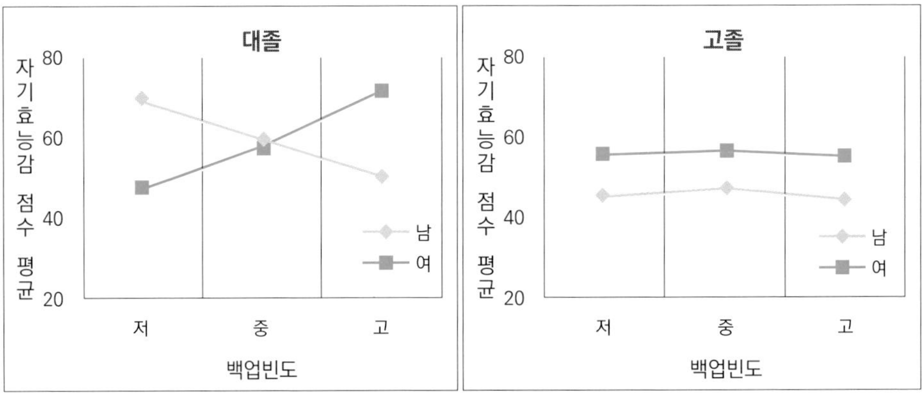

[그림 14-5] 삼원 상호작용 예 1

[그림 14-5]에서 대졸인 경우에는 백업 빈도와 성별 간 이원 상호작용효과가 있지만, 고졸인 경우에는 그렇지 않다. 따라서 삼원 상호작용효과가 있게 된다.

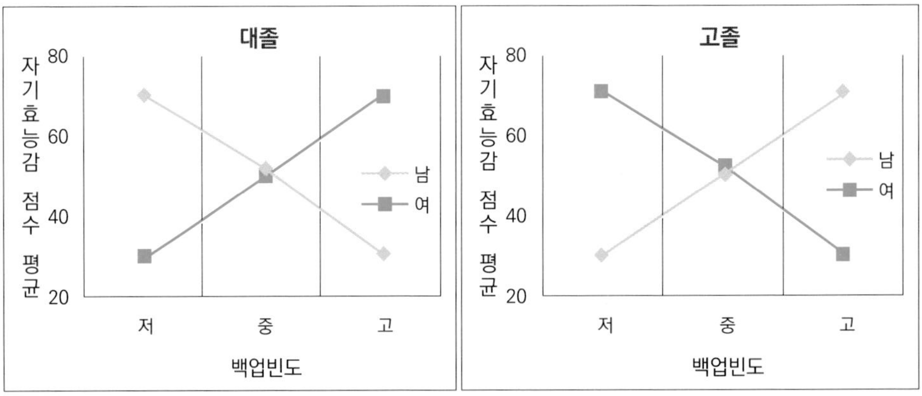

[그림 14-6] 삼원 상호작용 예 2

[그림 14-6]의 경우는 대졸과 고졸 모두 백업 빈도와 성별의 상호작용이 있다.

그러나 대졸과 고졸의 상호작용 형태가 다르므로 삼원 상호작용이 있게 된다. 즉, 대졸에서는 남자의 경우 백업 빈도가 증가함에 따라 자기효능감 점수가 감소하지만, 여자의 경우 백업 빈도가 증가함에 따라 자기효능감 점수가 증가하게 된다. 반면, 고졸에서는 남자의 경우 백업 빈도가 증가함에 따라 자기효능감 점수가 증가하지만, 여자의 경우 백업 빈도가 증가함에 따라 자기효능감 점수가 감소하게 된다.

이러한 자료 형태에서는 백업 빈도와 성별의 상호작용, 백업 빈도와 학력, 성별과 학력의 모든 이원 상호작용이 통계적으로 유의미하지 않으며, 세 개의 주효과도 통계적으로 유의미하지 않게 된다.

사원분산분석에서는 네 개의 주효과와 6개($_4C_2=6$)의 이원 상호작용효과, 4개($_4C_3=4$)의 삼원 상호작용효과, 그리고 하나의 사원 상호작용효과가 발생한다. 이때 사원 상호작용효과는 한 요인의 수준이 달라짐에 따라서 다른 세 요인의 삼원 상호작용효과가 달라지는 것이다. 동일한 방식으로 고차분산분석에 대한 주효과들과 상호작용효과들을 설정하고 해석할 수 있다.

일반적으로 삼원 이상의 분산분석에서 고차 상호작용이 관찰되면 해석하기가 용이하지 않다.

3 제곱합의 유형

모든 조건(집단)에 동일한 수의 자료가 있는 경우에는 모든 효과(즉, 주효과들과 상호작용효과들)가 직교한다. 즉, 모든 효과의 제곱을 합하면 전체 *SS*가 된다. 그러나 각 조건마다 사례의 수가 달라지면, 효과들이 직교하지 않게 된다. [그림 14-7]의 벤다이어그램에서 보듯이 *A*의 효과와 *B*의 효과가 중복되는 경우가 발생한다. 이때 중복되는 부분을 어떻게 처리하는지에 따라서 Type I, Type II, Type III, Type IV의 네 가지 서로 다른 *SS*를 계산할 수 있다.

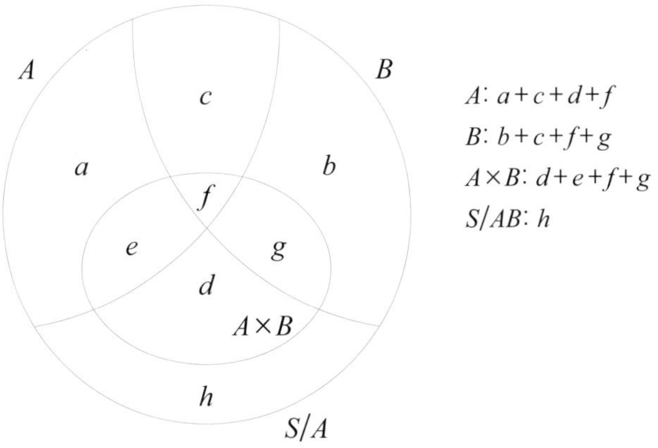

[그림 14-7] 분산 다이어그램

1) Type I *SS*

먼저 투입된 요인에 의해 설명되는 부분은 나중에 투입된 요인에 의하여 설명되는 부분에 포함시키지 않는 방식이다. 앞의 예에서 *A*와 *B* 순으로 투입을 하면, *A*의 *SS*는 $a+e+c+f$이고 *B*의 *SS*는 $b+g$이다. 즉, *A*에 의해서도 *B*에 의해서도 설명될 수 있는 *SS* *c*는 *A* 효과에만 포함된다. 마찬가지로 *B*와 *A*의 순서로 투입을 하면 *B*의 *SS*는 $b+g+c+f$이고 *A*의 *SS*는 $a+e$가 된다. 투입의 순서는 통계패키지에서 보통 변수를 나열하는 순서에 의해 결정된다.

이 방법은 회귀분석에서 다룬 semi-partial 상관계수의 개념과 동일한 논리를 따르게 된다. 따라서 분석과 이에 대한 해석도 semi-partial 상관계수의 방식을 따르면 된다. 이 경우에 전체 *SS*는 당연히 모든 *SS*의 합이 된다.

2) Type II *SS*

모형에 포함된 요인들 중 해당 요인을 포함하지 않는 모든 효과들을 제거한 후 해당 요인의 *SS*을 계산하는 방식이다. 위의 예에서 *A* 요인의 *SS*를 계산할 때는 *B* 효과를 제거한다. 따라서 *A* 요인의 *SS*는 $a+e$가 된다. 마찬가지로 *B* 요인의 *SS*는 $b+g$가 된다.

3) Type Ⅲ *SS*

모형에 포함된 요인들중 해당 요인을 제외한 모든 효과들을 제거한 후에 해당 요인의 *SS*를 계산하는 방식이다. 위의 예에서 A 요인의 *SS*를 계산할 때는 B, $A \times B$효과를 제거하고 B 요인의 *SS*를 계산할 때는 A, $A \times B$를 제거한다. 따라서 A의 *SS*는 a가 되고 B의 *SS*는 b가 된다.

4) Type Ⅳ *SS*

원리상 Type III와 동일하나, 결측치를 처리하는 방식에서 차이가 난다.

실제로 많이 사용하는 방식은 Type I과 Type III 방식이다. 각 집단이 동일한 사례수를 가질 때는 모든 요인의 효과가 직교하기 때문에 겹치는 부분이 없다. 따라서 네 가지 *SS*가 동일하게 된다.

4 R을 이용한 분석

분산분석의 함수는 aov이다. 그 밖에 비교를 위하여 multicomp의 라이브러리를 사용할 수 있다.

```
> library(multcomp)
> library(psych)
> intadd<-read.csv("internet.csv")
> intadd$self_diag=as.factor(intadd$self_diag)
```

psych는 다음의 집단별 기술통계를 계산할 때 필요한 라이브러리이다. 앞의 마지막 명령어는 self_diag가 연속변수로 저장되어 있으므로, 범주변수로 변환하기 위하여 사용하였다. 다음에 describeBy 명령어를 사용하여 기술통계를 계산한 결과가 제시되어 있다.

```
> describeBy(intadd$f2,group=intadd$self_diag)

 Descriptive statistics by group
group: 1
   vars   n  mean   sd median trimmed mad  min   max range skew kurtosis   se
X1    1 161 48.72 9.98   43.8   46.27   0 43.8 99.02 55.22 2.78      8.7 0.79
---------------------------------------------------------------------------
group: 2
   vars   n  mean   sd median trimmed mad  min   max range skew kurtosis   se
X1    1 457 48.97 7.92   43.8    47.3   0 43.8 92.88 49.08 2.01     4.76 0.37
---------------------------------------------------------------------------
group: 3
   vars   n  mean    sd median trimmed mad  min   max range skew kurtosis   se
X1    1 322 52.64 12.08  49.94    50.2 9.1 43.8 99.02 55.22 1.64     2.32 0.67
---------------------------------------------------------------------------
group: 4
   vars  n  mean    sd median trimmed   mad  min   max range skew kurtosis   se
X1    1 60 58.53 14.56  56.07   56.46 13.65 43.8 99.02 55.22 1.05      0.4 1.88
```

다음에 일원분산분석을 실행한 결과가 제시되어 있다.

```
> fit<-aov(f2~self_diag,data=intadd)
> summary(fit)
               Df Sum Sq Mean Sq F value   Pr(>F)
```

```
self_diag     3   6891  2296.9   22.02 8.25e-14 ***
Residuals   996 103900   104.3
---
Signif. codes:  0 '***' 0.001 '**' 0.01 '*'0.05 '.' 0.1 ' ' 1
```

대비를 구성하여 M에 저장하고 glht 함수를 사용하여, 다중비교를 하는 명령어와 결과가 제시되어 있다. (−1 −1 1 1)과 (0 0 −1 1)의 비교가 통계적으로 유의미한다는 것을 알 수 있다.

```
> M <- matrix(c(-1,-1,1,1,-1,1,0,0,0,0,-1,1),byrow=T,nc=4)
> comp<-glht(fit,linfct=mcp(self_diag= M))
> summary(comp)

    Simultaneous Tests for General Linear Hypotheses

Multiple Comparisons of Means: User-defined Contrasts


Fit: aov(formula = f2 ~ self_diag, data = intadd)

Linear Hypotheses:
       Estimate Std. Error t value Pr(>|t|)
1 == 0  13.4820     1.7143   7.865  < 1e-04 ***
2 == 0   0.2531     0.9361   0.270 0.987707
3 == 0   5.8843     1.4362   4.097 0.000121 ***
---
Signif. codes:  0 '***' 0.001 '**' 0.01 '*' 0.05 '.' 0.1 ' ' 1
(Adjusted p values reported -- single-step method)
```

다음은 사후비교인 Tukey 검사를 하는 명령어와 결과이다.

```
> TukeyHSD(fit)
  Tukey multiple comparisons of means
    95% family-wise confidence level

Fit: aov(formula = f2 ~ self_diag, data = intadd)

$self_diag
         diff       lwr       upr     p adj
2-1 0.2530583 -2.155756  2.661873 0.9930898
3-1 3.9254037  1.388448  6.462359 0.0004260
4-1 9.8096677  5.834204 13.785131 0.0000000
3-2 3.6723454  1.760015  5.584676 0.0000054
4-2 9.5566094  5.947569 13.165650 0.0000000
4-3 5.8842640  2.188465  9.580062 0.0002638
```

self_diag와 sex를 요인으로 하는 이원분산분석의 명령어와 결과가 제시되어 있다. self_diag와 sex의 상호작용효과가 유의미하였다.

```
> fit<-aov(f2~sex+self_diag+sex*self_diag,data=intadd)
> summary(fit)
               Df Sum Sq Mean Sq F value   Pr(>F)
sex             1    673   672.7   6.541   0.0107 *
self_diag       3   7136  2378.7  23.129 1.78e-14 ***
sex:self_diag   3    956   318.6   3.098   0.0261 *
Residuals     992 102026   102.8
---
Signif. codes:  0 '***' 0.001 '**' 0.01 '*' 0.05 '.' 0.1 ' ' 1
```

Self_diag와 sex의 상호작용효과의 그래프를 다음과 같이 그릴 수 있다.

```
> interaction.plot(intadd$self_diag,intadd$sex,intadd$f2)
```

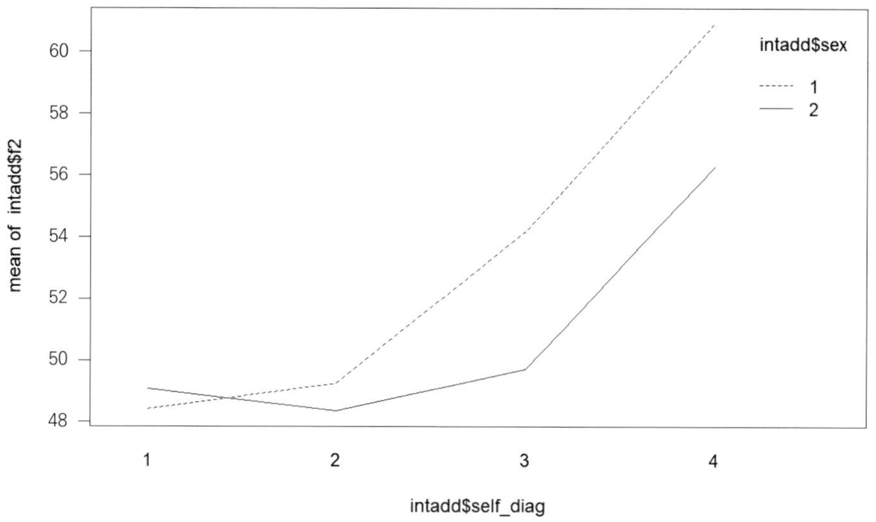

◆ 검증력 분석

검증력에 대한 분석은 앞에서 언급한 바와 같이 검증력 분석 프로그램인 G*Power를 사용하는 것이 바람직하다. R에서는 pwr 라이브러리를 사용하여 일원분산분석의 경우에 검증력 분석을 할 수 있다. 다음에 집단이 3, 집단 내 분산이 100, 집단 간 분산이 150이고 알파를 .05로 설정했을 때 필요한 표본의 크기를 계산하는 절차가 제시되어 있다.

```
> library(pwr)

> power.anova.test(groups = 3,within.var = 100, between.var =
150, sig.level = 0.05, power = 0.90)
```

```
     Balanced one-way analysis of variance power calculation

         groups = 3
              n = 5.36743
    between.var = 150
     within.var = 100
      sig.level = 0.05
          power = 0.9

NOTE: n is number in each group
```

제15장 피험자 내 설계, 혼합설계

1. 피험자 내 설계
2. 피험자 내 분산분석 모형
3. 피험자 내 분산분석의 가정
4. 혼합설계
5. R을 이용한 피험자 내 설계 분석

1 피험자 내 설계

지금까지의 분산분석에서는 집단 간의 차이에 따른 종속변수 평균의 차이를 분석하였다. 이 장에서는 동일한 사람을 다른 실험조건에 노출시킨 다음, 그 반응을 관찰하여 종속변수로 삼았을 때, 조건에 따라서 평균이 다른지를 비교하는 피험자 내 설계에 대하여 다루어 볼 것이다. 실험에서는 독립변수를 조작한 뒤 종속변수를 관찰한다. 예컨대, 자극의 제시 형태에 따라 기억의 정도가 달라지는 것을 연구하기 위하여 자극을 청각의 형태로, 시각의 형태로, 청각과 시각을 동시에 제시하고 이때 회상량(기억량)을 측정할 수 있다. 세 가지 자극의 형태를 각기 다른 집단에 제시하면 피험자 간 설계(between-subject design)가 되고, 세 가지 자극의 형태를 모두 동일한 피험자에게 제시하면 피험자 내 설계(within-subject design)가 된다. 피험자 간 설계에서는 요인의 수준이 달라지면 피험자도 달라지게 된다. 반면, 피험자 내 설계에서는 요인의 수준이 달라지더라도 피험자가 달라지지 않는다.

시간의 변화에 따른 효과를 검증하기 위해서도 피험자 내 설계가 사용된다. 예컨대, 초등학교 학생들이 학년이 증가함에 따라 공격성이 증가하는지를 조사하기 위하여 동일한 학생들에게 1학년, 3학년, 5학년 시점에서 공격성을 측정하면 피험자 내 설계가 된다. 또 다른 예로는 우울증에 대한 인지행동치료의 효과를 검증하기 위하여 치료 전, 치료 직후, 치료 일주일 후에 우울수준을 측정하여 피험자 내 설계로 분석할 수 있다.

실험설계의 관점에서 보면 대체적으로 피험자 내 설계가 피험자 간 설계보다 장점이 많다. 첫째, 개인차를 통제할 수 있다. 피험자 간 설계에서는 실험조건과 피험자가 동시에 변하기 때문에 실험조건에서 종속변수 평균이 차이가 나면, 이 차이가 각 조건에 서로 다른 피험자가 할당되었기 때문인지, 실험조건이 변하였기 때문인지를 확인하기 쉽지 않다. 앞에서 들었던 예시를 보면 기억 제시 형태의 차이 때문인지, 각 제시 형태에 할당된 개인들의 특성의 차이 때문인지 확인할 수 없다. 피험자 간 설계에서는 피험자를 실험조건에 무선할당하여, 각 조건에 동일한 유형의 개인들이 할당되었다고 가정한다. 이 가정을 만족하지 않으면 분석의 결과를 해석하기 용이하지 않다. 반면, 피험자 내 설계에서는 동일한 피험자에게 모든 실험조건이 노출되기 때문에 이러한 개인차에 의한 혼입을 방지할 수 있다.

둘째, 경제적이다. 실험을 진행할 때는 피험자를 모집하는 데에 비용이 많이 든다. 피험자 내 설계는 요인의 수나 조건의 수가 증가함에 따라 피험자 수가 증가하지 않으므로, 피험자 간 설계보다 적은 피험자 수가 필요하다.

그러나 항상 피험자 내 설계가 가능한 것은 아니다. 한 피험자가 다양한 조건에 노출되기 때문에 특정한 조건에 노출된 것이 다음 조건에 영향을 주면(이월 효과, carry-over effect) 이 설계를 사용할 수 없다. 예컨대, 학습방식의 차이를 연구하기 위하여 학습방식 A와 학습방식 B를 차례로 동일한 학생들에게 적용시켰다고 하면, 첫 번째 학습한 것이 두 번째 학습한 것에 영향을 줄 수 있다. 연습효과, 피로효과, 반복효과 등에 의하여 한 조건이 다른 조건의 결과에 영향을 줄 수 있다. 이러한 경우에는 피험자 내 설계의 사용이 효율적이 아니다. 또한 성별, 학년들과 같은 변수들은 피험자 간 설계만 가능하다.

2 피험자 내 분산분석 모형

피험자 내 설계도 피험자(S) 요인을 제외한 효과들은 피험자 간 설계와 동일한 주효과와 상호작용효과로 구성된다. 예컨대, 이원 피험자 내 분산분석인 경우 요인을 A, B라 할 때, A와 B의 주효과, $A \times B$ 상호작용효과로 구성된다. 여기에 더해서 피험자 간 설계인 경우에는 S/AB가 추가되었다. 그러나 피험자 내 설계에서는 S, $A \times S$, $B \times S$, $A \times B \times S$가 추가된다.

〈표 15-1〉 분산분석효과의 종류

요인	피험자 간 설계	피험자 내 설계
실험설계 요인	A, B, $A \times B$	A, B, $A \times B$
피험자 요인 오차항	S/AB	S $A \times S$, $B \times S$, $A \times B \times S$

피험자 내 설계에서 S는 어느 요인에도 내포되어 있지 않다. 예컨대, $A1$의 $S1$와 $A2$의 $S1$, 그리고 $A1B2$의 $S1$ 모두 동일한 피험자($S1$)이다. 따라서 S로 표시될 수 있다. 또한 S와 다른 요인들 간의 상호작용효과가 존재하게 된다.

이러한 이유 때문에 각 효과에 대한 F값을 구하는 방식도 달라진다. 피험자 간 설계에서는 모든 MS를 집단 내 MS(예: $MS_{S/AB}$)로 나누어서 F값을 구하였다. 즉, S와 관련된 효과는 하나였다. 그러나 피험자 내 설계에서는 S와 관련된 효과가 다수 존재한다.

실험설계 요인들에 따라서 서로 다른 오차항(S와 관련 항)을 사용하게 된다. 예컨대, A 요인에 대한 오차항으로 $A \times S$를 사용하게 된다. 이미 상호작용효과에서 살펴보았듯이 $A \times S$는 A나 S의 주효과에 의해서 설명되지 않는 부분이다. 앞의 인지행동치료의 예에서 A를 시간(치료 전, 치료 직후, 치료 일주일 후)으로 하면, A의 주효과는 시간에 따른 효과, S의 주효과는 개인마다 우울 정도가 달라짐을 나타내는 우울의 개인차 효과이다. 치료와 개인차로 설명되지 않는 부분이 $A \times S$이고 이것이 오차항이 된다.

피험자 내 이원분산분석에서 전체 SS는 모든 요인들의 SS를 포함하는 것이므로, 다음과 같다.

$$SS_{total} = SS_A + SS_B + SS_S + SS_{A\times B} + SS_{A\times S} + SS_{B\times S} + SS_{A\times B\times S}$$

〈표 15-2〉에는 피험자 내 이원분산분석표가 제시되어 있다. 이 표에는 일반적으로 S 요인은 포함시키지 않는다. S(개인차)는 대부분 연구자의 관심이 아니기 때문이다. 이러한 이유로 다음의 표에 있는 SS를 다 합하면 전체 SS가 되지 않는다. F값을 계산할 때 오차항이 어떻게 되는지는 F열을 보면 알 수 있다. 즉, A에 대한 오차항으로 $A\times S$, B에 대한 오차항으로 $B\times S$, $A\times B$에 대한 오차항으로 $A\times B\times S$를 사용하는 것을 알 수 있다.

〈표 15-2〉 피험자 내 이원분산분석표

Source	SS	df	MS	F
A	SS_A	a−1	MS_A	$MS_A / MS_{A\times S}$
$A\times S$	$SS_{A\times S}$	(a−1)(s−1)	$MS_{A\times S}$	
B	SS_B	b−1	MS_B	$MS_B / MS_{B\times S}$
$B\times S$	$SS_{B\times S}$	(b−1)(s−1)	$MS_{B\times S}$	
$A\times B$	$SS_{A\times B}$	(a−1)(b−1)	$MS_{A\times B}$	$MS_{A\times B} / MS_{A\times B\times S}$
$A\times B\times S$	$SS_{A\times B\times S}$	(a−1)(b−1)(s−1)	$MS_{A\times B\times S}$	

3 피험자 내 분산분석의 가정

피험자 간 분산분석에서는 정규성 가정, 독립성 가정, 등분산성 가정이 있었다. 그러나 피험자 내 분산분석에서는 동일한 개인에게서 여러 개의 측정치를 얻었기 때문에 독립성 가정을 만족하지 않는다. 대신 구형성 가정(sphericity assumption)을 만족해야 한다.

◆ 구형성 가정

구형성 가정은 피험자 내 요인의 각 수준의 점수는 다른 수준의 점수와 상관을 가지게 되는데 이 점수들 간의 공분산 행렬에 대한 가정이다. 예컨대, 피험자 내 요인이 네 수준(A1, A2, A3, A4)을 가지고 있다면, 네 수준 측정치 사이의 공분산은 다음과 같이 나타낼 수 있다. 여기는 σ_{23}은 A2 측정치와 A3 측정치의 공분산을 나타내고, σ_3^2은 A3 측정치의 분산을 나타낸다.

$$\Sigma = \begin{bmatrix} \sigma^2_1 & \sigma_{12} & \sigma_{13} & \sigma_{14} \\ \sigma_{21} & \sigma^2_2 & \sigma_{23} & \sigma_{24} \\ \sigma_{31} & \sigma_{32} & \sigma^2_3 & \sigma_{34} \\ \sigma_{41} & \sigma_{42} & \sigma_{43} & \sigma^2_4 \end{bmatrix}$$

구형성 가정의 충분조건은 앞의 공분산 행렬이 복합대칭성(compound symmetry) 구조를 가지는 것이다. 즉, 복합대칭성이면 반드시 구형성 가정을 만족하지만, 복합대칭성이 아니더라도 구형성 가정을 만족하는 경우가 있다. 다음과 같이 모든 수준 측정치의 분산이 동일하고, 모든 수준들 간의 공분산도 동일하면 복합대칭성 구조을 이룬다.

[그림 15-1] 복합대칭성에서 공분산의 구조

구형성 가정의 필요조건은 모든 차이 점수의 분산이 동일한 것이다. 즉, 이 조건을 만족하지 않으면 구형성 가정을 만족하지 않지만, 이 조건을 만족하더라도 구형성 가정을 만족하지 않는 경우도 있다.

구형성 가정의 필요충분조건은 모든 가능한 직교 대비에 대한 공분산 행렬이 아래와 같다고 하면, 이 행렬에서 대각행렬, 즉 분산들은 모두 동일하고 공분산은 모두 0인 경우이다.

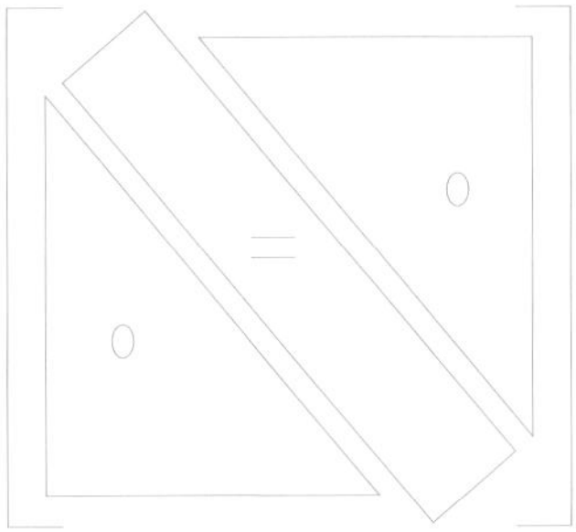

[그림 15-2] 구형성 가정의 필요충분조건에서 직교대비들 간의 공분산 구조

이 구형성 가정이 위배되면 F값을 과잉추정하기 때문에, 이를 교정하는 공식들로 Hyunh-Feldt 방식, Greenhouse-Geisser 방식 등이 개발되어 있다. 이 방법들에서는 구형성 가정이 위배되었을 때, 자유도를 조정하여 F값에 대한 과잉추정을 교정한다. 이 두 공식에서 모두 ε(epsilon)을 사용하여 자유도를 다음과 같이 수정한다.

분자의 자유도: $\varepsilon(a-1)$

분모의 자유도: $\varepsilon(a-1)(s-1)$

여기에서 a는 요인의 수준, s는 피험자 수이다. ε의 범위는 다음과 같다.

$$\frac{1}{a-1} \leq \varepsilon \leq 1$$

따라서 ε이 최소일 때 $\varepsilon=1/(a-1)$, 즉 구형성 가정을 가장 심하게 어겼을 때는 분자의 자유도가 1, 분모의 자유도는 $s-1$이 되며, 구형성 가정에 위배되지 않을 때 ($\varepsilon=1$)는 자유도의 변화가 없다. ε을 유도하는 과정에서 Hyunh-Feldt 방식과 Greenhousr-Geisser 방식이 차이가 난다.

여기서 유의할 점은 만약 수준이 2이면, 가능한 대비가 하나밖에 없으므로 구형성 가정이 문제되지 않는다는 것이다.

4 혼합설계

피험자 내 요인과 피험자 간 요인이 하나의 분산분석에 포함되는 것을 혼합설계라 한다. 흔히 split-plot 설계라 하기도 한다. 예를 들어, 다음과 같은 실험설계가 있다고 하자. 상품의 가격과 성능이 구매의도에 영향을 미치는지를 연구하기 위하여 동일한 피험자에게 세 가지 가격조건(상/중/하)에 대하여 두 가지 성능조건(고/저)를 제시하였다. 즉, 각 피험자는 6개의 조건에 노출되었다. 또한 성별에 따라 구매의도가 달라지는지, 연령에 따라 구매의도가 달라지는지를 조사하기 위하여 성별(남녀) × 연령(청년/중년/노년)의 6집단에 대하여 각각 50명씩 할당하였다.

이때 성별과 연령은 각각 집단 간 요인에 해당되며 가격과 성능은 집단 내 요인에 해당된다.

〈표 15-3〉 혼합설계의 요인들 예시

	요인명	수준
집단 간 요인	A(성별)	2(남/여)
	B(연령)	3(청년/중년/노년)
집단 내 요인	C(가격)	3(상/중/하)
	D(성능)	2(상/하)

이 네 개의 요인에 대하여 주효과와 상호작용효과에 대한 분석을 할 수 있고 이

에 대한 해석은 이전의 분석과 동일하다.

집단 간 요인과 집단 내 요인이 공존하므로 F값을 계산할 때의 오차는 다소 복잡할 수 있다. 먼저, 집단 간 요인의 분산분석표는 〈표 15-4〉와 같다. 이는 집단 간 설계의 표와 동일하다.

〈표 15-4〉 혼합설계 분산분석의 집단 간 요인들의 분산분석표 1

Source	*SS*	*df*	*MS*	*F*
A	SS_A	a−1	MS_A	$MS_A / MS_{S/AB}$
B	SS_B	b−1	MS_B	$MS_B / MS_{S/AB}$
$A \times B$	$SS_{A \times B}$	(a−1)(b−1)	$MS_{A \times B}$	$MS_{A \times B} / MS_{S/AB}$
S/AB	$SS_{S/AB}$	(s−1)ab	$MS_{S/AB}$	

집단 내 요인에 대한 효과는 C와 D의 주효과, $C \times D$의 상호작용효과가 있다. 먼저, C에 대한 주효과의 오차항은 $C \times S$와 같이 되어야 하나, 이 설계에서 S는 A와 B에, 즉 집단 간 요인에 내포되므로 S는 S/AB로 표현되어야 한다. 따라서 C의 주효과에 대한 오차항은 $C \times S/AB$가 된다. 또한 C와 집단 간 요인들과의 상호작용도 모두 동일한 오차항을 가지게 된다.

〈표 15-5〉 혼합설계 분산분석의 집단 내 요인들의 분산분석표 1

Source	*SS*	*df*	*MS*	*F*
C	SS_C	c−1	MS_C	$MS_C / MS_{C \times S/AB}$
$A \times C$	$SS_{A \times C}$	(a−1)(c−1)	$MS_{A \times C}$	$MS_{A \times C} / MS_{C \times S/AB}$
$B \times C$	$SS_{B \times C}$	(b−1)(c−1)	$MS_{B \times C}$	$MS_{B \times C} / MS_{C \times S/AB}$
$A \times B \times C$	$SS_{A \times B \times C}$	(a−1)(b−1)(c−1)	$MS_{A \times B \times C}$	$MS_{A \times B \times C} / MS_{C \times S/AB}$
$C \times S/AB$	$SS_{C \times S/AB}$	ab(c−1)(s−1)	$MS_{C \times S/AB}$	

앞과 같은 논리로, D에 대한 주효과의 오차항은 $D \times S/AB$가 되고 또한 D와 집단 간 요인들과의 상호작용도 모두 동일한 오차항을 가진다.

〈표 15-6〉 혼합설계 분산분석의 집단 내 요인들의 분산분석표 3

Source	SS	df	MS	F
D	SS_D	$d-1$	MS_D	$MS_D / MS_{D \times S/AB}$
$A \times D$	$SS_{A \times D}$	$(a-1)(d-1)$	$MS_{A \times D}$	$MS_{A \times D} / MS_{D \times S/AB}$
$B \times D$	$SS_{B \times D}$	$(b-1)(d-1)$	$MS_{B \times D}$	$MS_{B \times D} / MS_{D \times S/AB}$
$A \times B \times D$	$SS_{A \times B \times D}$	$(a-1)(b-1)(d-1)$	$MS_{A \times B \times D}$	$MS_{A \times B \times D} / MS_{D \times S/AB}$
$D \times S/AB$	$SS_{D \times S/AB}$	$ab(d-1)(s-1)$	$MS_{D \times S/AB}$	

$C \times D$에 대한 주효과의 오차항은 $C \times D \times S/AB$가 되고 또한 $C \times D$와 집단 간 요인들과의 상호작용도 모두 동일한 오차항을 가진다.

〈표 15-7〉 혼합설계 분산분석의 집단 내 요인들의 분산분석표 4

Source	SS	df	MS	F
$C \times D$	$SS_{C \times D}$	$(c-1)(d-1)$	$MS_{C \times D}$	$MS_{C \times D} / MS_{C \times D \times S/AB}$
$A \times C \times D$	$SS_{A \times C \times D}$	$(a-1)(c-1)(d-1)$	$MS_{A \times C \times D}$	$MS_{A \times C \times D} / MS_{C \times D \times S/AB}$
$B \times C \times D$	$SS_{B \times C \times D}$	$(b-1)(c-1)(d-1)$	$MS_{B \times C \times D}$	$MS_{B \times C \times D} / MS_{C \times D \times S/AB}$
$A \times B \times C \times D$	$SS_{A \times B \times C \times D}$	$ab(c-1)(d-1)$	$MS_{A \times B \times C \times D}$	$MS_{A \times B \times C \times D} / MS_{C \times D \times S/AB}$
$C \times D \times S/AB$	$SS_{C \times D \times S/AB}$	$ab(c-1)(d-1)(s-1)$	$MS_{C \times D \times S/AB}$	

혼합모형에서도 주효과와 상호작용효과를 해석하는 방식은 동일하다.

개념정리

분산분석에서 자유도는 다음과 같은 방식으로 간단히 구할 수 있다.

(1) 주효과 A: 주효과의 수준$-1 = a-1$

(2) 상호작용효과 $A \times B$: (A의 자유도)$\times$(B의 자유도) $= (a-1)\times(b-1)$

(3) 내포된 관계가 존재할 때

/ 이전 부분: (요인의 수준-1)을 곱한다.

/ 이후 부분: (요인의 수준)을 곱한다.

예) $D \times S/AB$의 자유도 $= (d-1)(s-1)ab = ab(d-1)(s-1)$

5 R을 이용한 피험자 내 설계 분석

R에서 제공된 ObrienKaiser 자료를 이용하여 분석할 것이다. 이 자료는 다음과 같이 R에서 읽을 수 있다. 읽은 자료를 wide에 저장하고 이 자료에 id라는 변수를 하나 추가하였는데, 이는 행의 이름이다.

```
> library(carData)
> data(OBrienKaiser)
> wide<-OBrienKaiser
> wide$id<-row.names(wide)
```

자료는 17개의 변수로 구성되어 있고, 변수에 대한 설명은 〈부록 1〉에 제시되어 있다. 이 자료를 피험자 내 분산분석에서 이용할 수 있도록 자료의 형식을 변경할 것이다. 회귀분석이나 집단 간 분산분석에서는 독립변수에 해당하는 변수가 독자적으로 존재하였다. 그리하여 '종속변수~독립변수1+독립변수2'의 형식으로 모형을 정의하였다. 그런데 이 자료와 같은 형식에서는 (wide format) 독립변수에 해당하는 변수가 존재하지 않는다. 이 예에서 처치 전/후/추적관찰을 표현하는 변수는 없다. 즉, 다음과 같은 형식으로 자료가 배열되어 있다.

treatment	gender	pre.1	pre.2	pre.3	pre.4	pre.5	post.1	post.2	post.3	post.4	post.5	fup.1	fup.2	fup.3	fup.4	fup.5
CONTROL	F	1	2	4	2	1	3	2	5	3	2	2	3	2	4	4

이 자료를 다음과 같은 형식(long format)으로 변환하고자 한다.

treatment	gender	time1	time2	DV
CONTROL	F	1	1	1
CONTROL	F	1	2	2
CONTROL	F	1	3	4
CONTROL	F	1	4	2
CONTROL	F	1	5	1
CONTROL	F	2	1	3
CONTROL	F	2	2	2
CONTROL	F	2	3	5
CONTROL	F	2	4	3
CONTROL	F	2	5	2
CONTROL	F	3	1	2

이렇게 하면 처치 전/후/추적관찰을 나타내는 time1 변수와 시간을 나타내는(1, 2, 3, 4, 5) time2 변수가 독립변수로 사용될 수 있다.

reshape라는 함수를 이용하여 자료의 형식을 변환할 것이다.

```
> long<- reshape(wide,idvar=c('id','treatment','gender'),
varying=list(c(3,8,13),c(4,9,14),c(5,10,15),c(6,11,16)
,c(7,12,17)), direction='long',timevar='time1')
```

wide는 원자료의 이름이고, idvar에 집단 간 변수를 나열한다. 즉, 동일한 사람이면, 동일한 값을 가지는 변수이다. 각 개인을 나타내는 변수인 id와 treatment, gender가 이에 해당한다.

그다음, 3번째(pre.1), 8번째(pos.1), 13번째(fup.1) 자료를 같은 열에 위치시키고, 4번째, 9번째, 14번째 자료를 같은 열에 위치하게 배열한다.

```
varying=list(c(3,8,13),c(4,9,14),c(5,10,15),c(6,11,16)
,c(7,12,17)),
```

그러면 다음의 표와 같은 자료 구조가 된다. pre.1, pos.1, fup.1 자료가 동일한 변수인 pre.1의 세 줄에 걸쳐서 저장되고, pre.2, pos.2, fup.2가 pre.2의 변수에 저장된다. 각각의 줄이 어떤 값인지를 구분하기 위하여 새로운 변수가 필요한데, timevar='time1'에서 그 변수를 time1이라고 지정하였다.

treatment	gender	time1	pre.1	pre.2	pre.3	pre.4	pre.5
CONTROL	F	1	1	2	4	2	1
CONTROL	F	2	3	2	5	3	2
CONTROL	F	3	2	3	2	4	4

(주의: 첫 번째 변수인 id는 생략함. treatment는 2열에 해당)

동일한 종류의 명령어를 사용하여 5열에서 9열까지의 자료를 하나의 열로 병합하고 어느 열에 속하는지를 time2라는 변수에 저장하면, 최종적으로 원래 의도하였던 자료 구조가 된다. 이때 v.names를 사용하여 최종적인 종속변수의 이름을 dv라고 재명명하였다.

```
> long<-reshape(long,idvar=c('id','treatment','gender','t
```

```
ime1'), varying=list(c(5,6,7,8,9)),direction='long',timev
ar='time2',v.names="dv")
```

다음의 명령어를 사용하여 자료를 id, time1, time2 순으로 정렬한다.

```
> long <- long[order(long$id, long$time1,long$time2),]
```

ezPrecis 명령을 이용하여 이 자료의 구조와 자료 형태를 알 수 있다. 여기서 id가 character로, time1과 time2가 numeric으로 정의되어 있으므로 factor 형으로 변환하였다.

```
> ezPrecis(long)
Data frame dimensions: 240 rows, 6 columns
               type missing values     min max
treatment    factor       0      3 control   B
gender       factor       0      2       F   M
id        character       0     16       1   9
time1       numeric       0      3       1   3
time2       numeric       0      5       1   5
dv          numeric       0     11       1  11
> long$id=as.factor(long$id)
> long$time1=as.factor(long$time1)
> long$time2=as.factor(long$time2)
>
```

이제 ezANOVA를 이용하여 간단하게 피험자 내 설계와 혼합설계의 분산분석을 할 수 있다. 함수에서 dv는 종속변수의 이름을 지정하는 것이고, wid는 각 개인을 구분할 수 있는 변수이다. 여기에서는 id를 지정하면 된다. within과 between에 피험자 내 요인과 피험자 간 요인을 .( ) 속에 지정하면 된다.

```
> ezANOVA(
+   data=long,
+   dv=dv,
+   wid=id,
+   within =.(time1,time2),
+   between =.(treatment,gender),
+   detailed=T
+   )
$ANOVA
                           Effect DFn DFd         SSn       SSd            F            p p<.05         ges
1                     (Intercept)   1  10 7260.000000 228.05556 318.34348356 6.531968e-09     * 0.939562573
2                       treatment   2  10  211.286496 228.05556   4.63234706 3.768681e-02     * 0.311500373
3                          gender   1  10   58.286496 228.05556   2.55580252 1.409735e-01       0.110961345
5                           time1   2  20  167.500000  80.27778  20.86505190 1.274471e-05     * 0.263987392
9                           time2   4  40  106.291667  62.50000  17.00666667 3.191105e-08     * 0.185405916
4                treatment:gender   2  10  130.241281 228.05556   2.85547267 1.044692e-01       0.218071465
6                 treatment:time1   4  20   78.667883  80.27778   4.89972975 6.425940e-03     * 0.144168066
7                    gender:time1   2  20    1.667883  80.27778   0.20776400 8.141301e-01       0.003558774
10                treatment:time2   8  40    1.161192  62.50000   0.09289538 9.992575e-01       0.002480326
11                   gender:time2   4  40    2.558811  62.50000   0.40940980 8.007719e-01       0.005449395
13                    time1:time2   8  80   11.083333  96.16667   1.15251300 3.383166e-01       0.023182848
8          treatment:gender:time1   4  20   10.221006  80.27778   0.63660243 6.423695e-01       0.021417761
12         treatment:gender:time2   8  40    7.755474  62.50000   0.62043796 7.554844e-01       0.016335724
14          treatment:time1:time2  16  80    6.262165  96.16667   0.32558919 9.928141e-01       0.013231916
15             gender:time1:time2   8  80    6.635975  96.16667   0.69004939 6.991236e-01       0.014010707
16 treatment:gender:time1:time2  16  80   14.154501  96.16667   0.73593594 7.495616e-01       0.029417788

$`Mauchly's Test for Sphericity`
```

```
                        Effect           W           p p<.05
5                        time1 0.749272638 0.272822026
6              treatment:time1 0.749272638 0.272822026
7                 gender:time1 0.749272638 0.272822026
8       treatment:gender:time1 0.749272638 0.272822026
9                        time2 0.066066272 0.007596772     *
10             treatment:time2 0.066066272 0.007596772     *
11                gender:time2 0.066066272 0.007596772     *
12      treatment:gender:time2 0.066066272 0.007596772     *
13                 time1:time2 0.004779921 0.449394153
14       treatment:time1:time2 0.004779921 0.449394153
15          gender:time1:time2 0.004779921 0.449394153
16 treatment:gender:time1:time2 0.004779921 0.449394153

$`Sphericity Corrections`
                        Effect       GGe        p[GG] p[GG]<.05       HFe        p[HF] p[HF]<.05
5                        time1 0.7995348 7.323096e-05         * 0.9278594 2.387543e-05         *
6              treatment:time1 0.7995348 1.222956e-02         * 0.9278594 8.089765e-03         *
7                 gender:time1 0.7995348 7.661593e-01           0.9278594 7.984495e-01
8       treatment:gender:time1 0.7995348 6.116209e-01           0.9278594 6.319975e-01
9                        time2 0.4602815 8.741060e-05         * 0.5592802 2.014357e-05         *
10             treatment:time2 0.4602815 9.787941e-01           0.5592802 9.887716e-01
11                gender:time2 0.4602815 6.534571e-01           0.5592802 6.911521e-01
12      treatment:gender:time2 0.4602815 6.413625e-01           0.5592802 6.692976e-01
13                 time1:time2 0.4495013 3.457305e-01           0.7330608 3.440460e-01
14       treatment:time1:time2 0.4495013 9.401852e-01           0.7330608 9.804731e-01
15          gender:time1:time2 0.4495013 5.890254e-01           0.7330608 6.552382e-01
16 treatment:gender:time1:time2 0.4495013 6.463449e-01           0.7330608 7.080122e-01
```

- 결과에서 $ANOVA에서 DFn(분자의 자유도), DFd(분포의 자유도), SSn(분자의 *SS*), SSd(분모의 *SS*), *F*값, *p*값, ges(Generalized Eta-Squared, 부분 η^2) 값이 제시되어 있다.

- $'Mauchly's Test for Sphericity'에 구형성에 대한 검증 결과가 나타나 있다. time2와 관련된 변수들에서 구형성 가정이 깨지는 것을 알 수 있다.
- $'Sphericity Corrections'에 Greenhause-Geisser(GGe) 방식과 Hyundt-Feld 방식(HFe)으로 교정한 epsilon 값들이 제시되어 있고 그에 대응하는 *p*값이 제시되어 있다.

이제 ezStats는 평균과 표준편차 등 통계치를 계산하는 데 유용하다.

```
> ezStats(long,dv=dv,wid=id,within.(time1,time2))
   time1 time2  N   Mean        SD      FLSD
1      1     1 16 3.8125 1.641899 0.7084671
2      1     2 16 4.1875 1.759498 0.7084671
3      1     3 16 5.3125 1.493039 0.7084671
4      1     4 16 4.5000 2.250926 0.7084671
5      1     5 16 4.0625 1.982213 0.7084671
6      2     1 16 5.0625 2.264766 0.7084671
7      2     2 16 5.5625 2.365551 0.7084671
8      2     3 16 6.8750 2.125245 0.7084671
9      2     4 16 6.3750 2.028957 0.7084671
10     2     5 16 4.8750 2.473190 0.7084671
11     3     1 16 6.0625 1.913766 0.7084671
12     3     2 16 6.2500 2.049390 0.7084671
13     3     3 16 7.8125 2.344319 0.7084671
14     3     4 16 6.3125 2.088660 0.7084671
15     3     5 16 5.4375 2.096624 0.7084671
```

이제 ezPlot을 이용하여 분산분석과 관련된 다양한 그래프를 그릴 수 있다.

```
> ezPlot(data=long,
+          dv=dv,
+          wid=id,
+          within =.(time1,time2),
+          between =.(treatment),
+          x=time2,
+          split=time1,
+          col=treatment,
+          )
```

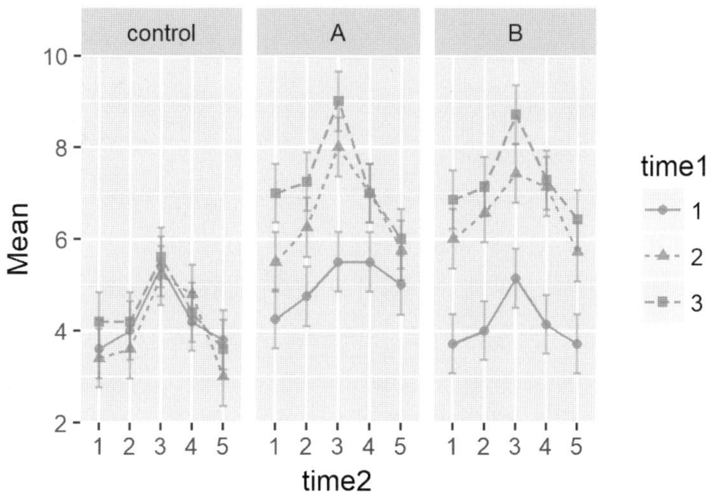

개념정리

가설검증의 문제점과 보안점

가설검증의 분석 기법은 많은 학문 분야에서 매우 많이 사용되는 통계 기법이다. Fisher (1932)가 이 방법을 제안한 후 수십 년 동안 가설검증은 심리학과 사회과학에서 자료에 대한 해석을 하는 도구로 의심없이 사용되었으며, 가장 객관적인 방법이라 생각하여 왔다. 그러나 가설검증은 영가설에 대한 기각만을 할 수 있고, 영가설이 우리가 관심을 가지고 있는 가설이 아니라는 점을 고려하면, 가설검증 그 자체가 우리의 연구 물음에 대한 해답을 제공할 수 있는 것은 아니다. 더욱 위험한 것은 가설검증에 대한 명백한 이해 없이 가설검증에서 얻어지는 여러 가지 수치들을 자의적으로 해석하고 있는 것이다. 몇몇 연구들(Cohen, 1994; Loftus, 1991, 1996; Rozeboom, 1960; Schmidt, 1996)이 가설검증의 해악을 지적하고 대안들을 내어놓았으나, 여전히 많은 학자들은 가설검증이 여전히 장점을 지니고 있고 가설검증이 지니고 있는 장점이 해악들에 비해 훨씬 많다고 생각하고 있다.

가설검증의 가장 큰 문제점은 수집된 자료가 연구가설을 지지하여 주는지 지지하여 주지 않는지에 대한 정보를 제공하지 못한다는 것이다. 가설검증은 영가설이 참일 때 자료가 관찰될 확률에 대한 정보만을 제공하는데, 영가설은 연구가설과 반대 방향으로 설정되기 때문에 연구자의 관심이 아니다. 대립가설, 즉 연구가설이 연구자의 관심인데, 대립가설을 지지할 확률은 가설검증에서 결코 계산될 수 없다. 가설검증에서 다음과 같은 확률이 고려될 수 있다.

- 영가설이 참일 확률: $P(H_0)$
- 대립가설이 참일 확률: $P(H_1)$
- 영가설이 참일 때, 현재의 자료가 관찰될 확률: $P(Data \mid H_0)=p$
- 대립가설이 참일 때, 현재의 자료가 관찰될 확률: $P(Data \mid H_1)$
- 현재의 자료가 관찰되었을 때, 영가설이 참일 확률: $P(H_0 \mid Data)$
- 현재의 자료가 관찰되었을 때, 대립가설이 참일 확률: $P(H_1 \mid Data)$

앞의 여섯 가지 확률 중에서 가설검증에서 알 수 있는 확률은 영가설이 참일 때 자료가 관찰될 확률이 p밖에 없다. 영가설과 대립가설이 참일 확률이나 자료가 영가설이나 대립가설을 지지할 확률은 계산할 수 없다.

가설검증에 대한 잘못된 사용과 해석

가설검증을 잘못 적용하거나 잘못된 해석을 내리는 것을 쉽게 찾아볼 수 있다. 몇 가지 사례를 들도록 하겠다.

① p값을 효과크기나 검증력으로 잘못 이해하는 경우

$p=.001$일 결과를 $p=.05$ 결과보다 더 강한 효과로 해석하는 경우가 많다. 논문 등에서도 $p=.0001$이며 "매우 유의한 결과이다." 혹은 "the difference is very significant"라고 기술하는 것을 흔히 볼 수 있다. p값은 영가설이 참일 때 자료가 관찰될 확률이므로, 연구가설(대립가설)이 참일 확률과는 직접적인 상관이 없다. 따라

서 이는 잘못된 해석이다. 효과크기를 나타내는 통계치는 따로 있다.

p값은 다양한 요소들에 의하여 결정된다. t 검증을 예로 들어 보자. p값은 t값이 커짐에 따라 작아지게 된다.

$$t = \frac{\overline{X} - \mu_{\overline{X}}}{s_{\overline{X}}} = \frac{\overline{X} - \mu_{\overline{X}}}{\frac{s}{\sqrt{N}}} = \sqrt{N}\ \frac{\overline{X} - \mu_{\overline{X}}}{s}$$

이 공식에서 알 수 있듯이, 효과크기가 크면 t값이 커진다. 여기서 효과크기는 다음과 같이 정의된다.

$$d = \frac{\overline{X} - \mu_{\overline{X}}}{\sigma}$$

또한 표본크기(N)가 커지면 t값도 커진다. 따라서 t값은 효과크기와 N에 의하여 결정된다. 따라서 효과크기는 매우 작은데 N이 커서 t값이 커지는, 즉 p값이 작아지는 경우도 생긴다.

② 영가설의 의미를 이해하지 못하는 경우

영가설이 참일 경우는 실질적으로 없다고 볼 수 있다. 영가설이 "평균이 120이다($H_0 : \mu_{\overline{X}} = 120$)"라 하면, 이는 평균이 정확히 120이라는 것이다. 120.000000000001이라도 영가설은 틀리게 된다. 따라서 영가설을 정확히 설정할 수 있는 경우가 없는 것으로 보는 것이 합리적이다. 표본크기가 증가하면, 영가설은 반드시 기각된다. Cohen(1994)의 논문의 제목 'The Earth is Round ($p<.05$)'가 시사하는 바가 크다.

③ 가설검증의 오류 확률을 과소평가하는 경우

일종오류의 크기를 전체 가설검증에서 발생할 수 있는 오류의 크기로 잘못 해석하는 경우가 많다. 그리고 가설검증의 정확성을 높이기 위하여 일종오류의 크기를 작게 설정하기도 한다. 사실, 가설검증하에서 이 방법만이 가능하다. 그러나 일종오류를 감소시키는 것은 이종오류를 증가하게 한다. 일종오류를 .05로 통제한다 하더라도 이종오류를 포함한 가설검증으로 인한 전체 오류는 대립가설이 사실일 때, 최대 95%까지 될 수 있다. Cohen(1962)과 Sedlmeier와 Gigerenzer(1989)의 연구에 따르면 실제 사회과학의 여러 분야에서 가설검증으로 발생하는 오류의 크기는 평균 60%에 이르고 있다. 이에 대한 고려가 필요하다.

④ 가설검증의 결과만 제공하고 이외의 필수적인 정보를 제공하지 않는 경우

사회과학에서는 다수의 변수들을 사용하는 경우가 많기 때문에 한 연구에서 많은 가설을 검증하게 된다. 이때 가설검증 결과만을 논문에 보고하는 경우가 흔하다. 그러나 각 가설에 대한 결과는 평균, 표준편차 등을 이용하여 자세히 기술되어야 한다. 단순히 p값만을 보고하는 것은 자료를 해석하는 데 필요한 정보를 제공하지 않는 것이다.

연구자들은 차이가 있는지 여부보다는 그 차이의 양에 더 많은 관심을 가지고 있다. 통계적으로 유의미한 차이가 나지만 그 차이가 아주 작아서 실질적으로는 의미가 없는 경우도 있기 때문이다.

가설검증의 보완

가설검증에 대한 대안으로 베이지안 통계 방법, 효과크기와 검증력 계산, 메타분석(meta analysis) 등이 제안되고 있다. 그러나 새로운 통계 기법의 학습 없이 기존의 빈도주의 통계의 틀 안에서 신뢰구간을 보고하기만 하여도, 가설검증의 문제점을 상당히 보완할 수 있다.

예컨대, 두 집단의 평균 차이에 대한 신뢰구간에서는 평균 차이에 대한 점추정치, 표준오차의 정보를 가지고 있다. 신뢰구간을 해석하여 보자. 우선, 신뢰구간이 0을 포함하면, 두 평균의 차이가 0이라는 영가설을 기각할 수 없다. 따라서 다음의 그림에서 신뢰구간 A와 B와 E는 영가설을 기각할 수 없고 나머지 신뢰구간에서는 영가설이 기각된다. 먼저 영가설이 기각되지 않는 신뢰구간 A, B, E를 비교해 보자. 신뢰구간 E는 두 평균의 차이가 0이고 차이의 표준오차도 작으므로 좁은 신뢰구간을 이루고 있다. 이러한 신뢰구간이 관찰되면 차이가 나지 않는다고 주장할 수 있다. 그러나 신뢰구간 A의 경우는 차이가 0이지만 표준오차가 E의 경우보다 크므로 E보다는 강하게 주장할 수 없다. 신뢰구간 B의 경우는 두 평균의 차이가 통계적으로 유의미하지는 않지만 차이가 나지 않는다고 결론을 내리기에는 무리가 있다. 정적으로 아주 큰 차이를 낼 수도 있고 부적으로 차이를 낼 수도 있다. 표준오차가 커서 차이가 난다는 결론을 내릴 수 없는 경우이다. 통계적으로 유의미한 차이가 나는 신뢰구간 C, D, F를 비교해 보면, D의 경우는 차이에 대한 추정을 보다 정확히 할 수 있지만, F는 그렇지 못하다.

이렇게 신뢰구간을 이용하면 가설검증에서 얻을 수 있는 정보에 더하여 점추정치와 표준오차의 정보를 이용하여 추정치, 여기에서는 차이에 대한 보다 정확한 추론을 할 수 있다.

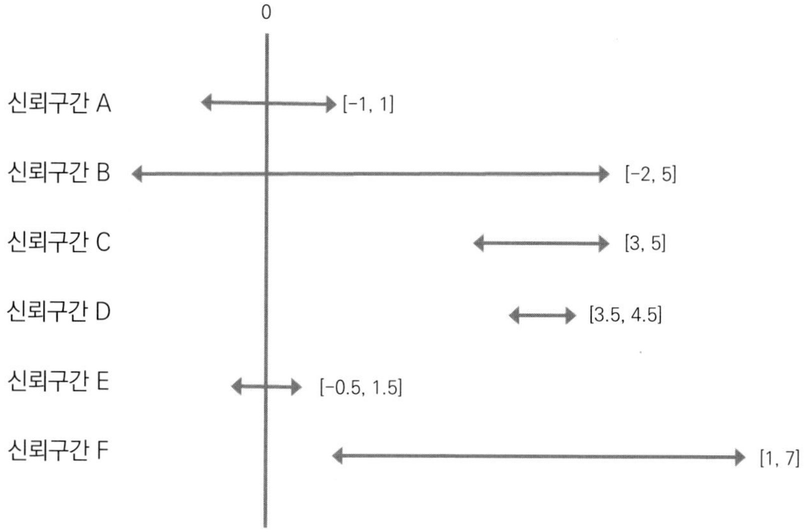

가설검증의 보충 자료로 사용할 수 있는 것이 효과크기와 검증력이다. 효과크기와 검증력에 의하여 연구가설(대립가설)에 대한 주장을 얼마나 강하게 할 수 있는지가 결정된다. 메타분석도 가설검증에 대한 대안으로 제시될 수 있다. 가설검증에서는 현재의 자료에 대하여 영가설을 기각할 수 있는지만을 분석하지만 메타 분석에서는 동일하거나 유사한 연구들의 결과를 통합하여 분석한다. 메타분석을 통하여 서로 다른 환경에서 시행된 연구들 간의 결과의 변산성과 연구들에서 일관되게 나타나는 자료의 패턴을 분리할 수 있다.

제16장 정규분포에 기반을 두지 않는 분석

1. 빈도분포에 대한 분석
2. 만-휘트니 검증
3. 크루스칼-월리스 검증
4. 부트스트래핑

이 장에서는 빈도분포에 대한 분석이나 서열척도에 대한 분석을 다룰 것이다. 흔히 비모수적 검증(noparametric test)이라 불리는데, 이는 정확한 표현으로 보이지 않는다. 정규분포를 사용하지는 않지만 이러한 분석에서도 분포에 근거하여 확률을 계산하고 추론을 하기 때문이다. 최근에 자주 사용되는 부트스트래핑(bootstrapping) 방법은 자료에서 분포를 만들어내는 방법이다.

1 빈도분포에 대한 분석

어떤 이론(가설)에서는 범주 자료의 발생이 특정한 비율로 구성될 것을 예측할 때가 있다. 예컨대, 멘델의 유전법칙에 따르면, 둥글고 황색인 것이 각각 우생이고, 주름지고 녹색인 것이 열성일 때 우성과 열성인 완두콩으로 교배하여 제1세대을 얻고 이를 다시 자가수정하면 9:3:3:1의 비율로 둥글고 황색, 둥글고 녹색, 주름지고 황색, 주름지고 녹색인 완두콩이 관찰되어야 한다. 만약 실험에서 1,600개의 완두콩을 얻었다면 완두콩은 900개, 300개, 300개, 100개가 관찰되어야 한다. 실제 관찰한 자료(완두콩의 개수)가 이와 얼마나 근접하는지에 대한 검증을 할 수 있다. 즉, 9:3:3:1의 분포에서 나왔는지 가설검증할 수 있다. 또한 공무원 시험에서 남녀 간에 차이가 있었는지 없었는지를 조사하기 위해 공무원 시험 합격자 중에서 남녀의 비율이 1:1이었는지를 검증할 수 있다.

1) 피어슨의 카이제곱검증

피어슨의 카이제곱검증(Cochran, 1952)을 이용하여 이를 검증할 수 있다. 검증 통계량은 다음과 같다.

$$\chi^2 = \sum \frac{(O-E)^2}{E}$$

여기서 E는 기대빈도, O는 관찰빈도이다. 앞의 예에서 900, 300, 300, 100이 기대빈도에 해당된다. 관찰빈도는 실제로 관찰된 빈도 값이다. 예컨대, 910, 290, 320, 80이라 하면 카이제곱은 다음과 같다.

$$\chi^2 = \frac{(910-900)^2}{900} + \frac{(290-300)^2}{300} + \frac{(320-300)^2}{300} + \frac{(80-100)^2}{100}$$

만약 관찰된 분포가 이론적 분포와 일치할 때는 카이제곱은 0이 되며, 이론적 분포에서 멀어질수록 카이제곱값은 커지게 된다.

이 값은 자유도가 3(범주 수 −1)인 카이제곱분포를 따르게 된다. 가설검증 절차에 따라서 9:3:3:1이라는 이론적 분포를 따른다는 영가설에 대한 가설검증을 할 수 있다.

이론적 분포를 따르는지에 대한 검증에서 영가설이 기각되면, 영가설을 따르지 않는다고 추론하는데, 연구자가 원하는 결론이 아닌 경우가 많다. 연구자가 자신의 자료가 이론적 분포와 일치하는지를 확인하고자 할 수 있다. 그러나 영가설을 기각하지 못한다고 해서 영가설을 수용할 수 있는 것은 아니기 때문에, 결코 자신의 이론이 맞는지를 검증할 수 없다. 많은 경우에 이론적 분포에서 크게 벗어나지 않는다는 정도의 확인만 필요할 경우가 있는데, 이때에는 영가설을 기각하지 못한다는 결론도 필요하게 된다.

두 번째 공무원 시험의 경우는 영가설이 남녀 비율이 1:1이라는 것이므로, 연구자가 이를 기각하여 성차별이 있다고 주장하고자 할 때가 있다. 이 경우에는 가설검증의 논리를 그대로 사용할 수 있다.

2) 수반표의 분석

수반표(contingency table) 분석은 한 범주변수의 빈도분포가 다른 범주변수의 범주에 따라서 달라지는지를 검증하는 것이다. 앞에서 든 예를 확장하여, 남녀의 공무원 시험 합격률이 중앙공무원과 지방공무원에서 차이가 있는지를 검증하여 보자. 〈표 16-1〉과 같은 자료가 수집되었다고 하자.

〈표 16-1〉 중앙공무원과 지방공무원의 성별에 따른 합격자 수

구분	남	여	합계
중앙공무원	100	100	200
지방공무원	200	100	300
합계	300	200	500

이 자료에서 남녀의 합격 비율은 3:2이지만, 중앙공무원은 1:1이고 지방공무원은 2:1로 중앙인지 지방인지에 따라서 남녀 합격비율이 달라지는 것을 알 수 있다. 영가설로 중앙과 지방의 남녀 비율이 같다고 가정하면 중앙공무원의 경우는 남녀 비율이 3:2, 지방공무원의 경우도 3:2이어야 된다. 즉, 〈표 16-2〉와 같아야 된다.

〈표 16-2〉 중앙공무원과 지방공무원 합격자의 남녀 비율이 같은 경우

구분	남	여	합계
중앙공무원	120	80	200
지방공무원	180	120	300
합계	300	200	500

〈표 16-2〉의 남자 중앙공무원의 수는 다음과 같은 방식으로 계산될 수 있다.

$$P(\text{남})=.6 \quad P(\text{여})=.4 \quad P(\text{중앙})=.4 \quad P(\text{지방})=.6$$
$$P(\text{남}\cap\text{중앙})=.24 \quad E=500\times.24=120$$

즉, 기대빈도는 다음과 같이 정의된다.

$$E_{ij}=Np(r_i)p(c_j)$$

여기서 N은 전체 사례수, r_i는 i번째 행, c_j는 j번째 열을 나타낸다.

이러한 방식으로 기대빈도를 구한 다음, 다음의 검증 통계량을 이용하여 영가설을 검증할 수 있다.

$$\chi^2=\sum_i\sum_j\frac{(O_{ij}-E_{ij})^2}{E_{ij}}$$

여기서 i는 행, j는 열을 나타낸다. 자유도는 (열의 수−1)(행의 수−1)이다. 이 경우에는 1이 된다.

2×2 수반표에서 카이제곱을 전체 표본의 수(n)로 나눈 값의 제곱근을 φ계수(phi coefficient)라 하며 이는 범주변수들 간의 상관계수와 같은 의미를 지닌다. 앞의 경우에 지역(중앙/지방) 변수와 성별 변수가 완벽히 연합이 될 때는 1의 값을 가지면 서로 독립일 때는 0의 값을 가진다.

행과 열이 2개 이상인 경우에도 동일한 방식으로 카이제곱을 구할 수 있다. 이때 자유도도 역시 (행의 수−1)(열의 수−1)이다. 〈표 16-3〉의 예에서 대도시, 중소도시, 농어촌에 남아/여아의 출생비율이 동일한지를 검증할 수 있다. 자료를 보면, 대도시의 경우는 여아의 출생비율이 높고, 농어촌에는 남아의 출생비율이 높은데, 이를 카이제곱검증을 통하여 분석할 수 있다.

〈표 16-3〉 지역(대도시/중소도시/농어촌)에 따른 남아와 여아의 수

구분	대도시	중소도시	농어촌	합계
남아	970	510	120	1600
여아	1030	490	80	1600
합계	2000	1000	200	3200

2 만-휘트니 검증

1) 만-휘트니 검증

만-휘트니 검증(Mann & Whitney, 1947)은 t 검증과 같이 두 집단의 차이를 검증하기 위한 것으로 종속변수가 등간척도가 되지 않고 서열척도인 경우에 사용할 수 있다. 또한 등간척도이기는 하나 정규성을 가정하지 못하는 경우에 사용하기도 한다. 다음과 같은 예를 살펴보자.

7명의 남학생과 7명의 여학생에게 지난 1년간 영화를 관람한 횟수를 조사하고, 남녀 간의 영화 관람 횟수에서 차이가 있는지를 검증하고자 한다. 영화 관람 횟수가 정규분포를 따른다고 가정하면, t 검증을 수행하면 되지만, 횟수의 분포가 명확하지 않을 때 이 검증을 할 수 있다. 영가설은 남녀 간 영화 관람 횟수의 분포가 동일하다는 것이다. 자료가 〈표 16-4〉와 같다고 하자.

〈표 16-4〉 여학생과 남학생의 영화 관람 횟수

성별	남	여
빈도(등수)	21(12)	50(14)
	18(11)	5(4)
	15(10)	2(2)
	0(1)	13(9)
	11(8)	6(5)
	8(6)	10(7)
	31(13)	4(3)
등수 합	(61)	(44)

괄호 안의 숫자는 남녀를 무시하고 14개의 숫자에 대한 (낮은 순서로) 등수를 낸 것이다. 50회가 14위이고 0회가 1위이다. 마지막 행의 등수 합은 남녀 각각에 대하여 등수의 합을 계산한 것이다.

만약 영가설이 참이라면 남과 여의 등수 합은 동일할 것이다. 남자의 등수 합이 여자의 등수 합보다 작다면 남자의 영화 관람 횟수가 작은 것으로, 등수 합이 많으면 영화 관람 횟수가 많은 것으로 해석된다. 즉, 여기서 사용되는 검증 통계량은 등수 합이다. 이 등수 합에 대한 분포를 만들면 가설검증에서 p값을 계산할 수 있다. 예에서 남자의 등수 합에 대한 분포는 14명 중 7명을 선택하여 줄 세우는 모든 경우의 수에서 등수의 합을 계산하여 구할 수 있다. 앞의 예에서는 등수 합이 44보다 작은 경우가 전체의 경우의 수에서 차지하는 비율이 p값이 된다.

이 p값이 α(.05)보다 작으면 영가설을 기각할 수 있다.

2) 윌콕슨 부호순위 검증

윌콕슨 부호순위 검증(Wilcoxon signed rank test; Wilcoxon, 1945)은 반복측정 t 검증에 대응되는 것으로 등수 점수를 이용한다. 두 반복 조건의 차이 점수에 대한 등수 분포를 이용하여 분석하는 것이다. 예컨대, 동일한 피험자에 대하여 학습 전과 학습 후에 수행을 측정하여 비교하고자 한다면, 〈표 16-5〉와 같이 학습 후 점수에서 학습 전 점수를 뺀 점수를 구한 뒤, 이 차이 점수의 절대값에 대하여 등수를 매긴다. 그런 다음, 전이 후보다 큰 경우에는 − 부호를 붙여서 최종 등수 자료를 만든다. 이 최종 등수 자료를 합한 점수가 최종적인 검증 통계치가 된다.

〈표 16-5〉 학습 전후의 수행 점수 차이와 차이 점수의 등수

피험자	전	후	후−전	등수(부호무시)	등수(부호)
1	21	50	29	7	7
2	18	5	−13	5	−5
3	15	3	−12	4	−4
4	0	9	9	3	3
5	11	6	−5	2	−2
6	8	10	2	1	1
7	31	4	−27	6	−6
등수 합					−5

이를 W라 하면 평균과 분산은 다음과 같다.

$$\mu_W = \frac{n(n+1)}{4}$$

$$\sigma_W^2 = \frac{n(n+1)(2n+1)}{24}$$

n이 충분히 크다면, W가 $N(\mu_W, \sigma_W^2)$에 근접하므로 정규분포를 이용할 수 있다.

사실, W는 다소 복잡한 형태로 표현될 수 있는 분포함수를 구해서 이를 이용하여 가설검증할 수 있지만, 이 분포함수는 여기에서 다루지 않기로 한다. 또한 동일한 등수가 발생할 때 이를 고려하는 절차가 있지만, 이것도 여기에서는 다루지 않기로 한다. 그러나 R을 이용하면 간단히 분석할 수 있다.

3 크루스칼-월리스 검증

크루스칼-월리스 검증(Kruskal-Wallis test; Kruskal & Wallis, 1952)은 일원분산분석 검증에 대응되는 것으로 등수 점수를 이용한다. 통계치를 내는 절차는 다음과 같다.

먼저, 집단을 무시하고 모든 점수에 대하여 등수를 매긴 다음 다음의 통계치를 계산한다.

$$H = (N-1)\frac{\sum_{i=1}^{g} n_i(\overline{r}_i - \overline{r})^2}{\sum_{i=1}^{g}\sum_{j=1}^{n_i} n_i(r_{ij} - \overline{r}_i)^2}$$

여기에서 n_i는 i번째 집단의 표본크기, r_{ij}는 i번째 집단의 j번째 자료의 등수, N은 전체 표본크기, $\overline{r}_i$는 i번째 집단의 등수 평균, $\overline{r}$는 모든 등수의 평균으로 $(N+1)/2$가 된다.

통계량에 대한 분포를 구하는 절차는 매우 많은 계산이 요구되므로, 이 분포를 자유도가 $g-1$인 카이제곱분포에 근접시켜 사용한다. 즉, p값은 다음과 같이 계산된다.

$$P(\chi^2 > H) = p$$

N이 작을 때에는 카이제곱분포에 근접하지 않고 계산량이 많지 않아서 정확한 H 분포를 사용한 가설검증을 할 수 있다. 이 분석에서 동일한 등수가 발생할 때의 해결방법이 있지만 생략하기로 한다.

◆ R을 이용한 분석

인터넷 중독 척도 자료에서 사회적 지지(scr) 점수가 남녀 간에 차이가 있는지를 검증하는 절차는 다음과 같다. 이때 scr이 정규분포를 따르지 않는다고 가정하자.

internet.csv의 자료를 읽은 다음, wilcox.test 함수를 사용하면 된다.

```
> dd<-read.csv("internet.csv")
> res1<-wilcox.test(scr ~ sex, data=dd)
> print(res1)

   Wilcoxon rank sum test with continuity correction

data:  scr by sex
W = 111990, p-value = 0.4073
alternative hypothesis: true location shift is not equal to 0
```

결과에서 통계치 *W*의 값과 *p*값이 제시되어 있다. *p*값이 .05보다 크기 때문에 영가설을 기각할 수 없다. 즉, 차이가 난다고 결론을 내릴 수 없다.

두 번째 반복측정인 경우인데, R에 포함된 OBrienKaiser 자료를 이용하기로 하자. 여기에서 pre.1과 post.1의 두 변수의 등위가 차이가 있는지를 검증할 것이다.

```
> library(carData)
> data(OBrienKaiser)
```

여기에서도 wilcox.test 함수를 이용하는데, "paired=TRUE"라는 옵션이 추가되었다는 데 주목하여야 한다.

```
> res2<-wilcox.test(OBrienKaiser$pre.1,OBrienKaiser$post.1,
```

```
paired=TRUE,exact=F)
> print(res2)

    Wilcoxon signed rank test with continuity correction

data:  OBrienKaiser$pre.1 and OBrienKaiser$post.1
V = 22.5, p-value = 0.03343
alternative hypothesis: true location shift is not equal to 0
```

결과를 보면, 통계치 *V*(앞에서 *W*값으로 불렀다)와 *p*값이 제시되어 있다. *p*값이 .05보다 작으므로 영가설을 기각할 수 있다. 즉, pre.1과 pre.2가 다른 등위를 가지고 있다고 결론 내릴 수 있다.

등수의 다집단 비교인 크루스칼-윌리스 검증은 kruskal.test라는 함수를 이용한다.

```
> res3<-kruskal.test(scr ~ self_diag,data=dd)
> print(res3)

Kruskal-Wallis rank sum test

data:  scr by self_diag
Kruskal-Wallis chi-squared = 1.6698, df = 3, p-value = 0.6437
```

결과를 보면 카이제곱값과 *p*값이 제시되어 있다. self_diag 네 집단 간에 사회적 지지에서 통계적으로 유의미한 차이가 관찰되지 않았다.

4 부트스트래핑

지금까지의 통계적 추론에서는 모집단의 분포를 가정한 다음, 표본의 통계치가 관찰될 확률을 계산하였다. 부트스트래핑(Efron, 1979)은 모집단의 분포를 가정하지 않고 표본으로부터 분포를 만들어 내어 통계적 추론을 하는 방식이다.

인터넷 중독 척도 자료에서 부트스트래핑을 하는 방법을 예로 들면 다음과 같다. 이 표본의 크기는 1,000이다. 이 표본에서 1,000개의 자료를 다시 복원추출(즉, 하나씩 자료를 추출하는데, 이미 추출된 자료가 다시 추출될 수 있다)하여 하나의 표본을 만들 수 있다. 이러한 표본을 여러 번 반복한다면(예: 10,000번 반복한다면), 다수의 표본을 만들 수 있다. 각각의 표본에서 통계치(예: 평균, 상관계수, 회귀계수 등)를 계산하면 이 통계치가 10,000개 생기므로 이에 대한 분포를 만들 수 있다. 분포만 만들어지면 통계적 추론이 가능하다. 보다 구체적으로 R을 이용하여 부트스트래핑 하는 방법을 살펴보자.

R에서는 boot라는 라이브러리가 부트스트래핑과 관련된 함수를 포함하고 있다. 인터넷 중독 척도 자료를 이용하자.

```
> library(boot)
> intadd<-read.csv("internet.csv")
```

부트스트래핑을 위해서는 재표본추출을 한 다음, 각 표본에서 계산할 통계치를 함수로 정의해야 한다. 다음에 bf라는 함수가 정의되어 있는데, 각 표본에서 f1과 f2의 상관계수를 구한다. 이 함수의 인수(argument)는 자료의 이름(아래에서는 intadd)과 그 자료의 index가 필요하다. 예에서는 각 사례마다 1부터 10000까지의 숫자가 index로 부여되어 있다고 생각하면 된다. 부트스트래핑을 할 때, 이 index 정보를 이용하여 표본을 추출하게 된다.

```
> bf <- function(intadd, index){
     dd <- intadd[index,]
     return(cor(dd$f1, dd$f2))
+ }
```

부트스트래핑 함수인 boot는 자료명, 함수명, 부트스트래핑 표본의 수를 인수로 전달한다. set.seed는 난수를 발생시킬 때 필요한 함수이다. 인수로 적당한 숫자를 지정하면 된다.

```
> set.seed(123)
> corr_b <- boot(intadd, bf, R=10000)
```

결과에서 original 부분은 원자료의 상관계수, bias 부분은 10,000개의 표본에서 구한 상관계수의 평균과 원자료의 상관계수의 차이이다. 10,000개의 상관계수는 corr_b$t에 저장되어 있으므로 통계적 추론을 위해 사용할 수 있다.

```
> print(corr_b)

ORDINARY NONPARAMETRIC BOOTSTRAP

Call:
boot(data = data, statistic = bf, R = 10000)

Bootstrap Statistics :
     original         bias    std. error
```

```
t1* 0.5588968 -0.0004208634  0.02536537
>
```

10,000개의 상관계수에 대한 plot은 다음과 같다.

```
> plot(corr_b)
>
```

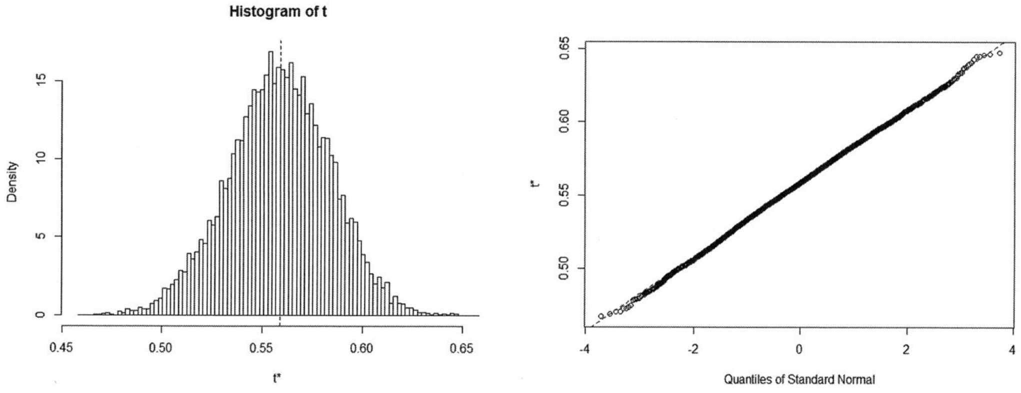

10,000개의 표본을 이용하여 신뢰구간을 구하려면 boot.ci 함수를 이용하면 된다.

```
> boot.ci(corr_b,conf=0.95,type="bca")
BOOTSTRAP CONFIDENCE INTERVAL CALCULATIONS
Based on 10000 bootstrap replicates

CALL :
boot.ci(boot.out = corr_b, conf = 0.95, type = "bca")
```

```
Intervals :
Level       BCa
95%   ( 0.5085,  0.6085 )
Calculations and Intervals on Original Scale
```

제17장 베이지안 접근법

1. 베이지안 통계의 논리
2. 베이지안 분석 패러다임
3. 사전분포
4. 베이지안 추론
5. 베이지안 통계에서의 계산 문제
6. WinBUGS

사회과학에서 주로 사용하는 통계학은 소위 빈도주의 통계학이나, 최근 사회과학에서도 베이지안 통계에 대한 관심이 높아지고 있다. 베이지안 통계는 매우 오래 전에 개발된 기법이지만 계산이 용이하지 않고 계산량이 많아서 사용되지 않았던 방법이다. 사회과학 연구 방법의 논리에 따르면 베이지안 통계가 빈도주의 통계보다 더 직관적이고 합리적인 것으로 보인다. 최근에 계산 문제가 많이 해결되고 통계패키지가 개발됨에 따라 그리 어렵지 않게 베이지안 통계를 이용할 수 있다. 이 장에서는 베이지안 통계의 기초적인 논리를 소개하고자 한다. 베이지안 통계에 대한 더 깊은 이해는 베이지안 통계 교과서를 참조해야 할 것이다.

1 베이지안 통계의 논리

통계학은 빈도주의(frequentist) 통계학과 베이지안(Bayesian) 통계학으로 크게 분류될 수 있다. 빈도주의 통계학에서 확률은 빈도에 의해 해석된다. 즉, 무한히 많은 시행에서의 상대적인 빈도로 정의된다. 예컨대, 동전을 던졌을 때 앞면이 나오는 확률은 동전을 무한히 많이 던졌을 때 전체 시행 수에서 앞면이 나오는 횟수의 비로 정의된다. 그리고 자료의 발생은 확률분포에 의하여 정의된다. 예컨대, 이항분포를 따른다면 N번의 시행에서 동전의 앞면이 r번 나올 확률은 다음과 같다.

$$\binom{N}{r} p^r (1-p)^{N-r}$$

이 분포에서 다양한 자료가 산출될 수 있다. $r=0, 1, 2, \cdots, N$이 모두 가능하다. 다만, 발생할 확률이 다를 뿐이다. 다시 말하면, 우리가 관찰한 자료는 $N+1$개의 가능성 중에 하나이다. 10번의 시행에서 앞면이 8번 나왔다고 하면, 특정한 p를 가정하였을 때 나올 수 있는 확률은 하나이다. 빈도주의 통계학에서 중요한 특징은 분포에서 파라미터(위의 경우에 p)는 고정되어 있고 이 분포로부터 다양한 자료가 확률적으로 산출된다는 것이다.

앞의 예에서 10번 중 앞면이 7번 나왔을 때, 만약 p을 알지 못하여 추정해야 한다면, 어떤 p에서 이 자료가 발생할 확률이 가장 높은지를 찾아서 이 값을 p에 대한 추정량으로 삼을 수 있다. 이를 최대우도추정량(maximum likelihood estimator)이라 한다. 이때 p에 대한 추정치는 .7이 된다. 자료는 $p=.7$인 분포에서 산출된 것을 해석한다.

베이지안 통계학에서는 확률을 가설에 대한 믿음의 정도로 해석한다. 가장 중요한 특징은 다수의 가설에 대하여 서로 다른 확률(믿음)을 할당한다는 것이다. 앞의 예에서 가설은 p에 대한 것이 된다. 10번 중 8번의 자료가 관찰되었다면, 하나의 고정된 p에서 산출된 자료가 아니고 서로 다른 p값에서 이 자료가 산출되었다고 가정한다. 즉, 자료는 $p=.10$, .20, .70, .90 등에서 산출될 수 있다는 것이다. 다만, p값에 따라서 믿음의 정도(확률)가 달라진다. 예컨대, $p=.70$에 대한 믿음의 강도는 강하며, $p=.10$에 대한 믿음의 정도는 약하다는 것이다. 서로 다른 가설(p)에 대한 믿음의 정도(확률)를 분포로 표현할 수 있다. 예컨대, p에 대한 분포가 [그림 17-1]과 같다면, p가 .7일 확률은 높고 .7에서 멀어지면 확률이 감소하게 된다.

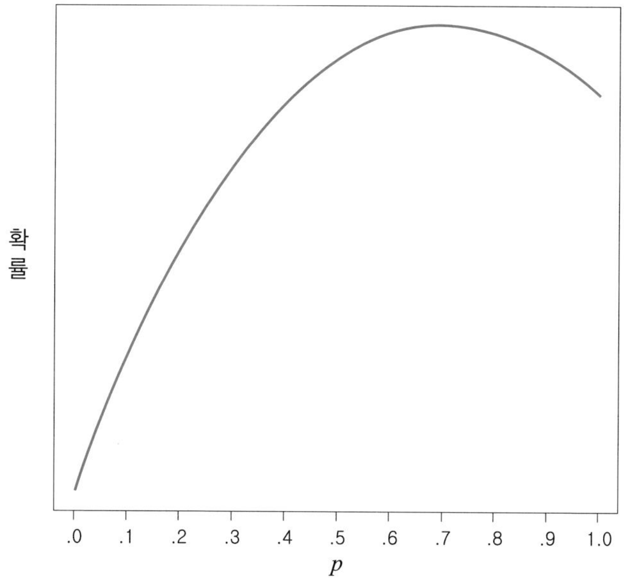

[그림 17-1] p에 대한 분포(믿음)

처음에 p에 대한 자료가 없는 경우에 p에 대한 믿음은 다음과 같은 확률분포에 의해 표현될 수 있다. 즉, 모든 p값에 대하여 동일한 확률을 가지고 있다.

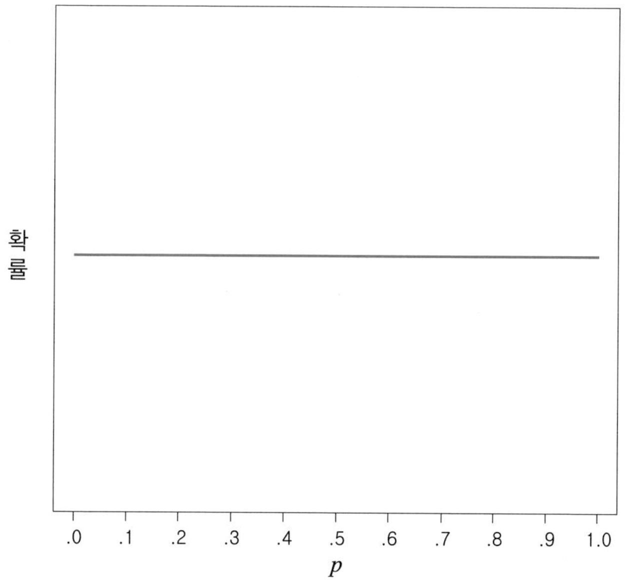

[그림 17-2] 모든 확률에 대한 믿음의 정도가 동일할 때의 분포

두 개의 확률분포에 의하여 표현된 p에 대한 믿음은 전혀 다른 의미를 가지고 있다. 전자의 경우가 후자의 경우보다 p에 대한 보다 구체적인 정보를 제공한다. 베이지안 통계에서는 가설 혹은 이론을 자료에 근거하여 수정하게 된다. 빈도주의 통계에서는 파라미터를 고정된 것으로 가정하고 자료가 확률 과정에 의하여 발생하는 것으로 가정하고 있지만, 베이지안 통계에서는 자료를 고정된 것으로 가정하고 파라미터를 확률적인 것으로 취급한다.

2 베이지안 분석 패러다임

어떤 학자가 조기교육을 받은 아동의 지능에 대하여 연구하고 있다고 하자. 자료를 수집하기 전에 이들에 대한 지능의 분포에 대한 믿음(가설)은 있을 수 있다. 조기교육을 받은 아동의 지능지수가 평균이 θ이고 분산이 σ^2인 정규분포를 따른다고 가정하자.

$$Y \sim N(\theta, \sigma^2)$$

사실, 지능지수는 정규분포를 따르도록 설계되었기 때문에 무리가 있는 가정은 아니다. 이때 조기교육의 효과는 θ값에 의하여 결정된다. 빈도주의 통계에서는 이 θ의 추정치를 구하거나 이 추정치가 특정한 값, 예컨대 100보다 큰지 작은지에 대한 가설검증을 한다. 베이지안 통계에서는 이 θ에 대한 믿음에서 시작한다. 별도의 자료가 없는 상태에서는 θ가 100이라고 믿는 것이 공평하고 타당할 것이다. 그러나 다시 생각해 보면 단순히 100이라는 믿음은 현실적이 아니다. 100에 대한 확신보다는 강하지 않겠지만 105가 될 수도 있고 95가 될 가능성도 있다. 이러한 믿음을 표시한 분포가 다음과 같을 수 있다. 이를 보통 사전분포(prior distribution)라 한다. θ의 분포를 평균이 100이고 분산이 20으로 가정하면 다음과 같다.

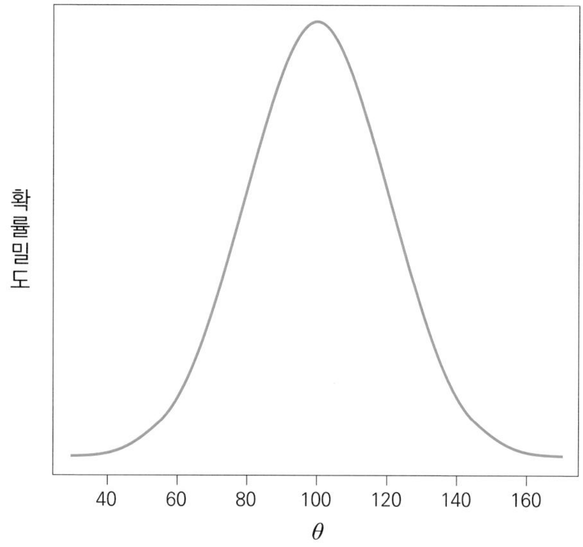

[그림 17-3] θ 의 사전분포

이러한 믿음 하에서 조기교육을 받은 아동의 지능지수를 조사하였다. 그 자료가 다음과 같다고 하자.

$$90(y_1),\ 94(y_2),\ 110,\ 119,\ 120,\ 122,\ 123,\ 129,\ 145,\ 148(y_{10})$$

이 자료를 보면 [그림 17-3]의 분포를 수정할 필요가 있을 것으로 생각된다. [그림 17-3]의 분포에서 중심이 100으로 되어 있는데, 이를 오른쪽으로 조금 이동할 수 있다. 즉, 자료에 근거하여 사전분포를 수정할 수 있다. 다음과 같이 정의하자.

- 사전분포: $P(\theta)$
- 특정한 θ에서 자료가 관찰될 확률: $P(y_1, y_2, \cdots, y_n \mid \theta)$
- 사후분포(posterior distribution): 자료가 관찰된 후의 θ의 분포 $P(\theta \mid y_1, y_2, \cdots, y_n)$

자료를 관찰한 다음, 원래의 믿음 $P(\theta)$에서 새로운 믿음 $P(\theta \mid y_1, y_2, \cdots, y_n)$으로 수정하기 위하여 베이즈 정리가 사용된다. 베이즈 정리는 다음과 같다.

$$P(A_i \mid B) = \frac{P(B \mid A_i)P(A_i)}{P(B)} = \frac{P(B \mid A_i)P(A_i)}{\sum_j P(B \mid A_j)P(A_i)}$$

연속확률변수인 경우에는 다음과 같다.

$$f(\theta \mid y) = \frac{f(y \mid \theta)f(\theta)}{f(y)} = \frac{f(y \mid \theta)f(\theta)}{\int_\Theta f(y \mid \theta)f(\theta)d\theta}$$

여기서 $f(x)$는 확률밀도함수(probability density function)를 나타낸다. 앞의 공식을 검토해 보면, 사전분포에서 사후분포를 계산하는 공식임을 알 수 있다. 또한 사후분포를 계산하기 위해서는 사전분포에 대한 정보가 필수적임을 알 수 있다. 보통 분모는 상수이므로 다음과 같이 표현될 수 있다.

$$f(\theta \mid y) \propto f(y \mid \theta)f(\theta)$$

사전분포가 정규분포일 때 사후분포를 계산하는 과정을 살펴보면 다음과 같다. 관찰된 자료 y는 정규분포를 따른다고 가정하자.

$$y \sim N(\theta,\ \sigma^2)$$

θ (즉, y의 평균 파라미터)도 정규분포를 따른다고 가정하자.

$$y \sim N(\mu_0,\ \tau_0^2)$$

편의상 σ^2는 고정되어 있다고 가정하자(σ^2의 분포를 가정하는 모형도 가능하다). 이러한 가정하에서 한 자료 y가 관찰될 확률(밀도)은 다음과 같다.

$$f(y|\theta, \sigma^2) = \frac{1}{\sqrt{2\pi\sigma^2}} e^{-\frac{1}{2}\left(\frac{y-\theta}{\sigma}\right)^2}$$

서로 독립적인 n개의 자료, 즉 $y_1, y_2, \cdots, y_n$이 관찰될 확률(밀도)은 다음과 같다.

$$f(y_1, y_2, \cdots y_n|\theta, \sigma^2) = \prod_{i=1}^{n} f(y_i|\theta, \sigma^2) = \prod_{i=1}^{n} \frac{1}{\sqrt{2\pi\sigma^2}} e^{-\frac{1}{2}\left(\frac{y-\theta}{\sigma}\right)^2}$$
$$= (2\pi\sigma^2)^{-n/2} exp\left\{\sum -\frac{1}{2}\left(\frac{y-\theta}{\sigma}\right)^2\right\}$$

이제 $y_1, y_2, \cdots, y_n$이 관찰되었을 때, θ의 사후분포를 살펴보자.

$$f(\theta|y_1, y_2, \cdots y_n, \sigma^2) = \frac{f(\theta|\sigma^2) f(y_1, y_2, \cdots y_n|\theta, \sigma^2)}{y(y_1, y_2, \cdots y_n|\sigma^2)}$$
$$\propto f(\theta|\sigma^2) f(y_1, y_2, \cdots y_n|\theta, \sigma^2)$$
$$\propto \exp\left\{-\frac{1}{2\tau_0^2}(\theta-\mu_0)^2\right\} \exp\left\{-\frac{1}{2\sigma^2}\Sigma(y_i-\theta)^2\right\}$$

사후분포도 정규분포의 형태를 띠고 있다는 것을 알 수 있다. 이를 exp(2차식)의 형태로 나타내기 위하여 지수 부분만 살펴보면 다음과 같다.

$$\frac{1}{\tau_0^2}(\theta-\mu_0)^2 + \frac{1}{\sigma^2}\Sigma(y_i-\theta)^2 = \alpha\theta^2 - 2b\theta + c$$

$$a = \frac{1}{\tau_0^2} + \frac{n}{\sigma^2} \qquad b = \frac{\mu_0}{\tau_0^2} + \frac{\sum y_i}{\sigma^2}$$

따라서 최종적인 사후분포는 다음과 같다.

$$f(\theta|y_1, y_2, \cdots y_n, \sigma^2) \propto \exp\left\{-\frac{1}{2}a(\theta - b/a)^2\right\} = \exp\left\{-\frac{1}{2}\left(\frac{\theta - b/a}{1/\sqrt{a}}\right)^2\right\}$$

즉, 사후분포는 평균이 b/a이고 표준편차가 $1/\sqrt{a}$인 정규분포를 따른다. 사후분포의 분산을 τ_n^2이라 하면 τ_n^2은 다음과 같다.

$$\tau_n^2 = \frac{1}{a} = \frac{1}{\frac{1}{\tau_0^2} + \frac{n}{\sigma^2}}$$

분산의 역수를 정도(precision)라 하고 이를 $\tilde{\tau}_n^2$으로 표기하면 정도는 다음과 같이 표현된다(여기서 자료의 분산의 역수를 $\tilde{\sigma}^2$으로 표현한다).

$$\tilde{\tau}_n^2 = \tilde{\tau}_0^2 + n\tilde{\sigma}^2$$
$$\tilde{\tau}_0^2 = 1/\tau_0^2 \qquad \tilde{\tau}_n^2 = 1/\tau_n^2$$

사후분포의 정도는 사전분포의 정도와 자료의 정도에 n을 곱한 값을 더한 값에 의하여 결정된다. 따라서 사후분포의 정도는 n이 작은 경우에는 사전분포의 정도에 의하여 주로 결정되고 n이 큰 경우에는 자료의 정도(분산)에 의하여 주로 결정된다. 또한 자료의 정도가 아주 작으면(분산이 아주 크면), 사후분포의 정도는 사전분포의 정도에 의하여 결정된다.

사후분포의 평균(μ_n)은 다음과 같이 표현된다.

$$\mu_n = \frac{b}{a} = \frac{\frac{\mu_0}{\tau_0^2} + \frac{\sum y_i}{\sigma^2}}{\frac{1}{\tau_0^2} + \frac{n}{\sigma^2}} = \frac{\tilde{\tau}_0^2}{\tilde{\tau}_0^2 + n\tilde{\sigma}^2}\mu_0 + \frac{n\tilde{\sigma}^2}{\tilde{\tau}_0^2 + n\tilde{\sigma}^2}\bar{y}$$

사후분포의 평균(μ_n)은 사전분포의 평균(μ_0)과 자료의 평균($\bar{y}$)의 가중합

(weighted sum)이다. μ_0의 가중치는 전체 정도($\tilde{\tau}_0^2 + n\tilde{\sigma}^2$)에서 파라미터의 사전 정도가 차지하는 비율이며, $\bar{y}$의 가중치는 전체 정도에서 자료의 정도가 차지하는 비율이다. 사후분포의 평균은 n이 증가할수록 자료에 의해 결정되는 부분이 더 많아지게 된다.

앞의 예에서 자료의 관찰 후에 사후확률의 분포가 어떻게 변하는지를 살펴보자. θ 사전분포는 다음과 같다.

$$\theta \sim N(\mu_0, \tau_0^2)$$

즉, $\mu_0 = 100,\ \tau_0^2 = 20^2$

관찰된 자료의 평균 $\bar{y}$는 120이었고, 분산은 353.3이었다($\sigma^2 = s^2 = 353.3$으로 가정하자). 사후분포의 평균을 구하면 다음과 같다.

$$\mu_n = \frac{\dfrac{\mu_0}{\tau_0^2} + \dfrac{\sum y_i}{\sigma^2}}{\dfrac{1}{\tau_0^2} + \dfrac{n}{\sigma^2}} = \frac{\dfrac{100}{400} + \dfrac{1300}{353.3}}{\dfrac{1}{400} + \dfrac{10}{353.3}} = 118.38$$

사후분포의 분산은 다음과 같다.

$$\tau_n^2 = \frac{1}{\dfrac{1}{\tau_0^2} + \dfrac{n}{\sigma^2}} = \frac{1}{\dfrac{1}{400} + \dfrac{10}{19.33}} = 32.463$$

θ에 대한 사전분포와 사후분포를 그리면 [그림 17-4]와 같다. 가는 선은 사전분포, 굵은 선은 사후분포를 나타낸다.

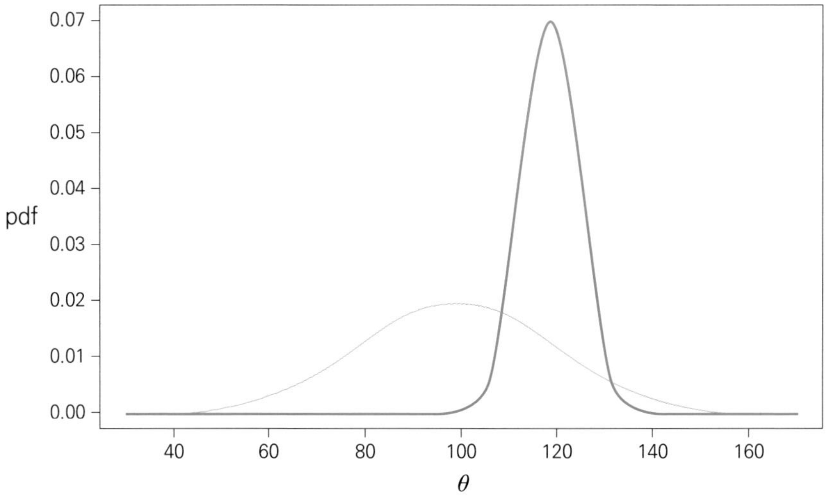

[그림 17-4] 사전분포와 사후분포

사전분포에서 수집된 자료를 이용하여 사후분포를 계산하면 먼저 분포의 분산이 작아졌다. 그리고 평균은 100에서 118.38로 이동하였다.

베이지안 분석법에 의해 연구가 어떻게 진행되었는지를 다시 한 번 살펴보자. 연구자는 먼저 θ에 대한 믿음을 가지고 있었다. 이는 사전분포의 형태로 표현되었다. 이 사전분포는 기존의 연구결과가 있다면 연구결과에 의하여 형성될 수 있고, 그렇지 않다면 상식, 추측 등에 의하여 생성될 수 있다. 새로운 자료가 수집되었다. 이 자료는 기존의 믿음을 수정시켜 준다. 앞의 예에서처럼 사전분포는 θ에 대하여 높은 불확실성을 지닌 분포이다. 자료를 수집하고 이를 포함하여 새로운 θ의 분포를 만들면, 불확실성이 감소되고 분포의 중심도 사전분포의 평균에서 자료의 평균 사이의 값으로 이동하게 된다. 즉, 자료는 우리의 믿음을 보다 정교하게 만드는 역할을 한다. 또 다른 자료를 수집하여 더 정교화된 믿음을 형성할 수 있을 것이다.

베이지안 분석법에 의한 연구의 절차를 도식화하면 [그림 17-5]와 같다. 사전확률과 수집된 자료를 이용하여 사후확률을 계산하면 이는 이후 연구의 사전확률로서의 역할을 한다. 이러한 방식으로 연구를 진행하면 여러 번에 걸쳐서 수집된 자료가 축적되어 사용된다. 빈도주의 통계에서 기존의 연구결과를 전혀 이용하지 않고 영가설에서 항상 효과가 존재하지 않는다고 가정하는 것과는 차이가 있다.

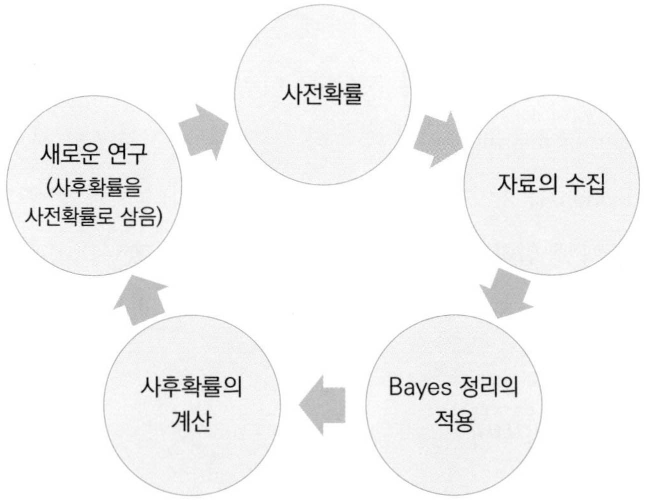

[그림 17-5] 베이지안 분석법에 의한 연구 절차

3 사전분포

1) 공액 사전분포

베이지안 분석과정은 사전분포로부터 시작하여 사후분포를 추정하는 과정으로 볼 수 있다. 정규분포의 예에서는 사전분포와 사후분포가 모두 정규분포였다. 이처럼, 사전분포가 동일한 종류의 사후분포를 산출하면 이를 공액 사전분포(conjugate prior distribution)라 한다. 정규분포에서 사전분포가 $\theta \sim N(\mu_0, \tau_0^2)$일 때, 사후분포는 $\theta | y_1, y_2, \cdots, y_n \sim N(\mu_n, \tau_n^2)$이었다.

2) 무정보 사전분포

경우에 따라서는 기존의 연구가 전혀 진행되지 않았기 때문에 사전분포에 대하여 가정하기 힘든 경우가 있다. 이때에는 사전분포가 사후분포에 되도록 영향을 미치지 않는 것이 바람직할 것이다. 이러한 사전분포를 무정보 사전분포(noinformative prior distribution)라 부른다. 무정보 사전분포의 하나로 균등분포(uniform distribution)를 들 수 있다. 이 분포는 파라미터가 취할 수 있는 모든 값들에 대한 확률이 동일하다는 것이다. 그다음으로 Jeffrey's prior를 들 수 있다(Jeffreys, 1946). 이는 Fisher 정보의 결정계수에 루트를 취한 값이다.

$$p(\theta) \propto \sqrt{|I(\theta)|}$$

이 사전분포는 θ를 재모수화(reparametrize)해도 무정보 사전분포가 된다는 이점이 있기 때문에 많이 사용된다. 예를 들어, 정규분포에서 θ의 사전분포가 균등분포 $f(\theta)=c$(상수)라면 다음과 같이 된다.

$$\begin{aligned} f(\theta|y_1, y_2, \cdots, y_n, \sigma^2) &\propto f(\theta|\sigma^2) f(y_1, y_2, \cdots, y_n|\theta, \sigma^2) \\ &\propto f(y_1, y_2, \cdots, y_n|\theta, \sigma^2) \propto \exp\left(\frac{\sum_{i=1}^{n}(y_i-\theta)^2}{\sigma^2}\right) \end{aligned}$$

즉, 사후분포는 y들의 분포에 의해서만 결정되고 사전분포의 영향을 받지 않게 된다.

4 베이지안 추론

1) 신용구간

신용구간(credible interval)은 신뢰구간에 대응하는 개념으로 볼 수 있다. 신뢰구간에서 파라미터는 하나의 값으로 가정된다. 예컨대, 평균에 대한 추정의 경우 파라미터 μ는 하나의 값이고 신뢰구간이 이 파라미터의 값을 포함할 확률이 $100(1-\alpha)\%$라는 것이다. 빈도주의 통계에서는 하나의 신뢰구간에 대한 확률이 정의되지 않기 때문에 가상적으로 무한히 많은 신뢰구간을 생성하였을 때 그중 $100(1-\alpha)\%$의 신뢰구간이 μ를 포함하고 있다는 것을 의미한다.

베이지안에서는 파라미터가 하나의 값으로 가정되는 것이 아니라 분포를 가지고 있다. 따라서 95% 신용구간이라는 것은 그 분포에서 95%를 차지하는 가장 작은 구간을 구하면 된다. [그림 17-6]은 두 가지 분포에 대한 신용구간을 나타내는데, 오른쪽 그림과 같이 신용구간이 연속적으로 구성되지 않을 수도 있다.

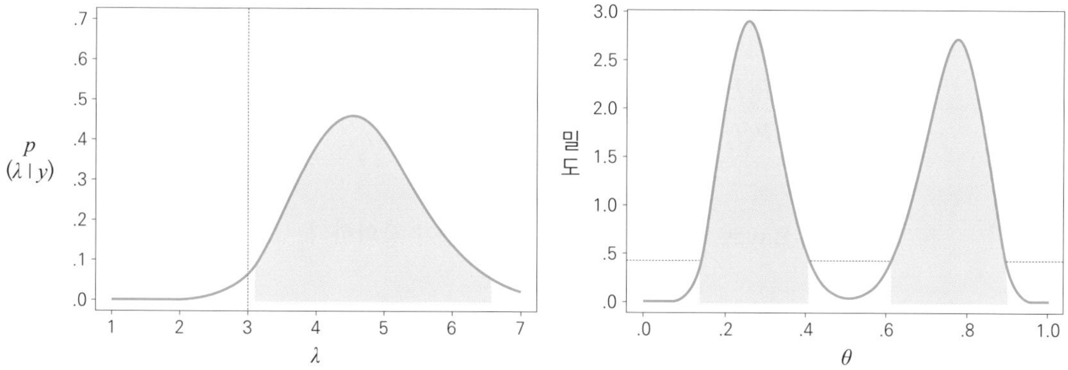

[그림 17-6] 두 가지 분포에 대한 신용구간

2) 가설의 비교

빈도주의 가설검증에서는 영가설(H_0)이 참이라는 가정하에서 자료가 관찰될 확률[$P(Data \mid H_0)$, $p-$value]을 구하고 이 확률이 α값보다 작으면 영가설을 기각하게 된다. 영가설이 기각되면 대립가설이 참인 것으로 간주한다. 그러나 영가설이 참이 아닐 확률과 대립가설이 참일 확률은 동일하지 않다. 따라서 매우 어색한 결론을 내리게 된다.

베이지안에서는 자료가 주어졌을 때 가설이 참일 확률을 직접적으로 계산한다.

$$P(H \mid Data)$$

자료가 두 개의 가설(H_A, H_B) 중의 하나에서 생성된 것이라 가정하면 자료가 각 가설을 지지할 확률은 다음과 같다.

$$P(H_A \mid Data) = \frac{P(Data \mid H_A)P(H_A)}{P(Data \mid H_A)P(H_A) + P(Data \mid H_B)P(H_B)}$$

$$P(H_B \mid Data) = \frac{P(Data \mid H_B)P(H_B)}{P(Data \mid H_A)P(H_A) + P(Data \mid H_B)P(H_B)}$$

두 사후확률의 비는 다음과 같다.

$$\frac{P(H_A \mid Data)}{P(H_B \mid Data)} = \frac{P(Data \mid H_A)P(H_A)}{P(Data \mid H_B)P(H_B)}$$

여기에서 Bayes 인자(factor)를 다음과 같이 정의한다.

$$B_{AB} = \frac{P(Data \mid H_A)}{P(Data \mid H_B)}$$

이는 두 가설에 대한 사전확률이 동일하다고 가정할 때 사후확률의 비이다. 즉, 자료가 어느 가설을 지지하는지에 대한 정보를 포함하고 있다.

또한 두 사후확률의 비는 다음과 같이 표현될 수 있다. 즉, Bayes 인자의 두 가설의 사전확률비를 곱한 값이다.

$$\frac{P(H_A|Data)}{P(H_B|Data)} = B_{AB}\frac{P(H_A)}{P(H_B)}$$

Bayes 인자에 의해 자료가 어느 가설을 더 지지하여 주는지를 검증한다. Kass 와 Raftery(1995)에 따르면 Bayes 인자를 다음과 같이 해석할 수 있다.

Bayes 인자가 다음의 값을 가질 때, H_B보다 H_A를 더 지지하여 주는 증거의 정도를 다음과 같이 해석한다.

- 1~3.2: 단순한 언급을 넘어선 가치는 없음
- 3.2~10: 상당함(substantial)
- 10~100: 강함(strong)
- 100 이상: 결정적임(decisive)

5 베이지안 통계에서의 계산 문제

1) 몬테카를로 방법

베이지안 통계의 계산과정에서는 많은 적분을 실행해야 한다. 예컨대, 파라미터 θ의 함수 $g(\theta)$에 대한 기대값을 구하고자 한다면 다음과 같은 계산이 필요하다.

$$E[g(\theta|y)] = \frac{\int_\theta g(\theta)p(y|\theta)p(\theta)d\theta}{\int_\theta p(y|\theta)p(\theta)d\theta}$$

이 계산은 대부분의 경우에 쉽지 않다. 닫힌 해가 존재하지 않을 수 있고 수치적인 적분을 사용하더라도 파라미터의 개수가 많으면 매우 많은 계산용량과 시간이 필요하게 된다.

베이지안 통계에서는 이러한 계산 문제를 해결하는 하나의 방법으로 몬테카를로(Monte Carlo) 방법을 사용한다. θ의 사후분포 $p(\theta|y)$로부터 확률표본 $[\theta_1, \theta_2, \cdots, \theta_n]$을 추출하면, 대수의 법칙에 따라 다음이 성립한다. 즉, 무한히 많은 무선표본의 평균은 기대값과 일치하게 된다.

$$\lim_{x \to \infty} \frac{1}{n} \sum_{i}^{n} g(\theta_i) = E[g(\theta)|y]$$

따라서 기대값의 추정치는 다음과 같이 될 수 있다. 즉, 적분을 사용하지 않고 산출평균으로 기대값을 추정할 수 있다.

$$E[\widehat{g(\theta)}|y] = \frac{1}{n} \sum_{i}^{n} g(\theta_i)$$

2) 깁스 표집

θ(파라미터)가 다변량분포를 따르고 있으면, 차원이 증가함에 따라 θ를 충분히 반영할 수 있는 표본의 수가 매우 커진다. 경우에 따라서는 확률표본을 구하기 힘든 경우도 있다. 이때 다음과 같은 특성을 이용하여 θ의 확률표본을 구할 수 있다.

> 조건 확률분포에서 확률표본을 반복적으로 생성하면
> 이 분포는 적절한 조건하에서 결합 확률밀도함수에 접근하게 된다.

$\theta = [\theta^1, \theta^2, \cdots, \theta^p]$에 대한 깁스 표집(Gibbs sampling)을 하는 절차는 다음과 같다.

- 먼저 초기값을 지정한다. 초기값을 $\theta_0^1, \theta_0^2, \cdots \theta_0^p$라 하자.
- θ_1^1은 $f(\theta^1|\theta_0^2, \theta_0^3, \cdots, \theta_0^p)$에서 표집하고, θ_1^2은 $f(\theta^2|\theta_1^1, \theta_0^3, \cdots, \theta_0^p)$에서 표집하고, θ_1^3은 $f(\theta^3|\theta_1^1, \theta_1^2, \cdots, \theta_0^p)$에서 표집한다.
- 이러한 표집을 반복하여 n개의 θ를 표집한다.

3) 메트로폴리스-헤이스팅스 알고리즘

$p(\theta|y)$에서 직접적으로 θ를 추출할 수 없는 경우에 사용할 수 있는 방법이다. 우리가 원하는 θ값은 다음과 같은 성질을 가져야 한다. S개의 θ값 $\theta=\{\theta^{(1)}, \theta^{(2)}, \cdots, \theta^{(s)}\}$이 추출되면, 다음을 만족한다.

$$E[g(\theta)|y]=\frac{1}{S}\sum_{s=1}^{S} g(\theta^{(s)})$$

더 나아가 앞의 θ는 다음을 만족해야 한다.

$$\frac{p(\theta_a|y)}{p(\theta_b|y)}\approx\frac{\theta_a\text{가 }\left\{\theta^{(1)},\cdots,\theta^{(s)}\right\}\text{에 포함되는 사례수}}{\theta_b\text{가 }\left\{\theta^{(1)},\cdots,\theta^{(s)}\right\}\text{에 포함되는 사례수}}$$

앞의 성질에 근거하여 메트로폴리스-헤이스팅스(Matropolis-Hastings) 알고리즘은 θ를 다음과 같은 방식으로 추출한다. 현재 $\{\theta^{(1)}, \theta^{(2)}, \cdots, \theta^{(s)}\}$가 추출된 경우, 새로운 값 $\theta^{(s+1)}$를 추출하는 경우를 생각하여 보자. $\theta^{(s)}$ 근처의 값 θ^*를 생성하여 이를 포함시킬지의 여부를 다음과 같이 결정한다. 만약 $p(\theta^*|y)>p(\theta^{(s)}|y)$면 θ^*를 θ에 포함시킨다. 즉, $\theta^{(s+1)}=\theta^*$이다. 그렇지 않으면 $p(\theta^*|y)$와 $p(\theta^{(s)}|y)$를 비교하여 θ^*를 θ에 포함시킬지의 여부를 결정한다. 즉, $p(\theta^*|y)$가 $p(\theta^{(s)}|y)$에 비해 얼마나 큰지에 따라서 포함여부를 결정한다. 다음 식의 r, 즉 두 확률의 비에 따라 θ^*의 포함 여부를 결정한다.

$$r=\frac{p(\theta^*|y)}{p(\theta^{(s)}|y)}=\frac{p(y|\theta^*)p(\theta^*)}{p(y)}\frac{p(y)}{p(y|\theta^{(s)})p(\theta^{(s)})}=\frac{p(\theta^*|y)p(\theta^*)}{p(y|\theta^{(s)})p(\theta^{(s)})}$$

예컨대, r이 .3이라면 .3의 확률로 θ^*를 포함시키게 된다. 이러한 방식으로 $\theta=\{\theta^{(1)}, \theta^{(2)}, \cdots, \theta^{(s)}\}$를 구성할 수 있다.

6 WinBUGS

WinBUGS 프로그램(Lunn et al., 2012 참조)은 베이지안 통계분석을 하는 데 매우 유용한 프로그램이다. MCMC 방식을 사용하여 사후분포를 추정하는 프로그램으로 다음의 웹사이트에서 무료로 다운로드 받을 수 있다.

http://www.mrc-bsu.cam.ac.uk/software/bugs/the-bugs-project-winbugs/

WinBUGS를 실행하면 다음과 같은 화면이 뜬다.

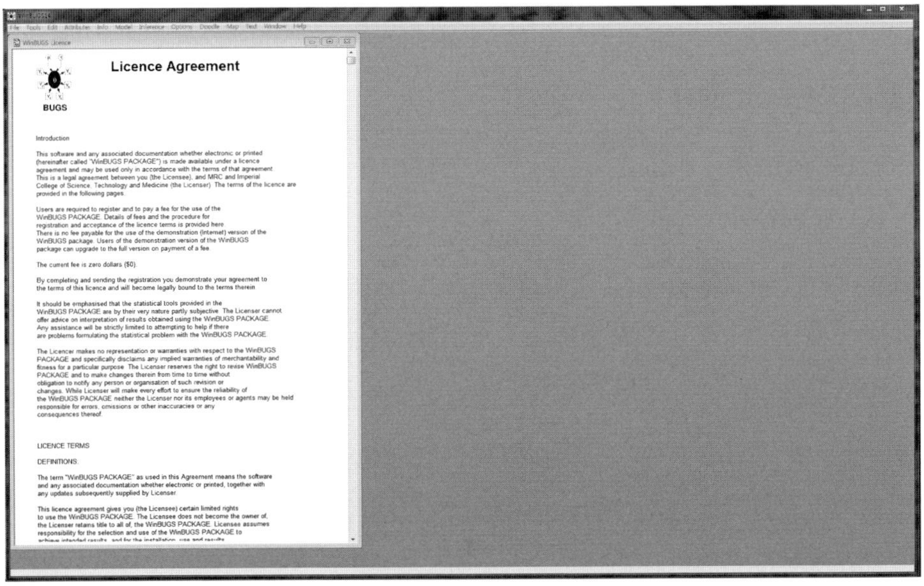

메뉴 부분을 확대하면 다음과 같다.

우선 File 메뉴에서 새로운 프로그램을 작성하거나 기존의 프로그램을 읽어 올 수 있다.

다음에 제시된 프로그램([그림 17-7])은 베이지안 회귀분석모형이다. model{ } 에 모형을 설정한다. 여기에서는 *N*개의 사례가 있고 i번째 사례의 Y[i]는 평균이 mu[i]이고 표준편차가 tau인 정규분포를 따른다. 다시 평균 mu[i]는 mu[i]=alpha+beta*x[i]로 기술되었다. 즉, 회귀분석모형이다. 그다음으로 alpha, beta, tau의 사전분포를 정의하였다. alpha와 beta는 정규분포로 가정하였고, tau는 감마분포로 가정하였다.

그다음의 list문은 x의 자료와 Y의 자료를 지정하였다. 그다음 list문은 각 파라미터의 초기값을 지정한 것이다.

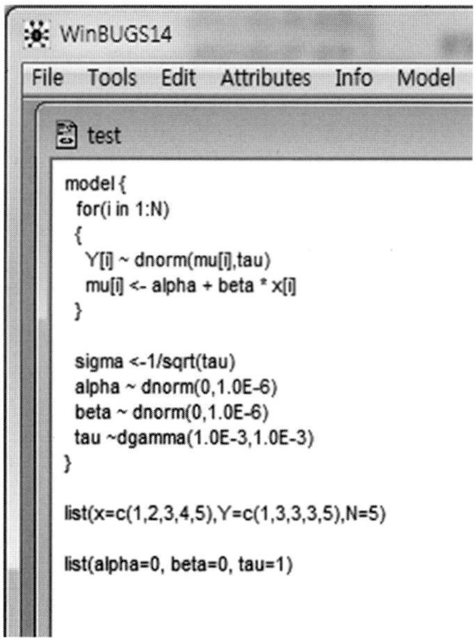

[그림 17-7] WinBUGS 모형 설정

WinBUGS는 다음과 같은 절차로 실행할 수 있다.

1. 먼저 마우스를 누른 상태에서 model 부분을 선택한다.
2. model 메뉴의 Specification으로 가면 다음의 창이 뜬다.

'check model' 버튼을 눌러서 모델이 문제가 없는지를 검토한다.

3. 자료에 해당하는 부분을 model과 동일한 방법으로 선택한 다음, 'load data' 버튼과 compile 버튼을 차례로 누른다.
4. 초기값에 해당하는 부분을 선택한 다음 'load inits' 버튼을 누른다.
5. Inference 메뉴하의 samples를 클릭한다. 그러면 다음과 같은 창이 나타난다. node 창에 사후확률 추정을 원하는 파라미터를 하나씩 입력하고 'set'을 누른다. 파라미터를 다 입력하였으면 다음과 같이 node 창에 *를 입력한다. alpha, beta, sigma 등을 입력할 수도 있다.

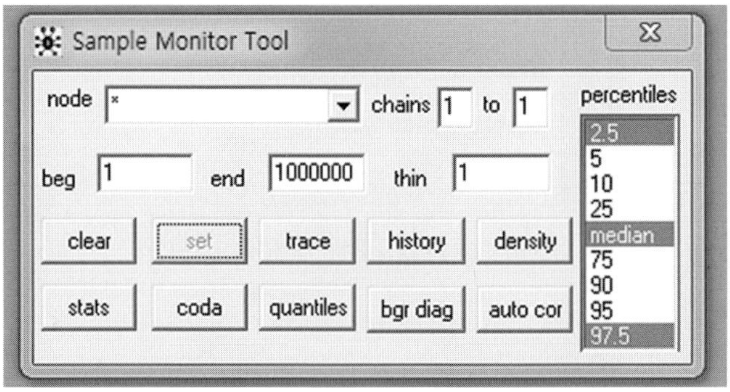

model 메뉴 아래의 update를 눌러 update를 실행한다.

6. 앞의 Sample Monitor Tool에서 stats, density, trace 등을 누르면 결과를 알 수 있다.

7. 앞의 자료를 이용하여 산출된 결과의 예이다. 첫 번째 창은 stats 버튼을 누른 결과인데, 각 파라미터에 대한 평균, 표준편차 등이 제시되어 있다. 두 번째 창은 density 버튼을 누른 결과인데, 각 파라미터의 사후분포를 보여 준다. 마지막 창은 trace를 누른 결과인데, iteration에 따라서 결과가 얼마나 안정되었는지를 보여 준다.

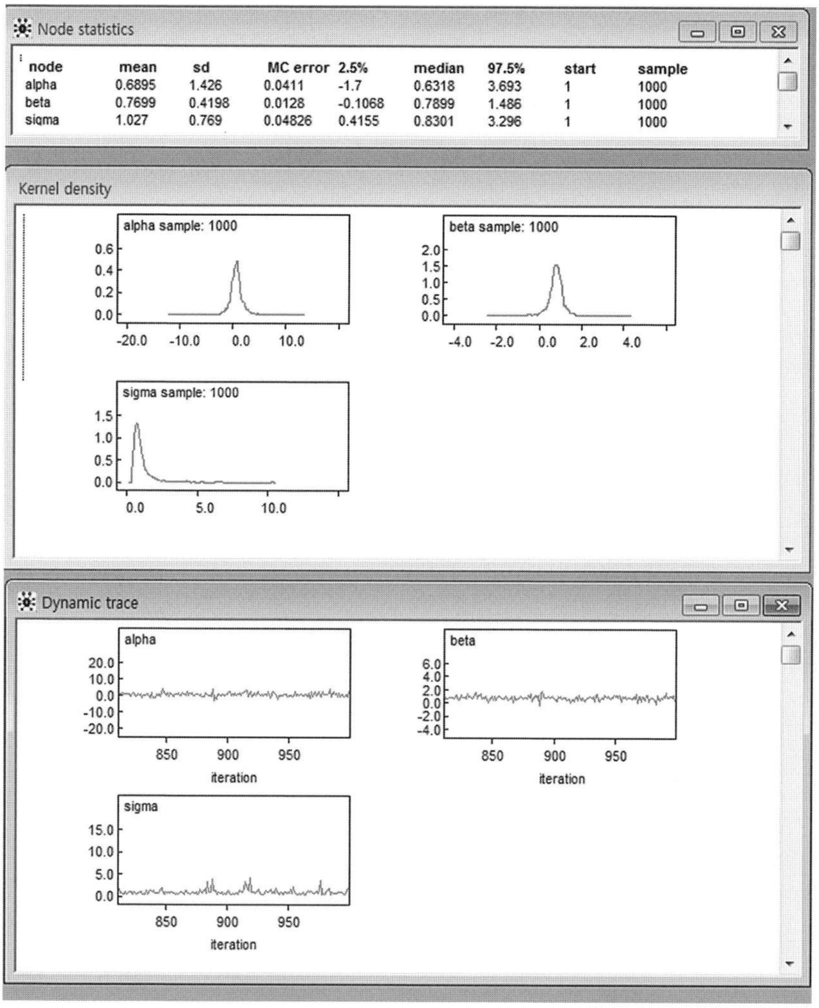

부록

〈부록 1〉 자료의 설명

〈부록 2〉 R의 기초: R의 간단한 안내서

〈부록 3〉 Probability-distribution 앱을 이용한 확률 계산

<부록 1> 자료의 설명

① 인터넷 중독 척도 자료

자료 파일은 초중학생들의 인터넷 중독 척도에 대한 반응들을 기록하고 있다. 변수의 설명은 다음과 같다.

변수명	설명
sex	성별
birth	생일(년)
education	학력
grade	학업성적
income	가족수입
pa_mar	결혼상태
edu_fa	부최종학력
edu_ma	모최종학력
have_c	컴퓨터유무
conway	컴퓨터설치장소
sleep	수면시간
pa_use	부모님인터넷사용여부
trouble	학교 지장
self_diag	자가 진단
f1	일상생활장애
f2	현실구분장애
f3	긍정적 기대
f4	금단
f5	가상적대인관계지향성
f6	일탈행동
f7	내성
scr	사회적 지지
fac	충동성
lon	외로움
eff	자기효능감

◉ education 현재 어디에 재학 중입니까?

① 초등학교 ② 중학교
③ 고등학교 ④ 대학교
⑤ 입시학원 ⑥ 대학원
⑦ 기타

◉ grade 평균적인 학업성적은?

① 상위 10% 이내
② 상위 10% ~ 30% 이내
③ 상위 30% ~ 50% 이내
④ 하위 50% ~ 30% 이내
⑤ 하위 30% 이내

◉ income 가족의 평균 수입은?

① 100만원 미만
② 100 ~ 200만원 미만
③ 200 ~ 300만원 미만
④ 300 ~ 400만원 미만
⑤ 400 ~ 500만원 미만
⑥ 500만원 이상

◉ pa_mar 부모님의 결혼상태는?

① 결혼 ② 이혼 ③ 별거
④ 사별 ⑤ 기타

◉ edu_fa, edu_ma 아버지와 어머니의 학력은?

① 초등학교 졸업 이하 ② 중학교 중퇴
③ 중학교 졸업 ④ 고등학교 중퇴
⑤ 고등학교 졸업 ⑥ 전문대 중퇴
⑦ 전문대 졸업 ⑧ 대학(4년제) 중퇴
⑨ 대학(4년제) 졸업 ⑩ 석사학위 보유
⑪ 박사학위 보유

◉ have_c 집에는 컴퓨터가 있나요?

① 예 ② 아니오

◉ conway 집에 컴퓨터가 어디에 설치되어 있습니까?

① 부모님 방 ② 본인 방
③ 형제 및 자매의 방 ④ 거실
⑤ 기타

◉ sleep 하루에 몇 시간 정도 잠을 잡니까?

① 4시간 미만 ② 4~6시간
③ 7~8시간 ④ 8시간 이상

◉ pa_use 부모님께서 인터넷을 이용하십니까?

① 두 분 모두 사용 ② 아버지만 사용
③ 어머니만 사용 ④ 모두 사용하지 않음

◉ trouble 인터넷 사용이 귀하의 학교 공부에 지장을 줍니까?

① 매우 지장이 있다. ② 상당히 지장이 있다.
③ 조금 지장이 있다. ④ 거의 지장이 없다.
⑤ 전혀 문제 안 된다.

◉ self_diag 본인은 '인터넷 중독'이라고 생각됩니까?

① 전혀 아니다 ② 아니다
③ 그렇다 ④ 정말 그렇다

2 OBrienKaiser의 자료

이 자료는 가상적인 자료로 R의 carData 라이브러리에 저장되어 있는 것이다. 다음과 같은 특성을 가지고 있다. 이해를 돕기 위해 다음과 같은 가상적인 실험시나리오를 가정하자. 16명의 남녀 주의력 장애 아동들을 세 집단으로 나누어서 A 집단(4명)에는 약물치료, B 집단(7명)에는 심리치료, 통제집단(5명)에는 특별한 치료를 하지 않았다.

변수명	설명
treatment	처치의 종류(A/B/control)
gender	성별(F/M)
pre.1	처치 전 Time 1 측정치
pre.2	처치 전 Time 2 측정치
pre.3	처치 전 Time 3 측정치
pre.4	처치 전 Time 4 측정치
pre.5	처치 전 Time 5 측정치
post.1	처치 후 Time 1 측정치
post.2	처치 후 Time 2 측정치
post.3	처치 후 Time 3 측정치
post.4	처치 후 Time 4 측정치
post.5	처치 후 Time 5 측정치
fup.1	추적관찰 Time 1 측정치
fup.2	추적관찰 Time 2 측정치
fup.3	추적관찰 Time 3 측정치
fup.4	추적관찰 Time 4 측정치
fup.5	추적관찰 Time 5 측정치

실험에서 먼저 한 시간 간격으로 다섯 번의 주의 점수를 측정하였다. 그런 다음 집단별로 서로 다른 처치(약물치료/심리치료/치료하지 않음)를 하고 5시간 동안 주의 점수를 측정하였다. 일주일이 지난 다음, 5시간 동안 수행을 추적관찰하였다. 자료의 성격을 요약하면 다음과 같다.

- 전체 표본의 크기는 16이다. 즉, 16명의 자료로 구성되어 있다.
- 피험자 내 요인은 처치(처치 전, 처치, 처치 후)와 시간(다섯 번의 시간)이다.
- 피험자 간 요인은 치료의 종류와 성별이다.

<부록 2> R의 기초: R의 간단한 안내서

1 R 시작하기

R은 공개된 무료 통계처리 프로그램이다. 많은 전문가들에 의하여 동시에 프로그램이 개발되고 사용되고 평가되고 있기 때문에, 현재 가장 다양하고 강력한 프로그램이기도 하고 발전가능성도 무한한 프로그램이다. 다음의 웹사이트에서 다운로드 받을 수 있다.

- http://cran.nexr.com/
- https://cram.seoul.go.kr
- http://cran.biodisk.org/

또한 다양한 수준과 종류의 메뉴얼도 https://cran.r-project.org에서 구할 수 있다. 이 중 'An Introduction to R'은 필독하여야 할 R에 대한 소개서이다. R의 다음과 같은 특성을 이해하는 것이 R 프로그래밍을 하는 데 도움이 된다. 첫째, R은 프로그램을 다 작성한 다음, 전체를 기계어로 바꾸는 컴파일러 방식이 아니라 명령이 입력되면 곧바로 실행하는 소위 인터프리터(interpreter) 방식으로 처리된다. 따라서 명령어창에 어떤 명령어를 입력하면 곧바로 결과가 나온다. 둘째, R은 소문자와 대문자를 구분하므로 유의하여야 한다. 예컨대, gpa라는 변수와 GPA라는 변수는 동일한 변수가 아니다. 그리고 제곱근의 함수가 sqrt인데, SQRT는 작동하지 않는다.

R은 SPSS나 SAS와 같은 상업용 프로그램보다 사용에 있어서 편의성이 다소 떨어진다. 그러나 rstudio라는 프로그램(https://www.rstudio.com)이 개발되어 R의 인터페이서를 확장시킬 수 있다. Rstudio를 이용하면 R을 보다 손쉽게 프로그래밍할 수 있다.

다음에 rstudio의 창이 제시되어 있는데, rstudio에 현재 네 개의 창이 떠 있다. 왼쪽 윗부분은 명령어를 편집하는 창이다. 여기에 명령어를 입력한 다음 CTL-Enter를 누르면 그 줄이 실행된다. 그 결과가 왼쪽 아래쪽에 나타난다. 만약 직접적으로 명령어를 실행시켜려 하면 왼쪽 아랫부분 창에 명령어를 직접 입력하면 된다. 오른쪽 아랫부분은 그래프 창, 위쪽은 변수 창이다. 이 밖에 더 많은 창이 있으며 필요에 따라 원하는 창들을 열 수 있다.

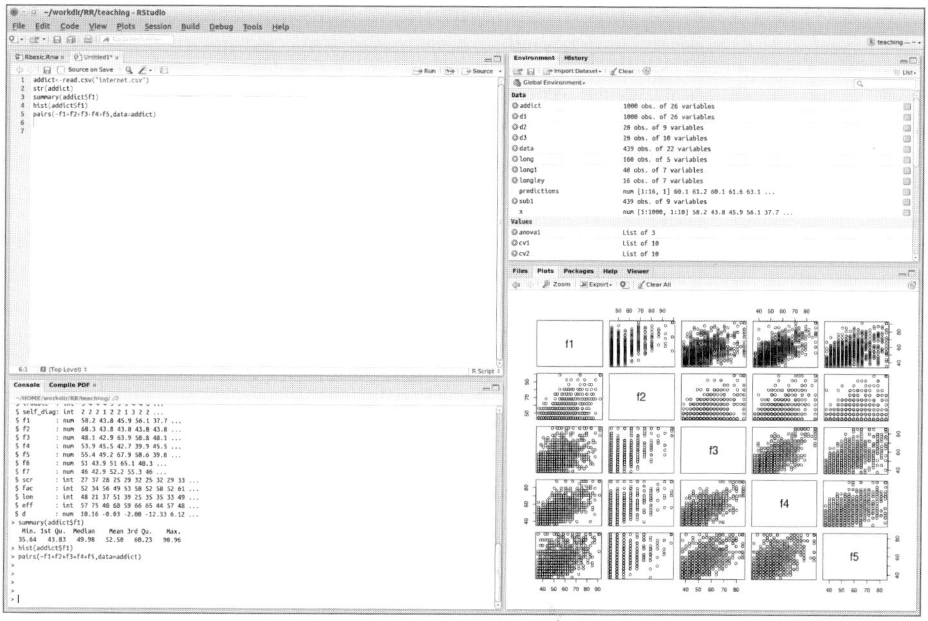

2 기초

2.1 변수와 연산

R에서 자료의 기초단위는 벡터이다. 즉, 벡터의 형태로 자료가 저장되어 있고, 함수의 항(argument)도 벡터 변수이다. 벡터 변수는 c라는 함수를 사용하여 정의한다. 예컨대, 다섯 개의 지능지수를 iq1라는 변수(벡터)에 저장하는 방식은 다음과 같다. 두 번째 줄은 iq1의 내용을 출력하는 명령어이다.

```
iq1 <- c(100,110,140,95,99)
iq1

## [1] 100 110 140 95 99
```

동일한 방식으로 세 가지 변수를 더 지정하였다. 1:5는 1부터 5까지 수를 생성하는 것이다.

```
iq2 <- c(103,90,110,111,99)
lang <- c(95,76,56,87,45) math <- c(56,45,23,55,22)

seq<-1:5 seq

## [1] 1 2 3 4 5
```

변수들 간의 연산은 다음과 같은 방식으로 가능하다. 첫 번째 줄은 iq1과 iq2를 더하는 것이고 두 번째 줄은 iq1과 iq2를 곱하는 것인데, 여기에서 연산은 각 벡터의 원소에 대해 적용된다. 세 번째 줄은 lang에서 math를 뺀 다음, diff에 저장하는 것이다. 다음의 diff와 같이 결과에 변수를 지정해 주면 나중에 다시 이용될 수 있다. log, sin과 같은 함수는 '함수명(항, 항, ...)' 형식으로 정의된다.

```
iq1+iq2

## [1] 203 200 250 206 198

iq1*iq2
```

```
## [1] 10300 9900 15400 10545 9801

diff<-lang-math
diff

## [1] 39 31 33 32 23

math*2

## [1] 112 90 46 110 44

math^2

## [1] 3136 2025 529 3025 484

sqrt(math)

## [1] 7.483315 6.708204 4.795832 7.416198 4.690416

log(math)

## [1] 4.025352 3.806662 3.135494 4.007333 3.091042
```

R에는 통계학에서 사용되는 대부분의 함수가 포함되어 있다. 예컨대, 평균과 표준편차 등은 다음과 같이 구할 수 있다.

```
mean(diff)

## [1]  31.6
```

```
sd(diff)

## [1] 5.727128
```

2.2 논리연산과 조건문

논리연산을 이용하여 자료의 일부를 선택하거나 조건에 따라 다른 값을 할당할 수 있다. 논리식에는 크다(>), 크거나 같다(>=), 작다(<), 작거나 같다(<=), 같다(==)와 논리곱(&)과 논리합(|) 등이 사용된다.

```
iq1>iq2

## [1] FALSE  TRUE  TRUE  FALSE  FALSE

iq1==iq2

## [1] FALSE  FALSE  FALSE  FALSE  TRUE
```

논리식을 이용하여 자료의 일부를 선택할 수 있다. 다음에서 두 번째 줄은 5개의 요소 중 1, 2, 5번째만 선택한다는 의미이다. 세 번째 줄은 lang 변수에서 80점 이상인 점수를 찾는 것이고, 그다음 줄은 lang에서 80점 이상 점수를 high에 저장한다는 의미이다.

```
lang

## [1] 95 76 56 87 45

lang[c(T,T,F,F,T)]
```

```
## [1] 95 76 45

filter<-which(lang>=80)
high  <-  lang[filter]
high

## [1] 95 87
```

③ 자료틀

3.1 자료틀의 정의와 인출

자료틀(data frame)은 행렬 형태로 자료가 저장되어 있는 형식이며 각 열은 각 변수를 나타내고 각 행은 사례(혹은 개인)를 나타낸다. 만약 5명의 개인 각각이 두개의 iq 점수와 언어 점수, 수학 점수를 가지고 있다고 하면 다음과 같이 자료틀을 만들 수 있다. 첫 번째 줄에서 이미 존재하는 iq1, iq2, lang, math 변수를 이용하여 자료틀을 만들고 그 결과를 df에 저장하였다. edit(df)를 입력하면 엑셀과 같은 형식의 창이 뜨고 자료를 수정할 수도 있다.

```
df<-data.frame(iq1,iq2,lang,math)
df

##      iq1  iq2 lang math
##   1  100  103   95   56
##   2  110   90   76   45
##   3  140  110   56   23
##   4   95  111   87   55
##   5   99   99   45   22
```

자료틀의 자료는 다음의 두 가지 방식으로 접근할 수 있다. 먼저, df$lang과 같이 '자료틀의 이름+$+변수' 이름의 형식으로 값을 부른다. 또한 두 번째 사례의 세 번째 변수 df[2, 3], 두 번째 사례 df[2,], 세 번째 변수 df[,3]와 같은 방식으로도 값을 부를 수 있다.

```
df$lang

## [1] 95 76 56 87 45

df[2,3]

## [1] 76

df[2,]

##   iq1  iq2  lang  math
## 2 110   90    76    45

df[,3]

## [1] 95 76 56 87 45
```

df에서 lang 점수가 70점 이상인 사례만 선택하려 하면 다음과 같이 하면 된다.

```
filter<-df$lang>=70
df[filter,]

##   iq1  iq2  lang  math
## 1 100  103    95    56
```

```
## 2 110    90     76     45
## 4  95   111     87     55
```

3.2 자료의 읽기

R은 엑셀 파일이나 SPSS와 SAS와 같은 통계패키지에서 작성된 자료 파일을 읽을 수 있다. 여기서는 csv(comma-separated values) 형식으로 저장된 파일을 읽을 것이다. 통계패키지를 포함한 대부분의 소프트웨어에서 자료를 csv 변환하여 저장할 수 있으므로, 이 방법을 이용하면 다른 형식의 파일을 읽는 데 크게 문제가 없을 것이다. 다음에서 internet.csv라는 파일을 읽어서 addict라는 자료틀에 저장한다. str는 R 객체의 구조(structure)를 출력한다.

```
addict<-read.csv("internet.csv")
str(addict)

## 'data.frame': 1000 obs.  of  26 variables:

## $ sex       : int 2 1 1 2 1 1 1 1 1 1 ...
## $ birth     : int 1968 1988 1988 1989 1990 1989 1988 1988 1989 1987 ...
## $ education: int 3 2 2 2 2 2 2 2 2 2 ...
## $ grade     : int 2 2 4 4 2 3 3 3 4 1 ...
## $ income    : int 3 6 2 1 3 3 1 3 3 2 ...
## $ pa_mar    : int 1 1 1 1 1 1 2 1 5 1 ...
## $ edu_fa    :int 3  10 9 8 9 5 4 5 7 9 ...
## $ edu_ma    :int 5  11 5 4 5 2 5 5 7 9 ...
## $ have_c    :int 1  1 1 1 1 1 1 1 1 1 ...
## $ conway    :int 2  1 1 1 1 1 3 1 1 1 ...
## $ sleep     :int 1  4 3 3 4 3 2 3 4 4 ...
## $ pa_use    :int 3  1 2 4 2 1 4 2 1 2 ...
## $ trouble   :int 3  4 4 4 3 3 3 4 4 3 ...
## $ self_diag:int 2  2 2 1 2 2 1 3 2 2 ...
## $ f1        :num 58.2 43.8 45.9 56.1 37.7 ...
## $ f2        :num 68.3 43.8 43.8 43.8 43.8 ...
## $ f3        :num 48.1 42.9 63.9 50.8 48.1 ...
```

```
## $ f4        : num 53.9 45.5 42.7 39.9 45.5 ...
## $ f5        : num 55.4 49.2 67.9 58.6 39.8 ...
## $ f6        : num 51 43.9  51 65.1  40.3  ...
## $ f7        : num 46 42.9  52.2  55.3  46 ...
## $ scr       : int 27 37 28 25 29 32 25     32 29 33 ...
## $ fac       : int 52 34 56 49 53 58 52     58 52 61 ...
## $ lon       : int 48 21 37 51 39 25 35     35 33 49 ...
## $ eff       : int 57 75 40 60 59 66 65     44 57 48 ...

##  $ d  : num  10.16  -0.03   -2.08   -12.33  6.12   ...

summary(addict$f1)

##   Min.  1st Qu.  Median  Mean  3rd Qu.  Max.
##   35.64  43.83   49.98  52.50  60.23  90.96
```

4 통계와 그래프

4.1 t-test

다음의 두 t-test를 구하는 방법이 나와 있다. 첫 번째 줄은 $\mu=50$이라는 영가설에 대한 가설검증이며, 두 번째 줄은 두 집단의 평균 차이에 대한 가설검증이다.

```
t.test(addict$f1,mu=50)

##
##   One  Sample t-test
##
## data:   addict$f1
## t = 6.6716,  df  = 999,  p-value = 4.186e-11
## alternative  hypothesis: true mean  is not  equal  to  50
## 95 percent  confidence interval:
##   51.76322 53.23270
```

```
## sample estimates:
## mean  of  x
##   52.49796

t.test(f2~sex,var.equal=TRUE,  data=addict)

##
##   Two  Sample t-test
##
## data:   f2  by sex
## t = 2.4692,  df  = 998,  p-value = 0.01371
## alternative  hypothesis: true difference in means  is not  equal  to  0
## 95 percent  confidence interval:
##   0.3501452 3.0612444
## sample estimates:
## mean  in group  1 mean  in group  2
##              51.30421              49.59851
```

4.2 그래프

R의 가장 큰 장점 중의 하나가 다양한 그래프를 자신이 원하는 방식으로 그릴 수 있는 것이다. 다음에 히스토그램과 막대그래프, 산포도를 그리는 간단한 명령어가 제시되어 있다.

```
hist(addict$f1)
```

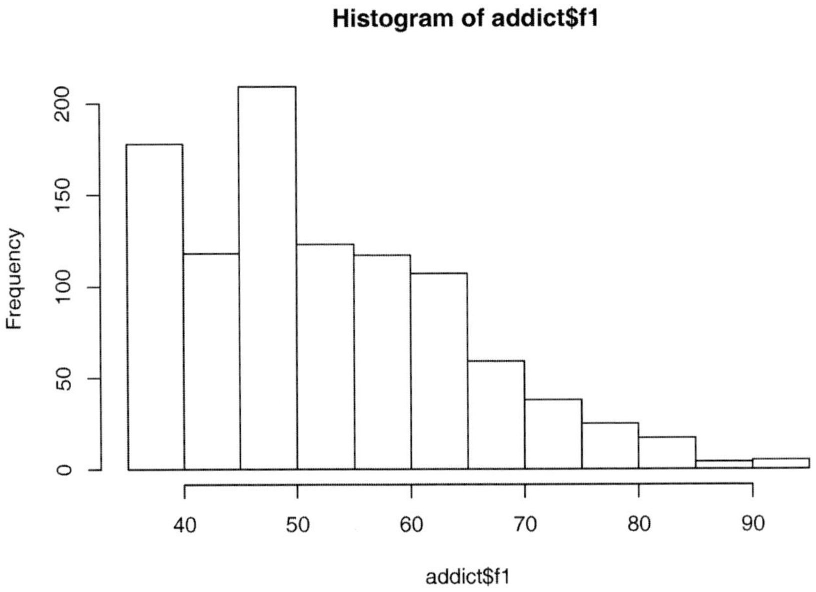


```
count<-table(addict$self_diag)
barplot(count)
```

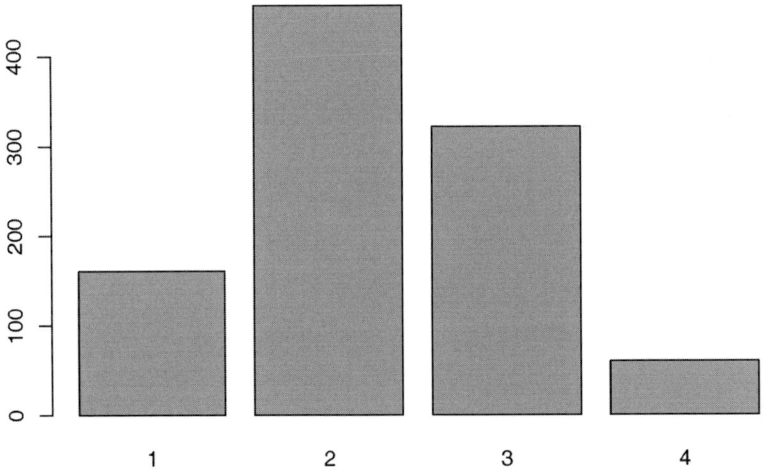

```
pairs(~f1+f2+f3+f4+f5,data=addict)
```

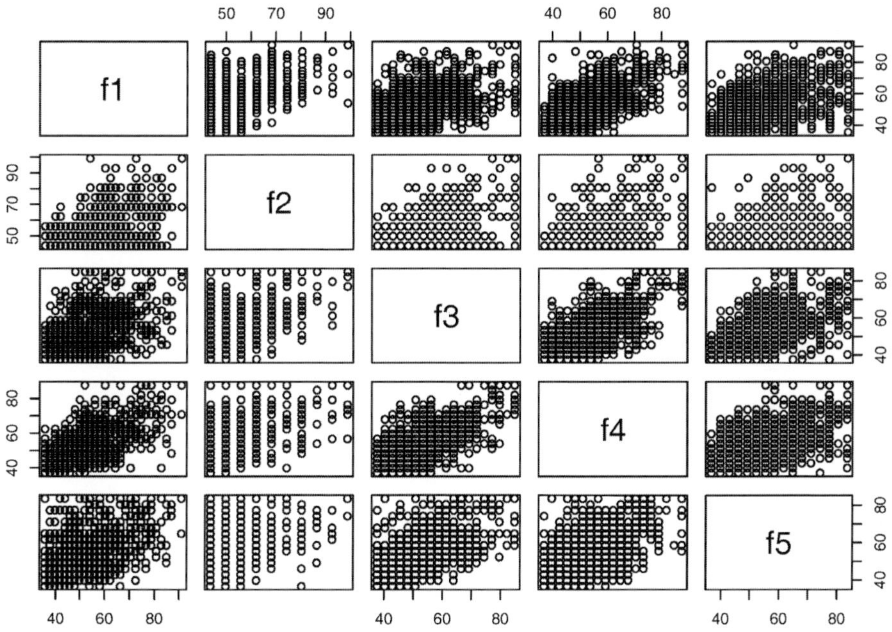

5 라이브러리의 설정

R은 기본적으로 제공되는 함수와 특정한 library에 저장되어 있는 함수가 있다. 예컨대, describe라는 함수는 R이 제공하고 있는 함수가 아니어서 실행되지 않는다.

```
describe(addict$f5)

## Error in describe(addict$f5): 함수 "describe"를 찾을 수 없습니다
```

이 함수는 psych라는 library에 정의되어 있다. 이 함수를 사용하기 위해서는 이 library

가 설치되어 있어야 하고, 설치되어 있으면 library라는 명령어를 사용하여 불러내야 한다.

```
library(psych)
describe(addict$f5)

##    vars    n  mean    sd median trimmed mad    min   max range skew
## X1    1 1000 53.82 11.57   52.31   52.86 13.89 36.69 83.56 46.87 0.63
##    kurtosis   se
## X1    -0.27 0.37

describeBy(addict$f5,addict$sex)

##
##  Descriptive statistics by group
## group:  1
##    vars    n  mean    sd median trimmed   mad   min   max range skew
## X1    1  637 54.26 11.52  52.31    53.5 13.89 36.69 83.56 46.87 0.51
##    kurtosis    se
## X1    -0.43  0.46
## --------------------------------------------------------
## group:  2
##    vars    n mean     sd median trimmed   mad   min   max range skew
## X1    1  363 53.05 11.63  52.31   51.75 13.89 36.69 83.56 46.87 0.83
##    kurtosis   se
## X1     0.06 0.61
```

psych가 설치되어 있지 않다면, install.packages("psych")를 이용하여 설치할 수 있다.

<부록 3> Probability-distribution 앱을 이용한 확률 계산

Probability-distribution 앱을 이용하면 다양한 분포에 확률을 계산할 수 있다. 앱을 열면 다음과 같은 [그림 1]과 같은 화면이 나타난다. 왼쪽의 화면에서 Select a Distribution을 누르면 오른쪽 화면과 같이 다양한 분포에 대한 확률을 계산할 수 있음을 알 수 있다. 원하는 분포를 누르면 그 분포에 대한 확률을 계산할 수 있다.

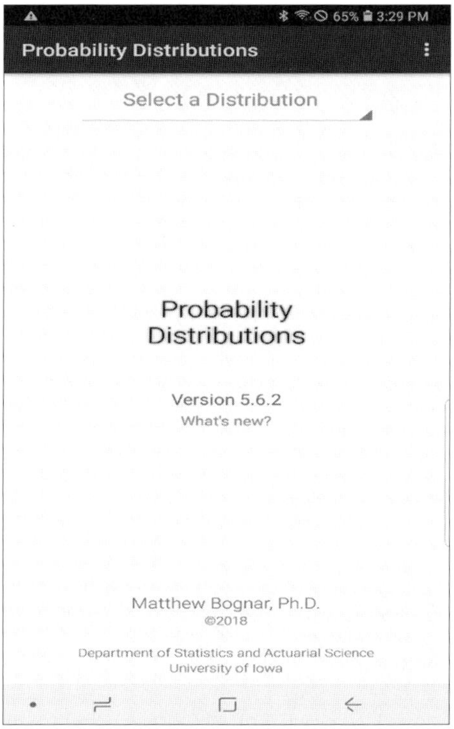

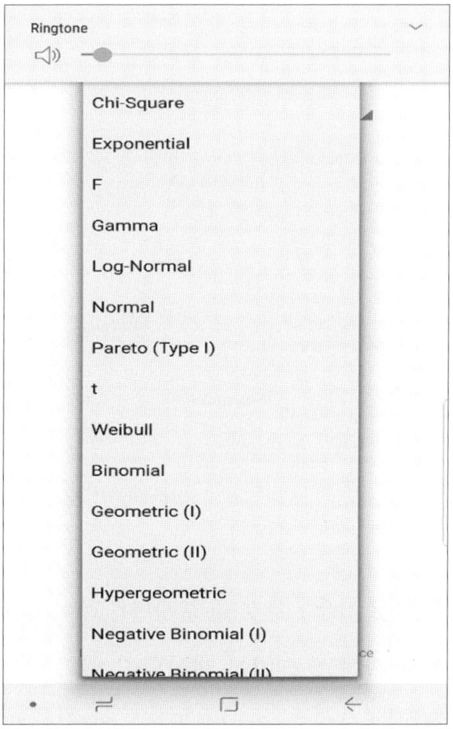

[그림 1] Probability-distribution 앱의 초기 화면과 분포 선택

정규분포를 선택하면 [그림 2]의 왼쪽의 화면이 나타나는데, 평균이 0이고 표준편차가 1인 정규분포로 초기값이 주어져 있다. X에 1.96을 선택하면 확률이 .02500으로 나타난다. 이때 확률은 $P(X>1.96)$일 확률이다. 만약 $P(X<1.96)$의 확률

을 구하고자 하면, $P(X>x)$에 해당하는 부분을 누르면 오른 쪽 화면이 나타난다. 세 가지 메뉴 중에서 $P(X<x)$를 선택하면 $P(X<1.96)$일 확률이 계산된다.

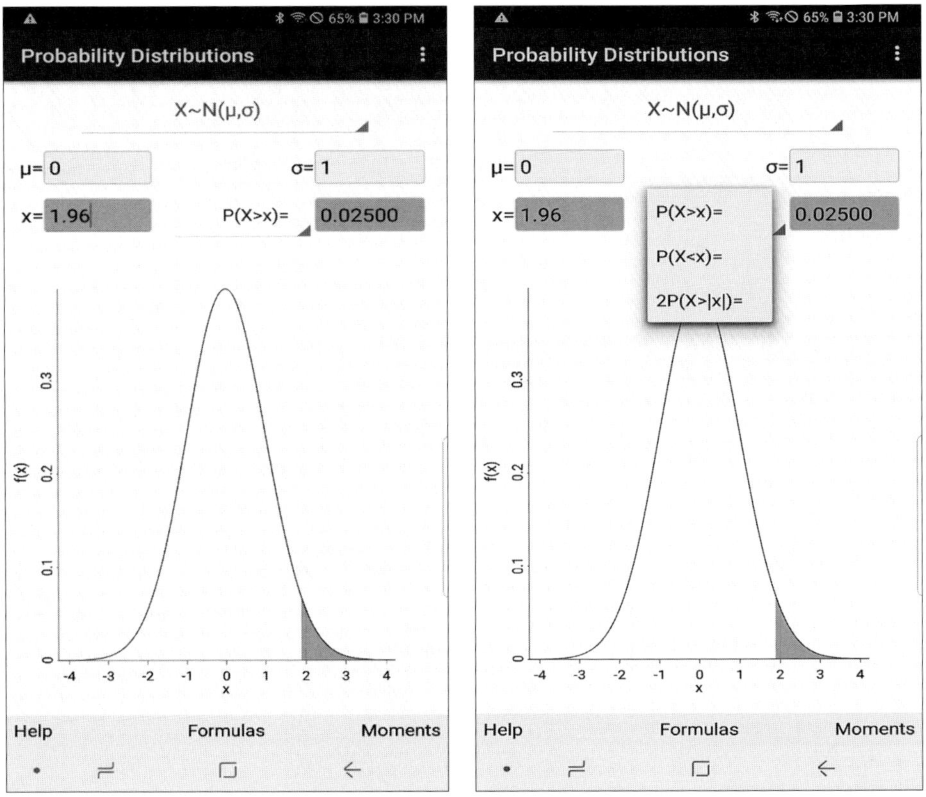

[그림 2] 정규분포에 대한 확률 계산

[그림 3]에 t 분포(좌측 상단), 카이제곱분포(우측 상단), F 분포(하단)에 대한 확률을 계산하는 화면이 제시되어 있다. t 분포에서 자유도(v)와 t값(x)을 입력하면 확률이 계산되고, 카이제곱분포에서는 자유도(v)와 카이제곱의 값(x)을 입력하면 확률이 계산된다. F 분포에서는 분자의 자유도(d_1), 분모의 자유도(d_2) 그리고 F값(x)을 입력하면 확률이 계산된다. 물론 $X>x$에 확률뿐만 아니리 $X<x$에 대한 확률도 계산할 수 있다.

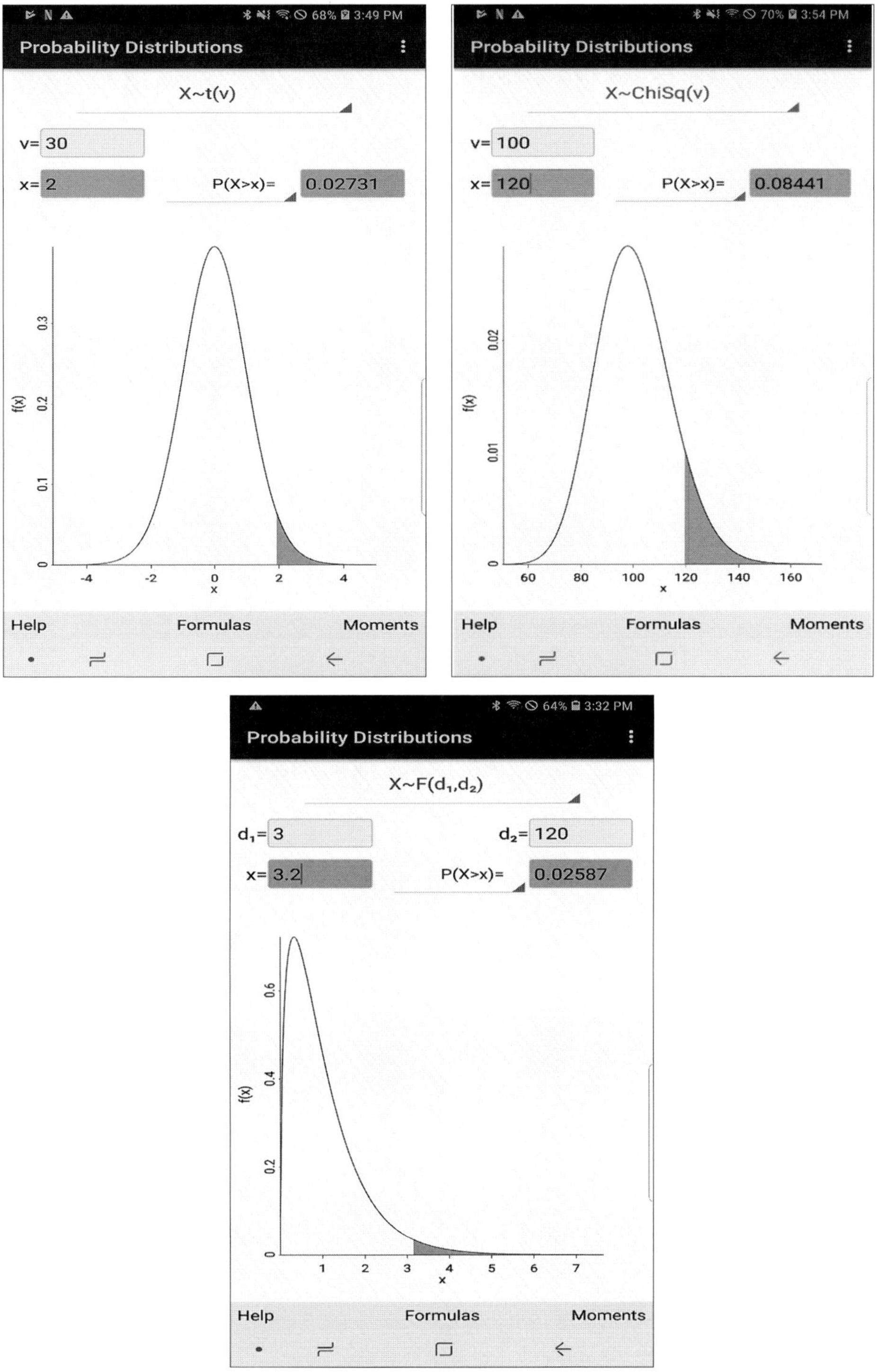

[그림 3] t 분포(좌측 상단), 카이제곱분포(우측 상단), F 분포(하단)에 대한 확률 계산

Aroian, L. A. (1944/1947). The probability function of the product of two normally distributed variables. *Annals of Mathematical Statistics*, *18*, 265–271.

Bar-Hillel, M. (1980). The base-rate fallacy in probability judgments. *Acta Psychologica*, *44*, 211–233.

Baron, R. M., & Kenny, D. A. (1986). The moderator-mediator variable distinction in social psychological research: Conceptual, strategic, and statistical considerations. *Journal of Personality and Social Psychology*, *51*, 1173–1182.

Box, G. E. P. & Cox, D. R. (1964). An analysis of transformations. *Journal of the Royal Statistical Society, Series B, 26*, 211–252.

Cochran, W. G. (1952). The Chi-square test of goodness of fit. *The Annals of Mathematical Statistics*, *23*, 315–345.

Cohen, J. (1962). The statistical power of abnormal–social psychological research: A review. *Journal of Abnormal and Social Psychology, 65*, 145–153.

Cohen, J. (1988). *Statistical power analysis for the behavioral sciences* (2nd ed.). New Jersey: Lawrence Erlbaum Associates.

Cohen, J. (1994). The earth is round (p<.05). *American Psychologist*, *49*, 997–1003.

Efron, B. (1979). Bootstrap methods: Another look at the jackknife. *The Annals of Statistics*, *7*, 1–26.

Faul, F., Erdfelder, E., Lang, A.-G., & Buchner, A. (2007). G*Power 3: A flexible statistical power analysis program for the social, behavioral, and biomedical sciences. *Behavior Research Methods*, *39*, 175−191.

Fisher, R. A. (1915). Frequency distribution of the values of the correlation coefficient in samples of an indefinitely large population. *Biometrika*, *10*, 507−521.

Fisher R. A. (1932). *Statistical Methods for Research Workers (4th ed)*. London: Oliver and Boyd.

Frazier, P., Tix, A. P., & Barron, K. E. (2004). Testing moderator and mediator effects in counseling psychology. *Journal of Counselling Psychology*, *51*, 115−134.

Galton, F. (1886). Regression towards mediocrity in hereditary stature. *The Journal of the Anthropological Institute of Great Britain and Ireland*, *15*, 246−263.

Goodman, L. A. (1960). On the exact variance of products. *Journal of the American Statistical Association*, *55*, 708−713.

Jeffreys, H. (1946). An invariant form for the prior probability in estimation problems. *Proceedings of the royal society of London. Series A, Mathematical and Physical Sciences*, *186*(1007), 453−461.

Kass, R., & Raftery, A. (1995). Bayes factors. *Journal of the American Statistical Association*, *90*, 773−795.

Kahneman, D., & Tversky, A. (1973). On the psychology of prediction. *Psychological Review*, *80*, 237−251.

Kruskal, W., & Wallis, W. A. (1952). Use of ranks in one-criterion variance analysis. *Journal of the American Statistical Association*, *47*(260), 583−621.

Loftus, G. R. (1991). On the Tyranny of Hypothesis Testing in the Social Sciences, *Contemporary Psychology*, *36*, 102−105.

Loftus, G. R. (1996). Psychology will be a much better science when we change the way we analyze data. *Current Directions in Psychology*, *5*, 161−171.

Luce, R. D. (1959). *Individual choice behavior: A theoretical analysis*. New York: Wiley.

Luce, R. D. (1977). The choice axiom after twenty years. *Journal of Mathematical Psychology*, *15*(3), 215−233.

Lunn, D., Jackson, C., Best, N., Thomas A., & Spiegelhalter. D. (2012). *The BUGS book: A practical introduction to bayesian analysis*. Boca Raton, FL: Chapman & Hall/CRC.

Mann, H. B., & Whitney, D. R. (1947). On a test of whether one of two random variables is stochastically larger than the other. *Annals of Mathematical Statistics*, *18*(1), 50–60.

McGuigan, K., & Langholtz, B. (1988). A note on testing mediation paths using ordinary least-squares regression. Unpublished note.

Preacher, K. J., Rucker, D. D., & Hayes, A. F. (2007). Addressing moderated mediation hypotheses: Theory, methods, and prescriptions. *Multivariate Behavioral Research*, *42*, 185–227.

Rozeboom, W. W. (1960). The fallacy of the null hypothesis significance test. *Psychological Bulletin*, *57*, 416–28.

Schmidt, F. L. (1996). Statistical significance testing and cumulative knowledge in psychology: Implications for training of researchers. *Psychological Methods*, *1*, 115–29.

Scholz, R. W. (1987). *Cognitive strategies in stochastic thinking*. Reidel: Dordrecht.

Sedlmeier, P., & Gigerenzer, G. (1989). Do studies of statistical power have an effect on the power of studies? *Psychological Bulletin*, *105*, 309–316.

Sobel, M. E. (1982). Asymptotic confidence intervals for indirect effects in structural equation models. In S. Leinhardt (Ed.), *Sociological Methodology 1982* (pp. 290–312). Washington DC: American Sociological Association.

Sobel, M. E. (1986). Some new results on indirect effects and their standard errors in covariance structure models. In N. Tuma (Ed.), *Sociological Methodology 1986* (pp. 159–186). Washington, DC: American Sociological Association.

Stevens, S. S. (1946). On the theory of scales of measurement. *Science*, *103*(2684), 677–680.

Tversky, A., & Kahneman, D. (1980). Causal schemas in judgments under uncertainty. In M. Fishbein (Ed.), *Progress in social psychology* (pp. 49–72). Hillsdale, NJ: Erlbaum.

Wilcoxon, F. (1945). Individual comparisons by ranking methods. *Biometrics Bulletin*, *1*, 80–83.

인명

내용

ㅅ

ㅇ

저자 소개

김청택(Cheongtag Kim)

미국 오하이오 주립대학교 계량심리학 박사

전 한국심리측정및평가학회 회장

한국조사학회 회장

현 서울대학교 심리학과, 자유전공학부, 인지과학협동과정 교수

〈주요 논문〉

「탐색적 요인분석의 오남용 문제와 교정」(단독, 조사연구, 2016)

「설문지의 길이가 응답의 질에 미치는 영향」(공동, 조사연구, 2015)

「뇌와 인지모형: 잠재의미분석을 사용한 문서분류」(공동, 한국심리학회지: 실험 및 인지, 2002)

「Choosing the optimal number of factors in exploratory factor analysis: A model selection perspective」(공동, Multivariate Behavioral Research, 2013)

「When fit indices and residuals are incompatible」(공동, Psychological Methods, 2002)

사회과학을 위한
고급 통계학
—— R을 이용한 분석
Statistics for Social Sciences: with Applications in R

2019년 5월 25일 1판 1쇄 발행
2020년 2월 20일 1판 2쇄 발행

지은이 • 김청택
펴낸이 • 김진환
펴낸곳 • (주) 학지사
04031 서울특별시 마포구 양화로 15길 20 마인드월드빌딩
대표전화 • 02)330-5114 팩스 • 02)324-2345
등록번호 • 제313-2006-000265호

홈페이지 • http://www.hakjisa.co.kr
페이스북 • https://www.facebook.com/hakjisabook

ISBN 978-89-997-1835-9 93310

정가 23,000원

이 도서의 국립중앙도서관 출판시도서목록(CIP)은 서지정보유통지원시스템 홈페이지(http://seoji.nl.go.kr)와 국가자료공동목록시스템(http://www.nl.go.kr/kolisnet)에서 이용하실 수 있습니다.
(CIP 제어번호: CIP2019018715)